微机原理与接口技术

李立新 程 祥 编著

机 械 工 业 出 版 社

本书的目的是让学生快速掌握微机技术核心原理并在实践中熟练运用。全书共分 8 章，主要内容包括：微机系统概述、微型计算机系统指令系统、汇编语言程序设计、存储器及其接口技术、中断技术、微型计算机的 I/O 接口技术、串行通信接口及应用。

本书可作为本科和高职院校电气、电子信息类专业的教学用书，也可作为微机技术爱好者的自学指导用书。

图书在版编目（CIP）数据

微机原理与接口技术/李立新，程祥编著 .—北京：机械工业出版社，2019.7

ISBN 978-7-111-63644-1

Ⅰ. ①微⋯　Ⅱ. ①李⋯②程⋯　Ⅲ. ①微型计算机 – 理论 – 高等学校 – 教材②微型计算机 – 接口技术 – 高等学校 – 教材　Ⅳ. ①TP36

中国版本图书馆 CIP 数据核字（2019）第 192524 号

机械工业出版社（北京市百万庄大街 22 号　邮政编码 100037）
策划编辑：陈玉芝　责任编辑：陈玉芝　史　东
责任校对：潘　蕊　封面设计：马精明
责任印制：李　昂
北京机工印刷厂印刷
2020 年 1 月第 1 版第 1 次印刷
184mm×260mm・13 印张・318 千字
0 001—3 000 册
标准书号：ISBN 978-7-111-63644-1
定价：39.80 元

电话服务　　　　　　　　　　网络服务
客服电话：010 – 88361066　　机　工　官　网：www. cmpbook. com
　　　　　010 – 88379833　　机　工　官　博：weibo. com/cmp1952
　　　　　010 – 68326294　　金　书　网：www. golden – book. com
封底无防伪标均为盗版　　机工教育服务网：www. cmpedu. com

前 言

"微机原理与接口技术"是本科和高职院校理工类专业，尤其是电气、电子信息类专业的一门非常重要的专业基础课程。通过本课程的教学和实践，学生需掌握微机的工作原理和系统结构，微机的应用技术和基本的开发方法。本书以 Intel 8086 微处理器为核心，介绍了计算机及微机的发展过程、计算机的运算基础；通过对 Intel 8086 微处理器硬件结构、工作原理、指令系统、汇编程序设计的介绍，帮助学生掌握汇编语言的程序设计方法，理解计算机底层设备的运行机制；通过对存储器及接口技术、中断技术、I/O 接口技术和串口技术的介绍，帮助学生理解计算机系统的构成原理，初步掌握微机系统的应用、设计和开发能力，为后续的深度学习奠定基础。

进入 21 世纪以来，计算机技术的发展日新月异，因此几乎没有一本计算机教材能够涵盖所有的知识内容。从普通本科院校的教学角度来看，课程的学时有限，如何让学生在有效的教学时间内掌握微机技术的最核心原理，并能够付诸应用是首先需要解决的问题。因此，本书选择经典的 Intel 8086 微处理器作为核心，围绕微处理器的内部原理与外部结构、指令系统、程序设计、存储器系统和各种接口技术进行讲解，致力于用清晰的思路、简洁的语言、简单而实用的例题阐述微机原理与应用技术，让广大初学者能够掌握微机原理与接口技术的重点知识，建立起计算机应用的思维模式，为以后举一反三，学习单片机、嵌入式系统、PLC、DSP 等计算机应用类课程打下良好的基础。本书每章都有复习思考题，这样能够有效帮助学生理解和掌握理论和实践知识。

本书由李立新和程祥编写。李立新负责第 1 ~ 5 章的编写，程祥负责第 6 ~ 8 章的编写。

由于编者水平有限，书中难免存在不足之处，敬请专家和读者批评指正。联系邮箱：lilixin4job@ 163. com。

编 者

目　录

第1章 微机系统概述

要点提示：本章介绍了计算机领域中最基本的知识，是微机原理与接口技术的基础，主要包括微机的发展和特点、微机系统的基本工作原理与基本结构、计算机中的数据表示与编码、常用的基本电路。

基本要求：对微机系统有一个概念和总体的了解，重点掌握微机的基本结构和工作原理；熟练运用二进制、十六进制的数码表示方法，掌握补码运算与 BCD 码运算的原理。

1.1 概述

1.1.1 计算机系统发展概述

1946 年，美国宾夕法尼亚大学研制成功了电子数字计算机 ENIAC（Electronic Numerical Integrator And Calculator）。这是世界上第一台电子数字计算机，它重达 30t，占地 $170m^2$，功率约 140kW，用了 18800 多个电子管，70000 个电阻，1500 多个继电器或其他器件，总体积超过 $90m^3$，耗资 48 万美元，每秒钟仅能做 5000 次加法。这台计算机有五个基本部件——输入器、输出器、运算器、存储器和控制器，奠定了当代电子数字计算机体系结构的基础。ENIAC 运行了 9 年之久，耗电量巨大；另外，真空管的损耗率相当高，几乎每 15min 就可能烧掉一支真空管，操作人员需花 15min 以上的时间才能找出坏掉的真空管，使用上极不方便。曾有人调侃道："只要那部机器可以连续运转 5 天，而没有一只真空管烧掉，发明人就要额手称庆了"。尽管 ENIAC 有诸多缺陷，但是，它开启了计算机时代的新纪元。

自从数字计算机问世以来，经过无数电子科学家的不懈努力，计算机经过几次革命性的变革，无论在计算能力、运算速度还是存储容量上都发生了翻天覆地的变化。总结起来，到目前为止，微型计算机经历了 5 代的发展。

第一代，电子管计算机（1946—1957 年）。这一阶段计算机的主要特征是采用电子管元器件作基本器件，用光屏管或汞延时电路作存储器，输入与输出主要采用穿孔卡片或纸带，体积大、耗电量大、速度慢、存储容量小、可靠性差、维护困难且价格昂贵。在软件上，通常使用机器语言或者汇编语言来编写应用程序。因此，这一时代的计算机主要用于科学计算。

这时的计算机的基本线路采用电子管结构，程序从人工编写的机器指令程序，过渡到符号语言。第一代电子计算机是计算工具革命性发展的开始，它所采用的二进制位与程序存储等基本技术思想，奠定了现代电子计算机技术的基础。后来人们称计算机的这种结构为冯·诺依曼结构。

第二代，晶体管计算机（1957—1964 年）。20 世纪 50 年代中期，晶体管的出现使计算机生产技术得到了根本性的发展。由晶体管代替电子管作为计算机的基础器件，用磁芯或磁鼓作为存储器，在整体性能上，比第一代计算机有了很大的提高；同时程序语言也相应地出现了，如 Fortran、Cobol、Algo160 等计算机高级语言。晶体管计算机被用于科学计算的同时，也开始在数据处理、过程控制方面得到应用。20世纪50年代之前的第一代计算机都采用电子管作为元器件。电子管元器件在运行时产生的热量太多，可靠性较差，运算速度不快，价格昂贵，体积庞大，这些都使计算机发展受到限制。晶体管不仅能实现电子管的功能，还具有尺寸小、质量轻、寿命长、效率高、发热少、功耗低等优点。于是，晶体管开始被用来作为计算机的元器件。使用晶体管后，电子电路的结构大大改观，制造高速电子计算机就更容易实现了。

第三代，中小规模集成电路计算机（1964—1971年）。20世纪60年代中期，随着半导体工艺的发展，人们成功制造了集成电路。中小规模集成电路成为计算机的主要部件，主存储器也渐渐过渡到半导体存储器，使计算机的体积更小，大大降低了计算机运行时的功耗。焊点和接插件的减少，进一步提高了计算机的可靠性。在软件方面，有了标准化的程序设计语言和人机会话式的Basic语言，使计算机应用领域进一步扩大。

第四代，大规模和超大规模集成电路计算机（1971—2015年）。随着大规模集成电路的成功制作并用于计算机硬件生产过程，计算机的体积进一步缩小，性能进一步提高。集成更高的大容量半导体存储器作为内存储器，发展了并行技术和多机系统，出现了精简指令集计算机（RISC），软件系统工程化、理论化，程序设计自动化。

目前，微型计算机已进入第五代——人工智能时代。它具有推理、联想、判断、决策、学习等功能。谷歌公司推出的阿尔法围棋（AlphaGo）人工智能机器人，能够与人类围棋界高手竞技，并取得胜利；百度、IBM等公司也都相继推出人工智能产品。计算机的人工智能时代已经到来。

有一点可以肯定，在现在的智能社会中，计算机、网络、通信技术会三位一体化。新世纪的计算机将把人类从重复、枯燥的信息处理中解脱出来，改变人类的工作、生活和学习方式，给人类拓展了更大的生存和发展空间。

1.1.2 微型计算机发展概述

微型计算机（简称微机）主要随微处理器的发展而升级换代，而微处理器的发展通常以字长和功能为主要指标。至今，微机的发展可以划分为6个时期。

1. 第一时期（1971—1973年）：**4位或8位低档微处理器和微机**

1971年，Intel公司发布4004CPU。它是一种4位微处理器，其运算速度为50kI/s（千指令/秒），指令周期为$20\mu s$，时钟频率为1MHz，集成度约为2000管/片。其寻址能力为4KB，有45条指令。另一种4位微处理器是4040。同年，出现了4004的低档8位扩展型产品8008，其寻址能力为16KB，有48条指令。这一时期的代表机型是MCS-4和MCSS。

2. 第二时期（1973—1977年）：**8位中高档微处理器和微机**

1973年，Intel发布8位中档微处理器8080，其运算速度约500kI/s。指令周期为$2\mu s$，寻址空间为64KB。同期，Motorola公司的MC6800与8080相当。Zilog公司的Z80和Intel公司1977年发布的最后一款8位微处理器8085属于8位高档微处理器。8085的运算速度为770kI/s，指令周期为$1.3\mu s$。在这一时期，出现了以8080A/8085A、Z80和MC6502为CPU组装成的微机。其中，基于8080 CPU的第一台个人计算机Altair 8800在1974年问世；而以MC6502为CPU的Apple-II具有很大的影响。这些个人计算机普遍采用了汇编语言、高级语言（如Basic、Fortran、PL/I等），其中Altair 8800的Aasic解释程序就是由Bill Gates开发的。后期配上操作系统（如CP/M、Apple-II、DOS等），从而使微机开始配上磁盘和各种外部设备。

3. 第三时期（1978—1984 年）：**16 位微处理器和微机**

1978 年以后，出现了 16 位微处理器，代表产品如 Intel 公司的 8086（集成度为 29000 管/片）、8088、80286，Motorola 公司的 MC68000（集成度为 68000 管/片）和 Zilog 公司的 Z8000（集成度为 17500 管/片）等。8086/8088 扩大了存储容量并增加了指令功能（如乘法和除法指令）。指令的总量从 8085 的 246 条增加到 8086/8088 的 2 万多条，所以被称作 CISC（Complex Instruction Set Computer，复杂指令系统计算机）处理器。8086/8088 还增加了内部寄存器，使用 8086/8088 指令集更容易编写高效、复杂的软件。用 16 位微处理器组装的微机（如 IBM PC、PC/XT、PC/AT、AST286、COMPAQ286）在功能上已达到和超过了低档小型机 PDP – 11/45。

4. 第四时期（1985—1992 年）：**32 位微处理器和微机**

1986 年，Intel 公司推出 80386 CPU，Motorola 公司同期相继发布 MC68020、MC68030、MC68040、MC68050 四款 32 位微处理器。1989 年，Intel 公司又推出 80486 微处理器，其主要性能为 80386 的 2 ~ 4 倍。这一时期的主要微机产品有 IBM – PS II/80、AST386、COMPAQ386 等。

5. 第五时期（1993—1999 年）：**超级 32 位 Pentium 微处理器和微机**

1993 年 3 月，Intel 公司推出 Pentium 微处理器芯片（俗称 586）。其内部集成了 310 万个晶体管，采用了全新的体系结构，性能大大高于 Intel 系列其他微处理器。Pentium 系列 CPU 的主频从 60MHz 到 100MHz 不等，它支持多用户、多任务，具有硬件保护功能，支持构成多处理器系统。1996 年，Intel 公司推出了高能奔腾（Pentium Pro）微处理器，它集成了 550 万个晶体管，内部时钟频率为 133MHz，采用了独立总线和动态执行技术，处理速度大幅提高。1996 年底，Intel 公司又推出了多能奔腾（Pentium MMX）微处理器。MMX（Multi Media eXtension）技术是 Intel 公司发明的一项多媒体增强指令集技术，它为 CPU 增加了 57 条 MMX 指令；此外，还将 CPU 芯片内的高速缓冲存储器 Cache 由原来的 16KB 增加到 32KB，使处理器多媒体的应用能力大大提高。

1997 年 5 月，Intel 公司推出了 Pentium II 微处理器。它集成了约 750 万个晶体管，8 个 64 位的 MMX 寄存器，时钟频率达 450MHz，二级高速缓冲存储器 Cache 达到 512KB，它的浮点运算性能、MMX 性能都有了很大的提高。

1999 年 2 月，Intel 公司推出了 Pentium III 微处理器。它集成了 950 万个晶体管，时钟频率为 500MHz。随后，Intel 公司又推出了新一代高性能 32 位 Pentium 4 微处理器，它采用了 Net Burst 的新式处理器结构，可以更好地处理互联网用户的各种需求，在数据加密、视频压缩和对等网络等方面的性能都有较大幅度的提高。

早在 1993 年年底，世界上主要微机生产厂商都有自己的 586 微机系列，其更新的产品主要定位于多媒体、网络文件服务器上。当前，高档微机以其很高的性能价格比，正向着社会各个领域乃至家庭日常生活不断渗透，使人类迈向信息社会新纪元。

6. 第六时期（2000 年以后）：**新一代 64 位微处理器 Merced 和微机**

在不断完善 Pentium 系列处理器的同时，Intel 公司与 HP 公司联手开发了更先进的 64 位微处理器——Merced。Merced 采用全新的结构设计，这种结构称为 IA – 64（Intel Architecture – 64）。IA – 64 不是原 Intel 32 位 X86 结构的 64 位扩展，也不是 HP 公司的 64 位 PA –

RISC 结构的改造。IA－64 是一种采用长指令字（LIW）、指令预测、分支消除、推理装入和其他一些先进技术，从程序代码提取更多并行性的全新结构。

1.1.3　微型计算机系统硬件结构概述

目前，世界上的微型计算机主要有两种结构，分别为冯·诺依曼结构和哈佛结构。

1. 冯·诺依曼结构

冯·诺依曼结构也称为普林斯顿结构，是一种将程序指令存储器和数据存储器合并在一起的存储器结构。1945 年，冯·诺依曼首先提出了"存储程序"的概念和二进制原理。后来，人们把利用这种概念和原理设计的电子计算机系统统称为"冯·诺依曼型结构"计算机。冯·诺依曼结构的处理器使用同一个存储器，由同一个总线传输。程序指令存储地址和数据存储地址指向同一个存储器的不同物理位置，因此程序指令和数据的宽度相同，如Intel公司的 8086 中央处理器的程序指令和数据都是 16bit 宽。使用冯·诺依曼结构的中央处理器和微控制器有很多，除了上面提到的 Intel 公司的 8086，Intel 公司的其他中央处理器、ARM公司的 ARM7、MIPS 公司的 MIPS 处理器也采用了冯·诺依曼结构。

冯·诺依曼结构处理器具有以下特点：必须有一个存储器；必须有一个控制器；必须有一个运算器，用于完成算术运算和逻辑运算；必须有输入设备和输出设备，用于进行人机通信。另外，程序和数据统一存储并在程序控制下自动工作。

2. 哈佛结构

哈佛结构是一种将程序指令存储和数据存储分开的存储器结构。中央处理器首先到程序指令存储器中读取程序指令内容，解码后得到数据地址，再到相应的数据存储器中读取数据，并进行下一步操作（通常是执行）。程序指令存储和数据存储分开，可以使指令和数据有不同的数据宽度，如 Microchip 公司的 PIC16 芯片的程序指令是 14bit 宽度，而数据是 8bit 宽度。

哈佛结构的微处理器通常具有较高的执行效率。其程序指令和数据指令分开组织和存储，执行时可以预先读取下一条指令。使用哈佛结构的中央处理器和微控制器有很多，除了上面提到的 Microchip 公司的 PIC 系列芯片，还有 Motorola 公司的 MC68 系列、Zilog 公司的Z8 系列、Atmel 公司的 AVR 系列和 ARM 公司的 ARM9、ARM10 和 ARM11。

1.1.4　微型计算机系统工作原理概述

冯·诺依曼型结构的计算机在运行时，先从内存中取出第一条指令，通过控制器的译码，按指令的要求，从存储器中取出数据进行指定的运算和逻辑操作等，然后再按地址把结果送到内存中去。接下来，再取出第二条指令，在控制器的指挥下完成规定操作。依此进行下去，直至遇到停止指令。程序与数据一样存储，按程序编排的顺序，一步一步地取出指令，自动地完成指令规定的操作是计算机最基本的工作原理。其工作流程如图 1-1 所示。

若要完成图 1-1 所示的工作流程，计算机需具有运算器和控制器来控制指令的执行（这一部分被称为中央处理器），需要有存储程序的存储器，要有完成程序输入和结果显示的输入和输出设备（外部设备），还要有连接存储器与 CPU、存储器与外部设备、CPU 与外部设备的线路，这些线路称为总线。

1. 中央处理器

CPU（Central Processing Unit）即中央处理器。CPU 由控制器、运算器和寄存器组成，

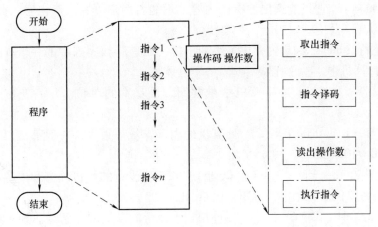

图 1-1　计算机工作流程

通常集成在一块芯片上，是计算机系统的核心设备。计算机以 CPU 为中心，输入和输出设备与存储器之间的数据传输和处理都通过 CPU 来控制执行。微型计算机的中央处理器又称为微处理器。

2. 控制器

控制器是对输入的指令进行分析，并统一控制计算机的各个部件完成一定任务的部件。它一般由指令寄存器、状态寄存器、指令译码器、时序电路和控制电路组成。计算机的工作方式是执行程序，程序就是为完成某一任务所编制的特定指令序列，各种指令操作按一定的时间关系有序安排，控制器产生各种最基本的不可再分的微操作的命令信号，即微命令，以指挥整个计算机有条不紊地工作。当计算机执行程序时，控制器首先从指令寄存器中取得指令的地址，并将下一条指令的地址存入指令寄存器中，然后从存储器中取出指令，由指令译码器对指令进行译码后产生控制信号，用以驱动相应的硬件完成指令操作。简而言之，控制器用来协调指挥计算机各部件的工作，它的基本任务就是根据指令种类的需要，综合有关的逻辑条件与时间条件产生相应的微命令。

3. 运算器

运算器又称为算术逻辑单元（Arithmetic Logic Unit，ALU）。运算器的主要任务是执行各种算术运算和逻辑运算。算术运算是指各种数值运算，比如加、减、乘、除等；逻辑运算是进行逻辑判断的非数值运算，比如与、或、非、比较、移位等。计算机所完成的全部运算都是在运算器中进行的。根据指令规定的寻址方式，运算器从存储器或寄存器中取得操作数，进行计算后，送回到指令所指定的寄存器中。运算器的核心部件是加法器和若干个寄存器，加法器用于运算，寄存器用于存储参加运算的各种数据以及运算后的结果。

4. 存储器

存储器分为内存储器（简称内存或主存）、外存储器（简称外存或辅存）。外存储器一般也可作为输入/输出设备。计算机把要执行的程序和数据存入内存中，内存一般由半导体器件构成。半导体存储器可分为三大类：随机存储器、只读存储器、特殊存储器。RAM 是随机存取存储器（Random Access Memory），其特点是可以读写，存取任一单元所需的时间相同，通电时存储器内的内容可以保持，断电后存储的内容立即消失。ROM 是只读存储器

（Read Only Memory），它只能读出原有的内容，不能由用户再写入新内容。此外，描述内、外存储容量的常用单位有：

（1）位/比特（bit） 这是内存中最小的单位，二进制数序列中的一个 0 或一个 1 就是一个比特。在计算机中，一个比特对应着一个晶体管。

（2）字节（B、Byte） 是计算机中最常用、最基本的单位。1 字节等于 8 比特，即 1B＝8bit。

（3）千字节（KB，Kilo Byte） 计算机的内存容量都很大，一般都是以千字节为单位来表示的。1KB＝1024B。

（4）兆字节（MB，Mega Byte） 20 世纪 90 年代流行的微机硬盘和内存等一般都是以兆字节（MB）为单位来表示的。1MB＝1024KB。

（5）吉字节（GB，Giga Byte） 目前市场上流行的微机硬盘已经达到 430GB、640GB、810GB 等规格。1GB＝1024MB。

（6）太字节（TB，Tera Byte） 1TB＝1024GB。最新发展到了 PB 这个数量级，1PB＝1024TB。

5. 输入/输出设备

输入设备用来接收用户输入的原始数据和程序，并将它们变为计算机能识别的二进制数存入到内存中。常用的输入设备有键盘、鼠标、扫描仪、光笔等。输出设备用于将存在内存中的由计算机处理的结果转变为人们能接受的形式输出。常用的输出设备有显示器、打印机、绘图仪等。

6. 总线

总线是一组系统部件之间传送数据用的公用信号线，具有汇集与分配数据信号、选择发送信号的部件与接收信号的部件、总线控制权的建立与转移等功能。典型的微型计算机系统的结构通常采用单总线结构，一般按信号类型将总线分为三组，其中 AB（Address Bus）为地址总线，DB（Data Bus）为数据总线，CB（Control Bus）为控制总线。

1.2 计算机中的数和数制

因为人有 10 个手指，所以人类习惯使用 10 个手指来计数，因此逢十进一的十进制系统自然就成为人类常用的计数方法。倘若人类计数的手指只有两个，例如我国古代的八卦只有阴和阳两种符号，那又该如果计数呢？这就是早期二进制的思想。

1.2.1 数制和数制之间的转换

数制也称为计数制，是用一组固定的符号和统一的规则来表示数值的方法。任何一个数制都包含两个基本要素：基数和位权。设数制的基数为 b，b^n 即为位权，则数 x 可以表示成

$$x = \sum_{i=-m}^{n-1} k_i b^i = k_{-m} b^{-m} + \cdots + k_{-1} b^{-1} + k_0 + k_1 b + \cdots + k_{n-1} b^{n-1} \tag{1-1}$$

其中 k_{-m}，$\cdots$，$k_{n-1} \in [0, 1, \cdots, (b-1)]$，$m$，$n$ 为非负整数。式（1-1）可表示 b 进制数，其中整数 n 位，小数 m 位。这一式子也称为数值的按权值表示。

1. 十进制

式（1-1）中，当 $k \in (0, 1, \cdots, 9)$，即基数为 10 时，便是十进制。常用的十进制数可

以在数字后面加 D（decimal）表示。例如 312.5D。312.5D 按式（1-1）可表示为

$$312.5 = 5 \times 10^{-1} + 2 \times 10^{0} + 1 \times 10 + 3 \times 10^{2}$$

2. 二进制

式（1-1）中，当 $k \in (0, 1)$，即基数为 2 时，便是二进制。常用的二进制数可以在数字后面加 B（binary）表示，例如 10101B，其按式（1-1）展开成

$$10101B = 1 \times 2^{4} + 0 \times 2^{3} + 1 \times 2^{2} + 0 \times 2^{1} + 1 \times 2^{0}$$

在数字计算机中，经常用二进制数来表示数值。这是因为在数字电路中，只能用高电平和低电平表示不同的事件。这里介绍几个常用的术语。

位（bit）：二进制位，只有两种状态，即 0 和 1。它是计算机中存储信息的最小单位。

字节（Byte）：8 个二进制位，可以存储 8 位二进制数。如果是无符号数，其范围为 0 ~ 255。

字（word）：16 个二进制位，2 个字节，可以存储 16 位二进制数。如果是无符号数，其范围为 0 ~ 65535。

双字（double word）：32 个二进制位，2 个字，4 个字节，可以存储 32 位二进制数。如果是无符号数，其范围为 0 ~ 4294967295。

字长：基本数据单元所包含的二进制位数，8086 微处理器中经常采用的字长为 8 和 16。

3. 八进制

式（1-1）中，当 $k \in (0, 1, \cdots, 7)$，即基数为 8 时，便是八进制。常用的八进制数可以在数字后面加 O（octal）表示，但由于 O 容易与 0 相混淆，所以改为 Q。例如，357Q 按式（1-1）展开成

$$357Q = 3 \times 8^{2} + 5 \times 8 + 7 \times 8^{0}$$

4. 十六进制

式（1-1）中，当 $k \in (0, 1, \cdots, 9, A, B, C, D, E, F)$，即基数为 16，便是十六进制。其中 A 的数值相当于十进制的 10，B 为 11。依此类推，F 为十进制的 15。常用的十六进制数可以在数字后面加 H（heximal）表示。例如，3F4H 按式（1-1）展开成

$$3F4H = 3 \times 16^{2} + F \times 16 + 4 \times 16^{0}$$

各种进制数应用总结见表 1-1。

表 1-1　各种进制数应用总结

数制	二进制	十进制	八进制	十六进制
用途	计算机内用	现实生活用	用于压缩书写二进制数	
数码	0，1	0，1，…，9	0，1，…，7	0，1，…，9，A，B，…，F
基数	2	10	8	16
位权	2^{i}	10^{i}	8^{i}	16^{i}
规则	逢 2 进 1	逢 10 进 1	逢 8 进 1	逢 16 进 1
表示形式	$(xxx\cdots x)_2$ $xxx\cdots xB$	$(xxx\cdots x)_{10}$ $xxx\cdots xD$	$(xxx\cdots x)_8$ $xxx\cdots xQ$	$(xxx\cdots x)_{16}$ $xxx\cdots xH$

5. 各数制之间的转换

（1）K 进制转换成十进制　K 进制数转换成十进制数只需将 K 进制数按照权值表示展

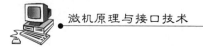

开并按十进制相加即可。例如

$$10101B = 1 \times 2^4 + 0 \times 2^3 + 1 \times 2^2 + 0 \times 2^1 + 1 \times 2^0 = 21$$

$$357Q = 3 \times 8^2 + 5 \times 8 + 7 \times 8^0 = 239$$

$$3F4H = 3 \times 16^2 + F \times 16 + 4 \times 16^0 = 1012$$

（2）十进制转换成 K 进制 十进制转换成 K 进制只需遵循整数部分除 K 倒取余数，小数部分乘 K 顺取整数的规则便可以实现。

【例1-1】 $512.75D = 1000.6Q$ （十进制→八进制，$K = 8$）

$$
\begin{array}{r|r}
8 & 512 \\
8 & 64 \\
8 & 8 \\
8 & 1 \\
& 0
\end{array}
\begin{array}{l}
0 \\ 0 \\ 0 \\ 1
\end{array}
\qquad
\begin{array}{r}
0.75 \\
\times 8 \\ \hline
6.00 \quad 6
\end{array}
$$

【例1-2】 $130.625D = 10000010.101B$ （十进制→二进制）

$$
\begin{array}{r|r}
2 & 130 \\
2 & 65 \\
2 & 32 \\
2 & 16 \\
2 & 8 \\
2 & 4 \\
2 & 2 \\
2 & 1 \\
& 0
\end{array}
\begin{array}{l}
0 \\ 1 \\ 0 \\ 0 \\ 0 \\ 0 \\ 0 \\ 1
\end{array}
\qquad
\begin{array}{r}
0.625 \\
\times 2 \\ \hline
1.250 \quad 1 \\
\times 2 \\ \hline
0.50 \quad 0 \\
\times 2 \\ \hline
1.0 \quad 1
\end{array}
$$

（3）二←→八←→十六进制特殊关系 以小数点为基点，分别向左、向右3（4）位二进制数用1位八（十六）进制数取代（不足三位补零），即三合一（四合一），反之则一拉三（一拉四）。

【例1-3】 $1000000000.01B = 1000.2Q$

$$\underline{001}\,\underline{000}\,\underline{000}\,\underline{000}.\ \underline{010}$$
$$\downarrow\ \ \downarrow\ \ \downarrow\ \ \downarrow\ \ \ \downarrow$$
$$1\ \ \ 0\ \ \ 0\ \ \ 0.2$$

【例1-4】 $101111.001111B = 2F.3CH$

$$\underline{0010}\,\underline{1111}.\ \underline{0011}\,\underline{1100}$$
$$\downarrow\ \ \ \ \downarrow\ \ \ \ \downarrow\ \ \ \ \downarrow$$
$$2\ \ \ \ F\ .\ 3\ \ \ \ C$$

1.2.2 二进制数的运算规则

1. 二进制数的算术运算

二进制数的算术运算规则与十进制的算术运算规则是类似的。十进制时逢十进位，借位为10；二进制是逢二进位，借位为二；十六进制是逢十六进位，借位为16。在乘除法运算时，也采用类似的规则。

2. 二进制数的逻辑运算

二进制数的逻辑运算是位对位的运算，即本位运算结果不会对其他位产生任何影响。二进制数的逻辑运算有四种，分别是与（AND）、或（OR）、异或（XOR）、非（NOT），其运算规则见表1-2。

表 1-2　二进制数位的逻辑运算规则

输入两个位值	(0, 0)	(0, 1)	(1, 0)	(1, 1)
AND	0	0	0	1
OR	0	1	1	1
XOR	0	1	1	0
NOT	NOT 0 = 1		NOT 1 = 0	

1.2.3　带符号二进制数的表示

计算机中的数据用二进制表示，数的符号也只能用 0/1 表示。一般用最高有效位（MSB）来表示数的符号，正数用 0 表示，负数用 1 表示，如图 1-2 所示。

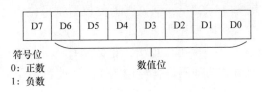

图 1-2　有符号数的表示

有符号数的编码方式，常用的是补码，另外还有原码和反码等。用不同二进制编码方式表示有符号数时，所得到的机器数可能不一样，但是真值是相同的。

1. 原码表示

除符号位外，剩余 7 位就是真值的绝对位，这种表示方法称为原码表示法。例如，+1011011B 的原码表示为 01011011B，−1011011B 的原码表示为 11011011B。这种表示方法的优点是直观，但加减运算时比较麻烦。在对两个数进行加法运算时，应该先对其符号进行判断：如果同号，则进行相加运算；如果异号，则应进行减法运算。另外，对于特殊值 0 将会出现两种表示：+0 表示成 00000000B，−0 表示成 10000000B，但实际上它们是同一个值。

2. 反码表示

正数的反码与其原码相同，最高位为 0 表示正数，其余位为数值位；负数的反码符号位为 1，数值位为其原码数值位按位取反。X 的反码 $[X]_反$ 定义为

$$[X]_反 = \begin{cases} X & X \geqslant 0 \\ (2^n - 1) - |X| & X \leqslant 0 \end{cases} \tag{1-2}$$

式（1-2）中，正数的反码与原码相同，负数的反码等于该数字长所对应的最大值减去其原码的绝对值，因为任何一个字长数值与其反码相加都等于这个字长的最大值。例如，8 位字长的数据

$$[-75D]_原 = 1\ 1001011$$
$$[-75D]_反 = 1\ 0110100$$

原码与反码数值位的和为 1111111，加上符号位的 1 为 1 1111111，即为 8 位字长数据的最大值 $2^n - 1$。反之，$[X]_反 = (2^n - 1) - |X|$。

3. 补码表示

计算机中有符号二进制数采用补码表示。X 的补码 $[X]_补$ 定义为

$$[X]_{\dot{\gamma}} = \begin{cases} X & X \geqslant 0 \\ 2^n - |X| & X < 0 \end{cases} \qquad (1\text{-}3)$$

以钟表对时为例来说明补码的概念。假设现在的标准时间为 5 点整，而有一只表已经 8 点了，为了校准时间，可以采用如下两种方法：一种是将时针退 $8-5=3$ 格；另一种是将时针向前拨 $12-3=9$ 个格。这两种方法都能对准到 5 点，由此可以看出，减 3 和加 9 是等价的。就是说 9 是（-3）对 12 的补码，可以用数学公式表示为

$$9 = 12 + (-3)$$

在这里，我们把 12 称为钟表计数的模。在计算机的运算过程中，数据的位数即字长总是有限的。假设字长为 n，两个数相加求和时，如果 n 位的最高位产生进位，就会丢掉，这正是在模的意义下相加的概念，相加时丢掉的进位即等于模。所以，对于 n 位字长的数据，有 $n-1$ 位有效数值位，其模应为 2^{n-1}，但是因为负数的符号位为 1，$n-1$ 的进位一定会使 n 位发生进位，所以 n 位字长的数据模为 2^n。

（1）补码的求法　由式（1-3）可以得出，正数的补码等于原码，也等于反码；负数的补码 $[X]_{\dot{\gamma}} = [X]_{\bar{\mathbb{反}}} + 1$，即负数的补码是符号位为 1，其他数值位为原码数值位按位求反再加 1。

【例 1-5】机器字长 $n=8$ 位，$x=+56D$，求 x 的补码，结果用十六进制表示。

解：因为机器字长是 8 位，其中符号位占了 1 位，所以数值位应占 7 位。

$$[+56D]_{\dot{\gamma}} = 0\ 0111000B = 38H$$

【例 1-6】　机器字长 $n=8$ 位，$x=-56D$，求 x 的补码，结果用十六进制表示。

解：机器字长是 8 位，模为 $2^8 = 256 = 1\ 00000000$

$$[-56D]_{\dot{\gamma}} = 100000000 - 0111000 = 1\ 1001000B = 0C8H$$

在补码的表示中，$+0$ 和 -0 的补码形式相同，这就解决了原码中 0 有两个码值的问题。一般来说，如果机器字长为 n 位，则补码能表示的整数范围是 $-2^{n-1} \sim 2^{n-1}-1$。例如，8 位字长的有符号数补码的范围是 $-128 \sim 127$，-128 的补码为 $1\ 0000000$，这其实就是在原码中被重复利用的 -0。16 位字长的有符号数补码的范围是 $-32768 \sim +32767$。补码数字长要扩展时，整数前面补 0，负数前面补 1，只扩展符号位，不改变其真值。

（2）二进制补码的运算

补码加法：$[X+Y]_{\dot{\gamma}} = [X]_{\dot{\gamma}} + [Y]_{\dot{\gamma}}$

【例 1-7】用补码完成下列计算。

$[(+57)+(+45)]_{\dot{\gamma}} = 0\ 0111001B + 0\ 0101101B = 01100110B\ (+102)$

$[(+57)+(-45)]_{\dot{\gamma}} = 0\ 0111001B + 1\ 1010011B = [1]00001100\ (进位舍弃，+12)$

$[(-57)+(-45)]_{\dot{\gamma}} = 1\ 1000111B + 1\ 1010011B = [1]10011010\ (进位舍弃，-102)$

补码减法：$[X-Y]_{\dot{\gamma}} = [X]_{\dot{\gamma}} + [-Y]_{\dot{\gamma}}$

$\qquad\qquad [X-Y]_{\dot{\gamma}} = [X]_{\dot{\gamma}} - [Y]_{\dot{\gamma}}$

$\qquad\qquad [X]_{\dot{\gamma}} - [Y]_{\dot{\gamma}} = [X]_{\dot{\gamma}} + [-Y]_{\dot{\gamma}}$

【例 1-8】用补码完成下列计算。

$[(+33)-(+15)]_{\dot{\gamma}} = (+33)_{\dot{\gamma}} + (-15)_{\dot{\gamma}} = 00100001B + 11110001B = 00010010B$（进位舍弃，+18）

$[(+57)-(+45)]_{\dot{\gamma}} = (+57)_{\dot{\gamma}} - (+45)_{\dot{\gamma}} = 00111001B - 00101101B = 00001100B$

（ +12）

$$[（-33）-（-15）]_补=（-33）_补+（+15）_补=11011111B+00001111B=11101110B$$

（ -18）

（3）有符号数运算时的溢出问题　当两个有符号数进行加减运算时，如果运算结果超出可表示的有符号数的范围，就会发生溢出，这时结果就会出错。溢出发生在两种情况下：一种是两个同符号数相加，另一种是两个异符号数相减。

【例 1-9】　判断下列计算是否存在溢出。

（ +64）+（ +65）=01000000B+01000001B=10000001B（结果为 -127，运算错误，有溢出）

（ -121）-（ +75）=10000111B-01001011B=00111100B（结果为 +60，运算错误，有溢出）

有符号数运算判断是否存在溢出的方法是，最高位进位（借位）异或次高位进位（借位），如果异或结果为 1，则有溢出；如果异或结果为 0，则无溢出。

1.2.4　二进制编码的十进制数

1. BCD 码

BCD 码（Binary - Coded Decimal）又称为二进码十进数或二 - 十进制代码，用 4 位二进制数来表示 1 位十进制数中的 0 ~ 9 这 10 个数码。它是一种二进制的数字编码形式，用二进制编码的十进制代码。BCD 码这种编码形式利用了 4 个二进制位来储存 1 个十进制的数码，使二进制和十进制之间的转换得以快捷地进行。这种编码技巧最常用于会计系统的设计里，因为会计制度经常需要对很长的数字串作准确的计算。相对于一般的浮点式记数法，采用 BCD 码，既可保持数值的精确度，又可免去使计算机作浮点运算时所耗费的时间。此外，对于其他需要高精确度的计算，BCD 编码也很常用。

由于十进制数共有 0，1，2，…，9 十个数码，因此，至少需要 4 位二进制码来表示 1 位十进制数。4 位二进制码共有 $2^4=16$ 种码组，在这 16 种代码中，可以任选 10 种来表示 10 个十进制数码，共有 8008 种方案。常用的 BCD 代码见表 1-3。

表 1-3　常用的 BCD 代码

十进制数	8421 码	5421 码	2421 码	余 3 码	余 3 循环码
0	0000	0000	0000	0011	0010
1	0001	0001	0001	0100	0110
2	0010	0010	0010	0101	0111
3	0011	0011	0011	0110	0101
4	0100	0100	0100	0111	0100
5	0101	1000	1011	1000	1100
6	0110	1001	1100	1001	1101
7	0111	1010	1101	1010	1111
8	1000	1011	1110	1011	1110
9	1001	1100	1111	1100	1010

2. 压缩 BCD 码

一个 BCD 码占 4 位，而一个字节有 8 位。若把两个 BCD 码放在一个字节中，就叫作压缩的 BCD 码；而一个字节只放一个 BCD 码，高位置 0，则叫作非压缩的 BCD 码。压缩 BCD 码分为有权码和无权码。有权码是以不同的权值关系进行编码的，所以，有权码可以按权展开求和得到等值十进制数，如 8421（最常用）、2421、5421 等；无权码如余 3 码、格雷码（严格意义上讲，格雷码并不属于 BCD 码）则没有这种换算方式。1 个字节存放 2 个十进制数位，压缩 BCD 码比非压缩的 BCD 码更节省存储空间，也便于直接完成十进制的算术运算，是汇编中广泛采用的理想方法。

1.2.5 字符数据

在计算机中，所有的数据在存储和运算时都要使用二进制数表示（因为计算机用高电平和低电平分别表示 1 和 0）。例如，像 a、b、c、d 等这样的字母（包括大写），以及 0、1 等数字，还有一些常用的符号（如 *、#、@ 等），在计算机中存储时也要使用二进制数来表示。具体用哪些二进制数字表示哪个符号，每个人都可以约定自己的一套方法（这就叫编码），而大家如果要想互相通信而不造成混乱，那么大家就必须使用相同的编码规则，于是美国有关的标准化组织就出台了 ASCII 编码，统一规定了上述常用符号用哪些二进制数来表示。

美国标准信息交换代码是由美国国家标准学会（American National Standard Institute，ANSI）制定的，标准的单字节字符编码方案，用于基于文本的数据，起始于 20 世纪 50 年代后期，在 1967 年定案。它最初是美国国家标准，供不同计算机在相互通信时用作共同遵守的西文字符编码标准，目前已被国际标准化组织（International Organization for Standardization，ISO）定为国际标准，称为 ISO 646 标准。ASCII 码所表示的 128 个字符见表 1-4。其中 B_6 为最高位，B_0 为最低位，共 7 位。由于计算机内部通常以字节为单位，因此实际上 ASCII 字符是用 8 位表示的，一般情况下最高位为 "0"。需要奇偶校验时，最高位则用于奇偶校验。

表 1-4 ASCII 码表

$B_6B_5B_4$ / $B_3B_2B_1B_0$	000	001	010	011	100	101	110	111
0000	NUL	DEL	SP	0	@	P	`	p
0001	SOH	DC1	!	1	A	Q	a	q
0010	STX	DC2	"	2	B	R	b	r
0011	ETX	DC3	#	3	C	S	c	S
0100	EOT	DC4	$	4	D	T	d	t
0101	ENQ	NAK	%	5	E	U	e	u
0110	ACK	SYN	&	6	F	V	f	v
0111	BEL	ETB	'	7	G	W	g	w
1000	BS	CAN	(	8	H	X	h	x
1001	HT	EM	)	9	I	Y	i	y
1010	LF	SUB	*	:	J	Z	j	z

（续）

B₆B₅B₄ B₃B₂B₁B₀	000	001	010	011	100	101	110	111
1011	VT	ESC	+	;	K	[	k	{
1100	FF	FS	,	<	L	\	l	|
1101	CR	GS	–	=	M	]	m	}
1110	SO	RS	.	>	N	↑	n	~
1111	SI	US	/	?	O	_	o	DEL

1.3　微型计算机的逻辑电路基础

1.3.1　触发器

触发器是一个具有记忆功能，且有两个稳定状态的信息存储器件，是构成多种时序电路的最基本逻辑单元，也是数字逻辑电路中一种重要的单元电路，在数字系统和计算机中有着广泛的应用。触发器具有两个稳定状态，即"0"和"1"，在一定的外界信号作用下，可以从一个稳定状态翻转到另一个稳定状态。触发器有集成触发器和门电路组成的触发器，触发方式有电平触发和边沿触发两种，按功能可以分为 R–S 型、D 型、J–K 型。D 型触发器电路原理如图 1-3 所示。

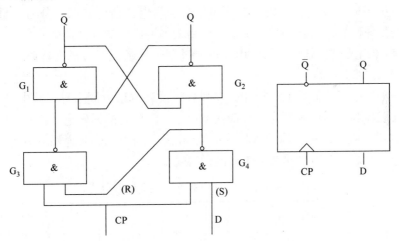

图 1-3　D 型触发器电路原理

D 型触发器在时钟脉冲 CP 的前沿（正跳变 0→1）发生翻转，触发器的次态取决于 CP 的脉冲上升沿到来之前 D 端的状态，即次态 = D。因此，它具有置 0、置 1 两种功能。由于在 CP = 1 期间电路具有维持阻塞作用，所以在 CP = 1 期间，D 端的数据状态变化不会影响触发器的输出状态。D 型触发器应用很广，可用作数字信号的寄存、移位寄存、分频和波形发生器等。

1.3.2 寄存器

寄存器是集成电路中非常重要的一种存储单元，通常由触发器和一些控制门电路组成。在集成电路设计中，寄存器可分为电路内部使用的寄存器和充当内外部接口的寄存器两类。内部寄存器不能被外部电路或软件访问，只是为内部电路的实现存储功能或满足电路的时序要求；而接口寄存器可以同时被内部电路和外部电路或软件访问。CPU 中的寄存器就是其中一种，作为软硬件的接口，为广泛的通用编程用户所熟知。

在计算机领域，寄存器是 CPU 内部的元件，包括通用寄存器、专用寄存器和控制寄存器。寄存器拥有非常高的读写速度，所以在寄存器之间的数据传送非常快。

1.3.3 三态电路

三态电路可提供三种不同的输出值：逻辑"0"、逻辑"1"和高阻态。高阻态主要用来将逻辑门与系统的其他部分加以隔离。例如，双向 I/O 电路和共用总线结构中广泛应用三态特性。

一个简单的三态缓冲电路原理如图 1-4 所示，由允许信号 E 控制输出。当 E = 1 为高电平时，电路的功能是一个正常的缓冲驱动器，输出根据输入为低电平或高电平则相应为低电平和高电平；当 E = 0 为低电平时，不论输入为何种电平，输出均呈高阻态。三态门电路主要有 TTL 三态门电路和 CMOS 三态门电路。

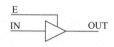

图 1-4 三态缓冲电路原理

1.3.4 译码器

译码器（decoder）是一类多输入多输出组合逻辑电路器件，可以分为变量译码和显示译码两类。变量译码器一般是一种较少输入变为较多输出的器件，常见的有 n 线 -2^n 线译码和 8421BCD 码译码两类；显示译码器用来将二进制数转换成对应的七段码，一般其可分为驱动 LED 和驱动 LCD 两类。

译码器的种类很多，但它们的工作原理和分析设计方法大同小异，其中二进制译码器、二 - 十进制译码器和显示译码器是三种最典型使用十分广泛的译码电路。常见的二进制集成译码器有 2 - 4 译码器、3 - 8 译码器和 4 - 16 译码器。下面以 3 - 8 译码器为例说明译码器的结构和工作原理。表 1-5 所列是 74LS138 的译码功能。

表 1-5　74LS138 的译码功能

G_1	$\overline{G_{2A}}$	$\overline{G_{2B}}$	A_2	A_1	A_0	译码输出
1	0	0	0	0	0	$\overline{Y_0} = 0$，其余为 1
1	0	0	0	0	1	$\overline{Y_1} = 0$，其余为 1
1	0	0	0	1	0	$\overline{Y_2} = 0$，其余为 1
1	0	0	0	1	1	$\overline{Y_3} = 0$，其余为 1
1	0	0	1	0	0	$\overline{Y_4} = 0$，其余为 1
1	0	0	1	0	1	$\overline{Y_5} = 0$，其余为 1
1	0	0	1	1	0	$\overline{Y_6} = 0$，其余为 1
1	0	0	1	1	1	$\overline{Y_7} = 0$，其余为 1
其他			×	×	×	全为 1

从表 1-5 可以看出，$G_1 = 1$、$\overline{G_{2A}} = 0$、$\overline{G_{2B}} = 0$ 是 74LS138 的工作条件，当 A_0、A_1、A_2 输入 8 种不同的状态时，分别译成 $\overline{Y_0}$、$\overline{Y_1}$、$\overline{Y_2}$、$\cdots$、$\overline{Y_7}$，共 8 个输出。

图 1-5 给出了 74LS138 的引脚排列。

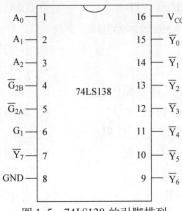

图 1-5　74LS138 的引脚排列

复习思考题

1. 从第一代电子计算机到第四代计算机的体系结构都是相同的，都是由运算器、控制器、存储器以及输入输出设备组成的，称为（　　　）体系结构。

A. 艾伦·图灵　　　　B. 罗伯特·诺依斯　　　　C. 比尔·盖茨　　　　D. 冯·诺依曼

2. 电子计算机从问世到现在都遵循"存储程序"的概念，最早提出它的是（　　　）。

A. 巴贝奇　　　　B. 冯·诺依曼　　　　C. 帕斯卡　　　　D. 贝尔

3. 目前制造计算机所采用的电子元器件是（　　　）。

A. 晶体管　　　　　　　　　　　　　B. 电子管

C. 中小规模集成电路　　　　　　　　D. 超大规模集成电路

4. 计算机之所以能自动连续地进行数据处理，其主要原因是（　　　）。

A. 采用了开关电路　　　　　　　　　B. 采用了半导体器件

C. 具有存储程序的功能　　　　　　　D. 采用二进制编码

5. 计算机中存储数据的最小单位是二进制的（　　　）。

A. 位（比特）　　　B. 字节　　　　C. 字长　　　　D. 千字节

6. 一个字节包含（　　　）个二进制位。

A. 8　　　　　B. 16　　　　C. 32　　　　D. 64

7. 二进制数 011001011110B 的十六进制表示为（　　　）。

A. 44EH　　　　B. 75FH　　　　C. 54FH　　　　D. 65EH

8. 二进制数 011001011110B 的八进制表示为（　　　）。

A. 4156Q　　　　B. 3136Q　　　　C. 4276Q　　　　D. 3176Q

9. 设 $123H = XQ = YB$，其中 H、Q、B 分别表示十六进制、八进制、二进制，则 X 和 Y 为（　　　）。

A. $X = 246$，$Y = 010101110$　　　　　　B. $X = 443$，$Y = 100100011$

C. $X = 173$，$Y = 01111011$　　　　　　　　D. $X = 315$，$Y = 1100110$

10. 下面是四个无符号数的大小顺序，正确的比较式是（　　）。

A. 0FEH > 250D > 37Q > 01111111B　　　　B. 250D > 0FEH > 371Q > 01111111B

C. 371Q > 0FEH > 250D > 01111111B　　　　D. 01111111B > 0FEH > 250D > 371Q

11. 带符号的八位二进制补码的表示范围是（　　）。

A. −127 ~ +127　　　　　　　　　　　　　B. −32768 ~ +32768

C. −128 ~ +127　　　　　　　　　　　　　D. −32768 ~ +32767

12. 十进制负数 −61 的八位二进制原码是（　　）。

A. 00101111B　　　B. 00111101B　　　　　C. 01111001B　　　D. 10111101B

13. 十进制正数 +121 的八位二进制反码是（　　）。

A. 00000110B　　　B. 01001111B　　　　　C. 01111001B

14. −89 的八位二进制补码为（　　）。

A. B9H　　　　　　B. 89H　　　　　　　　C. 10100111B　　　D. 00100111B

15. 无符号二进制数 00001101.01B 的真值为（　　）。

A. 13.25　　　　　B. 0B.1H　　　　　　　C. 0B.4H　　　　　D. 13.01

16. 有符号二进制原码数 10000001B 的真值为（　　）。

A. 01H　　　　　　B. −1　　　　　　　　C. 128

17. 数 D8H 被看作是用补码表示的符号数时，该数的真值为（　　）。

A. −58H　　　　　B. −28H　　　　　　　C. −40　　　　　　D. −36

18. 数 4FH 被看作是用反码表示的有符号数时，该数的真值为（　　）。

A. +30H　　　　　B. −28H　　　　　　　C. −40　　　　　　D. −36

19. 计算机内的溢出是指其运算结果（　　）。

A. 无穷大

B. 超出了计算机内存储单元所能存储的数值范围

C. 超出了该指令所指定的结果单元所能存储的数值范围

D. 超出了运算器的取值范围

20. 两个十六进制补码数进行运算 3AH + B7H，其运算结果（　　）溢出。

A. 有　　　　　　　B. 无

21. 二进制数 11101110B 转换为 BCD 码为（　　）。

A. 001000110011B　　　　　　　　　　　B. 001001010010B

C. 001000111000B　　　　　　　　　　　D. 001000110010B

22. 键盘输入 1999 时，实际运行的 ASCII 码是（　　）。

A. 41H49H47H46H　　　　　　　　　　　B. 61H69H67H66H

C. 31H39H39H39H　　　　　　　　　　　D. 51H59H57H56H

23. 一个完整的计算机系统通常应包括（　　）。

A. 系统软件和应用软件　　　　　　　　　B. 计算机及其外围设备

C. 硬件系统和软件系统　　　　　　　　　D. 系统硬件和系统软件

24. 通常所说的"裸机"指的是（　　）。

A. 只装有操作系统的计算机　　　　　　　B. 不带输入输出设备的计算机

C. 未装任何软件的计算机　　　　　　　　　D. 计算机主机暴露在外

25. 计算机运算速度的单位是 MI/S，其含义是（　　　）。

A. 每秒钟处理百万个字符　　　　　　　　　B. 每分钟处理百万个字符

C. 每秒钟执行百万条指令　　　　　　　　　D. 每分钟执行百万条指令

26. 通常所说的 32 位机，指的是这种计算机的 CPU（　　　）。

A. 是由 32 个运算器组成的　　　　　　　　B. 能够同时处理 32 位二进制数据

C. 包含有 32 个寄存器　　　　　　　　　　D. 一共有 32 个运算器和控制器

27. 运算器的主要功能是（　　　）。

A. 算术运算　　　　　　　　　　　　　　　B. 逻辑运算

C. 算术运算和逻辑运算　　　　　　　　　　D. 函数运算

28. 在一般微处理器中包含有（　　　）。

A. 算术逻辑单元　　　B. 主内存　　　　　C. I/O 单元　　　　　D. 数据总线

29. 一台计算机实际上是执行（　　　）。

A. 用户编制的高级语言包程序　　　　　　　B. 用户编制的汇编语言程序

C. 系统程序　　　　　　　　　　　　　　　D. 由二进制码组成的机器指令

30. 构成微机的主要部件除 CPU、系统总线、I/O 接口外，还有（　　　）。

A. CRT　　　　　　　　　　　　　　　　　B. 键盘

C. 磁盘　　　　　　　　　　　　　　　　　D. 内存（ROM 和 RAM）

31. 计算机的字长是指（　　　）。

A. 32 位长的数据

B. CPU 数据总线的宽度

C. 计算机内部一次可以处理的二进制数码的位数

D. CPU 地址总线的宽度

32. 试举例说明什么是压缩型（或称组合型）BCD 码，什么是非压缩型（或称非组合型）BCD 码。

33. 在计算机中常采用哪几种数值？如何用符号表示？

34. 根据 ASCII 码的表示，试写出 0、9、F、f、A、a、CR、LF、$ 等字符的 ASCII 码。

35. 将下列十进制数分别转换成二进制数、八进制数、十六进制数。

（1）39　　（2）54　　（3）127　　（4）119

36. 8 位、16 位二进制数所表示的无符号数及补码的范围是多少？

37. 将十进制数 146.25 转换为二进制，小数保留四位。

38. 将下列二进制数转换为十进制数，小数保留四位。

（1）00001011.1101B　　　　（2）1000110011.0101B　　　　（3）101010110011.1011B

39. 写出二进制数 1101.101B、十六进制数 2AE.4H、八进制数 42.54Q 的十进制数。

40. 简述原码、反码、补码的规则。

41. 用补码计算（−56）−（−17）。

42. 简述计算机在进行有符号补码运算中进位与溢出的区别。

43. 简述进行有符号补码运算判断是否产生溢出的方法。

44. 用 8 位二进制补码计算（−56）+（−177），并判断出运算结果是否有溢出。

第 2 章 微型计算机系统

要点提示：本章介绍了微机系统的基本结构和工作原理；8086 CPU 的内部结构、工作原理、寄存器组织及其对存储器/IO 系统的组织；介绍了 8086 CPU 的引脚结构及最大、最小工作模式的构成原理；介绍了 8086 微机系统的时序概念及总线读写操作周期。

基本要求：了解微机系统的基本结构和工作原理，了解 8086 CPU 的内部结构和工作原理，重点掌握 CPU 的寄存器组织及其对存储器 I/O 系统的组织；掌握 8086 CPU 的引脚功能和应用原理，掌握最大、最小工作模式的基本构成原理；了解总线读写周期执行过程。

2.1 微型计算机硬件和软件系统

微型计算机（Microcomputer）是体积小、质量轻、计算能力和扩展能力相对较低的一类计算机的总称。它主要供个人使用，所以通常又称其为个人计算机（Personal Computer，PC）。微型计算机系统由硬件系统和软件系统两大部分组成，图 2-1 给出了微型计算机系统组成的结构层次。

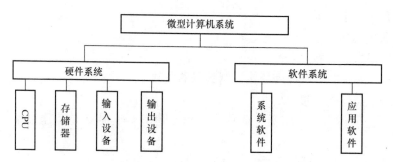

图 2-1 微型计算机系统组成的结构层次

微型计算机的组成可分为三个主要层次：

（1）微型计算机系统（Microcomputer System） 包含硬件系统和软件系统两部分。硬件系统是支撑计算机运行的物理部件；软件系统是计算机运行的思维流程，主要有系统软件和应用软件两种。

（2）微型计算机硬件系统（Hardware System） 以微处理器为核心，配上只读存储器（ROM）、随机存储器（RAM）、I/O 接口电路及系统总线等部件，就构成了微型计算机的硬件。将 CPU、存储器、I/O 接口等集成在一片超大规模集成电路芯片上，称为单片微型计算机（Single Chip Computer），简称单片机。

（3）微处理器或中央处理器（CPU） 微处理器是计算机的核心，主要包括运算器、控制器和寄存器组。CPU 实现了计算机的运算和控制功能。

2.1.1 微型计算机硬件系统结构

微型计算机硬件系统结构如图 2-2 所示，它由 CPU、总线、存储器、I/O 接口和外部设备构成。

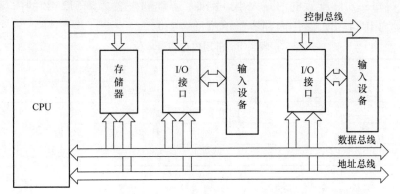

图 2-2 微型计算机硬件系统结构

1. CPU

CPU 是计算机的控制中心，具有运算、判断等处理能力。CPU 由算术逻辑单元（Arithmetic Logic Unit，ALU）、控制单元（Control Unit，CU）、总线接口单元（Bus Interface Unit，BIU）、寄存器组（Registers）和内部总线等主要部件构成。

2. 存储器（Memory）

存储器是计算机中用来存放程序和数据（包括文字、图像、声音等）的记忆装置。存储器分为内存和外存两大类。

内存包括 ROM 和 RAM，其特点是速度快，容量小；外存包括磁盘、光盘、U 盘等，其特点是顺序存取/块存取，速度慢，容量大。

（1）内存单元的地址和内容 内存包含很多顺序排列的存储单元。为区分不同的内存单元，需要对每个内存单元进行编号，内存单元的编号就称为内存单元的地址。大多数情况下，内存单元是按字节（8bit）进行编址的，即每个内存单元可以保存一个字节的数据。通过地址编号寻找存储器中的数据称为"寻址"，如图 2-3 所示。

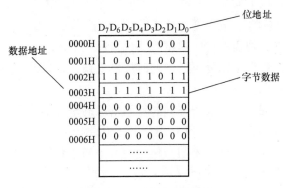

图 2-3 内存单元示意图

（2）内存容量 内存容量是指内存单元的个数，以字节为单位。存储器空间与内存容量的区别：

1）存储空间：又称为寻址范围，是指微型计算机的寻址能力，与 CPU 的地址总线宽度有关。例如，Pentium 的地址总线有 36 根，则该 CPU 的存储空间为 2^{36}B（64GB）。

2）内存容量：实际配置的内存大小。例如，某微机配置 2 条 512MB 的内存条，则该微机的内存容量为 1024MB。常用内存容量单位见表 2-1。

表 2-1　常用内存容量单位

单位名称	意　义
1KB	2^{10} 个字节
1MB	2^{20} 个字节
1GB	2^{30} 个字节
1TB	2^{40} 个字节

（3）内存的操作

1）读：将内存单元的内容读出，原来的内容不变，即 non – destructive read。

写：CPU 将信息写入内存单元，原单元的内容被覆盖，即 overlay write。

2）刷新：把原来存储器的内容重新写入一次。

（4）内存的分类

1）按内存条的接口形式分：常见的有两种，即单列直插内存条（SIMM）和双列直插内存条（DIMM）。

2）按内存的工作方式分：内存又分为 FPA EDO DRAM、SDRAM、DDR（Double Data Rage）、RDRAM（Rambus DRAM）等。常见的 DDR，又分为 DDR、DDR2 和 DDR3 等不同代产品。

3）按照内存的工作原理分：可将内存分为 RAM 和 ROM 两大类。两者区别是 ROM 在关机后不丢数据，RAM 在关机后数据会清空。

3. 输入/输出接口（I/O 接口）

I/O 接口是计算机主机与外部设备之间进行通信的桥梁。

由于计算机的外围设备品种繁多，几乎都采用了机电传动设备，因此，CPU 在与 I/O 设备进行数据交换时存在以下问题。

速度不匹配：I/O 设备的工作速度要比 CPU 慢许多，而且由于种类的不同，它们之间的速度差异也很大。例如，硬盘的传输速度就要比打印机快出很多。

时序不匹配：各个 I/O 设备都有自己的定时控制电路，以自己的速度传输数据，无法与 CPU 的时序取得统一。

信息格式不匹配：不同的 I/O 设备存储和处理信息的格式不同。例如，可以分为串行和并行两种；也可以分为二进制格式、ASCII 编码和 BCD 编码等。

信息类型不匹配：不同 I/O 设备采用的信号类型不同，有些是数字信号，而有些是模拟信号，因此所采用的处理方式也不同。

基于以上原因，CPU 与外设之间的数据交换必须通过接口来完成。通常，接口有以下一些功能：

1）设置数据的寄存、缓冲逻辑，以适应 CPU 与外设之间的速度差异。接口通常由一些寄存器或 RAM 芯片组成，如果芯片足够大，还可以实现批量数据的传输。

2）能够进行信息格式的转换，如串行和并行的转换。

3）能够协调 CPU 和外设两者在信息类型和电平方面的差异，如电平转换驱动器、数 – 模或模 – 数转换器等。

4）协调时序差异。

5）地址译码和设备选择功能。

6）设置中断和 DMA 控制逻辑，以保证在中断和 DMA 允许的情况下产生中断和 DMA 请求信号，并在接收到中断和 DMA 应答之后完成中断处理和 DMA 传输。

4. 总线

总线（Bus）是计算机各种功能部件之间传送信息的公共通信干线，它是由导线组成的传输线束。按照计算机所传输的信息种类，计算机的总线可以划分为数据总线、地址总线和控制总线，分别用来传输数据、数据地址和控制信号。总线是一种内部结构，它是 CPU、内存、输入设备、输出设备传递信息的公用通道，主机的各个部件通过总线相连接，外部设备通过相应的接口电路再与总线相连接，从而形成了计算机硬件系统。在计算机系统中，各个部件之间传送信息的公共通路叫作总线，微型计算机是以总线结构来连接各个功能部件的。

总线按功能和规范可分为五大类型：

数据总线（Data Bus）：在 CPU 与 RAM 之间来回传送需要处理或是需要储存的数据。

地址总线（Address Bus）：用来指定在 RAM 之中储存的数据的地址。

控制总线（Control Bus）：将微处理器控制单元（Control Unit）的信号传送到周边设备，一般常见的为 USB Bus 和 1394 Bus。

扩展总线（Expansion Bus）：可连接扩展槽和计算机。

局部总线（Local Bus）：取代更高速数据传输的扩展总线。

其中的数据总线（Data Bus，DB）、地址总线（Address Bus，AB）和控制总线（Control Bus，CB），也统称为系统总线，即通常意义上所说的总线。

2.1.2 微型计算机软件系统结构

微机只有硬件还不能工作，还必须要有软件。软件是计算机处理的程序、数据、文件的集合。其中，程序的集合构成了计算机中的软件系统。

1. 程序和程序设计语言

程序是计算机实现某一预期目的而编排的一系列指令，它是由指令或某种语言编写而成的。程序的开发需要借助工具——程序设计语言，它是系统软件的重要组成部分。

早期人们只能使用计算机所固有的指令系统（机器语言）来编写程序。CPU 能直接识别和运行机器语言中的指令代码，因而用机器语言编写程序的突出优点是具有最快的运行速度；但机器码不容易记忆，使用不便，目前已很少使用。

汇编语言是一种符号语言，它用助记符代替二进制的机器语言指令。助记符是用英文单词或其缩写构成的字符串，容易理解，编程效率高。汇编语言克服了机器语言的缺点，同时保留了机器语言的优点。用汇编语言编写程序，可以充分发挥机器硬件的功能，并提高程序的编写质量。当前在输入/输出接口程序设计、实时控制系统和需要特殊保密作用的软件开发中，汇编语言仍处于不可替代的地位。

汇编语言是面向机器的语言，它与计算机 CPU 的类型和指令系统有关，因此汇编语言的使用受到一定的限制。目前，许多系统软件和应用软件都采用高级语言编写。高级语言是面向问题和过程的语句，它接近人的自然语言，与具体机器无关，因而，高级语言更容易学习、理解和掌握。高级语言有许多种，常见的有 Basic、Pascal、Cobol、C 语言等。

2. 编译和解释程序

用汇编语言和高级语言编写的程序称为源程序，必须由计算机把它翻译成 CPU 能识别的机器语言之后，才能由 CPU 运行。机器语言如同 CPU 的母语，而汇编语言和高级语言则是它的各种外语，要理解外语发出的各种命令，就必须先进行翻译，翻译工作可由计算机自动完成。能把用户汇编语言源程序翻译成机器语言程序的程序，称为汇编程序。常用的汇编程序有 ASM、MASM 和 TASM 等。

将高级语言源程序翻译成机器语言，有两种翻译方式：一种是由机器边翻译边执行的方式，称为解释方式；实现解释功能的翻译程序称为解释程序，Basic 大都采用这种方式。另一种称为编译方式，这是一种先将源程序全部翻译成机器语言然后再执行的方式，如 Pascal、C 语言等采用这种方式。实现这种功能的程序称为编译程序，TASM 和 MASM 即是汇编语言的编译程序。每一种高级语言都有相应的解释或编译程序，机器的类型不同，其编译或解释程序也不同。编译和解释程序是系统软件的重要分支。

3. 操作系统

操作系统是系统软件中最重要的软件。计算机是由硬件和软件组成的一个复杂系统，可供使用的硬件和软件均称为计算机的资源。要让计算机系统有条不紊地工作，就需要对这些资源进行管理。用于管理计算机软、硬件资源，监控计算机及程序运行过程的软件系统，称为操作系统（Operation System）。操作系统对计算机是至关重要的，没有它，计算机甚至不能启动。目前广泛使用的微机操作系统有 DOS（Disk Operation System）、Windows、Linux、UNIX 等。DOS 是单用户的操作系统；Windows 是具有图形界面、操作方便的系统；UNIX 是具有多用户、多任务功能的操作系统；Linux 是目前日趋流行的操作系统。系统软件还包括连接程序、装入程序、调试程序和诊断程序等。连接程序能把要执行的程序与库文件以及其他已编译的程序模块连在一起，成为机器可以执行的程序；装入程序能把程序从磁盘中取出并装入内存，以便执行；调试程序能够让用户监督和控制程序的执行过程；诊断程序能在机器启动过程中，对机器硬件配置和完好性进行监测和诊断。

4. 应用软件

应用软件（即应用程序）是为了完成某一特定任务而编制的程序，其中有一些是通用的软件，如数据库系统（DBS）、办公自动化软件 Office、图形图像处理软件 PhotoShop 等。

微机系统是硬件和软件有机结合的整体。没有软件的计算机称为裸机，裸机如同一架没有思想的躯壳，不能做任何工作。操作系统给裸机以灵魂，使它成为真正可用的工具。一个应用程序在计算机中运行时，受操作系统的管理和监控，在必要的系统软件的协助之下，完成用户交给它的任务。可见，裸机是微机系统的物质基础，操作系统为它提供了一个运行环境。系统软件中，各种语言处理程序为应用软件的开发和运行提供方便。用户并不直接和裸机打交道，而是使用各种外部设备，如键盘和显示器等，通过应用软件与计算机交流信息。

2.2　8086 微处理器的结构与原理

2.2.1　8086/8088 微处理器概述

1978 年 6 月，Intel 公司推出了 8086 微处理器，主频 4.77MHz，采用 16 位寄存器、16 位数据总线和 29000 个 3μm 技术的晶体管，40 个引脚，双列直插式封装，标志着第三代微处理器问世。Intel 公司在 1 年之后，推出了 8086 的简化版 8088。8088 是一款 4.77MHz 准 16 位微处理器。它在内部以 16 位运行，但支持 8 位数据总线，采用现有的 8 位设备控制芯片，包含 29000 个 3μm 技术的晶体管，可访问 1MB 内存地址，速度为 0.33MI/s。IBM 公司 1981 年生产的第一台电子计算机就是使用的这种芯片，这也标志着 x86 架构和 IBM PC 兼容电子计算机的产生。

1. 8086/8088 的功能特征

1）指令采用并行流水线处理方式。

2）对内存空间进行分段管理：每段 64KB，用段基址和段内偏移地址实现对 1MB 内存空间的寻址。

3）支持多处理器系统。

4）片内无浮点运算部件，浮点运算由协处理器 8087 支持（或用软件模拟）。

2. 8086/8088 的指令流水线

计算机在执行程序过程中，CPU 总是有规律地重复执行以下步骤：

1）取出一条指令。

2）分析指令（指令译码）。

3）如果指令需要，则从存储器读取操作数。

4）执行指令（包括算术运算、I/O 操作、数据传送、控制转移等）。

5）如果指令需要，则将结果写入存储器。

在 8086/8088 出现以前，微处理器是用串行处理方式完成以上各操作步骤的。这造成了两个问题：

① CPU 访问存储器（取指令或存取数据）时要等待总线操作的完成。

② CPU 执行指令时，总线、存储器等部件处于空闲状态。

从 8086/8088 开始，CPU 就采用了并行处理方式进行工作，即在总线空闲时间取指令，使 CPU 需要指令时就能立刻得到。8086/8088 将上述步骤分配给 CPU 内两个独立的部件——执行单元（Execution Unit，EU），负责执行指令；总线接口单元（Bus Interface Unit，BIU），负责取指令、取操作数和保存结果。这两个单元都能独立地完成自己的工作，取指令与指令译码和执行都可以重叠进行。这种工作方式称为并行操作，也被形象地称为指令流水线操作。指令流水线示意图如图 2-4 所示。

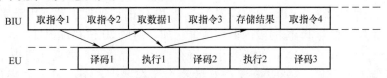

图 2-4　指令流水线示意图

2.2.2 微处理器的功能结构

8086 CPU 从功能上可分为总线接口单元（BIU）和执行单元（EU）。微处理器的内部结构如图 2-5 所示。

1. BIU

BIU 负责与存储器、外部设备之间进行信息交换。BIU 的主要功能有：负责从内存指定单元取出指令，并送到 6B 的指令队列中排列；同时负责从内存指定单元取出指令所需的操作数并送至 EU；EU 运算结果也由 BIU 负责写入内存指定单元。

BIU 主要由以下几部分组成：

（1）段寄存器　8086/8088 CPU 可以用 20 位地址寻址 1MB 的内存空间，但 CPU 内部所有的寄存器都是 16 位的，无法寻址 20 位的内存空间。因此，CPU 采用段地址、段内偏移地址两级存储器寻址方式，段地址和段内偏移地址（简称偏移地址）均为 16 位。这就类似于某专业招生 160 人，但是没有 160 人的大班编制，每个班的容量最大为 40 人。那么只能把这 160 人分成 4 个班，每个班编一个班号，相当于段地址。每个班级内的学生学号为 1~40，相当于偏移地址。

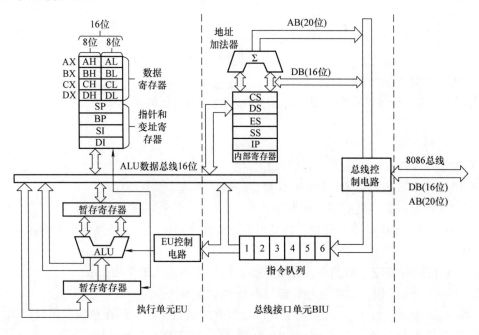

图 2-5　微处理器的内部结构

CPU 内部设置了 4 个 16 位段寄存器，用于存入段地址。4 个段地址寄存器分别为：代码段寄存器（CS）、数据段寄存器（DS）、堆栈段寄存器（SS）和附加段数据寄存器（ES）。

（2）20 位地址加法器　CPU 内部设置了一个 20 位的地址加法器，用于将 16 位的段寄存器内容左移 4 位，再与 16 位的段内偏移地址相加，形成 20 位物理地址。

（3）指令指针（IP）　16 位的指令指针寄存器用于存放下一条要执行指令的偏移地址。

（4）指令队列缓存器　8086/8088 CPU 的指令缓存器为 6 个/4 个，它采用先进先出的方式工作，按照先后次序存放待执行的指令，供 EU 按顺序取出执行。当 EU 正在执行指令时，如果指令队列缓存器空余超过 2 个字节，可以从内存中取出下一条或下几条指令存入指令队列缓存器中排队。EU 执行完一条指令后，可以立即执行下一条指令，从而解决了以往 CPU 取指令期间运算器等待的问题。

（5）总线控制电路（输入/输出控制逻辑）　总线控制电路负责控制 CPU 与外部电路的数据交换，负责产生并发出系统总线控制信号，实现对存储器和 I/O 端口的读写操作。

（6）内部暂存器　用于内部数据的暂存。该部分对用户透明，在编程时可不予理会，用户无权访问。

2. EU

EU 从指令队列中取出指令，译码并执行，完成指令所规定的操作后将指令执行的结果提供给 BIU。它由以下几个部分组成：

（1）算术逻辑单元（ALU）　ALU 用于对操作数进行算术和逻辑运算，也可按指令的寻址方式计算出 CPU 要访问的内存单元的 16 位偏移地址；运算结果可以通过内部数据总线送入通用寄存器或由 BIU 存入存储器。

（2）标志寄存器（FR）　FR 为 16 位专用寄存器，用于反映算术和逻辑运算结果的状态，也用于存放某些控制标志。

（3）数据寄存器　数据寄存器用于保存操作数或运算结果等信息，分别是 AX、BX、CX 和 DX。

（4）指针和变址寄存器　用于存放堆栈指针和操作数所处存储单元的偏移地址，分别是 SP、BP、SI 和 DI。

（5）EU 控制电路　EU 控制电路接收从 BIU 指令队列中取得的指令，分析、译码，以便形成各种实时控制信号，对各个部件实现特定的控制操作。

2.3　微处理器的寄存器组

对于微机应用系统的软件编程来说，掌握 CPU 的编程结构或程序设计模型最为重要。编程结构是指用户在编写程序时看到的 CPU。用户编程时使用 CPU 寄存器而不关心 CPU 的内部结构及功能，因此编程结构即 CPU 的寄存器结构。根据功能不同，8086 CPU 的 14 个 16 位寄存器可以分为通用寄存器、段寄存器和控制寄存器 3 类。8086 CPU 内部寄存器组织结构如图 2-6 所示。

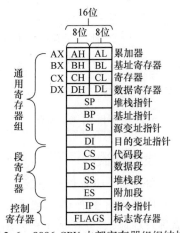

图 2-6　8086 CPU 内部寄存器组织结构

2.3.1　通用寄存器

8086 CPU 的通用寄存器包括 4 个数据寄存器 AX、BX、CX 和 DX，2 个堆栈地址指针寄存器 SP 和 BP，2 个变址寄存器 SI 和 DI。通用寄存器都能用来存放运算操作数和运算结果，这是它们的通用功能。除此之外，在不同的场合它们还有各自的专门用途。

(1) 数据寄存器 数据寄存器包括 AX、BX、CX、DX 共 4 个，它们一般用来存储 16 位数据，每个 16 位数据寄存器可分为 2 个 8 位数据寄存器，即 AH（高 8 位）、AL（低 8 位）、BH、BL、CH、CL、DH、DL，用以存放 8 位数据，均可独立使用。因此，这些数据寄存器既可以存放 16 位数据，也可以保存 8 位数据。数据寄存器主要用来存放操作数或中间结果，以减少访问存储器的次数。

(2) 指针寄存器 指针寄存器包括堆栈指针寄存器（Stack Pointer，SP）和基址指针寄存器（Base Pointer，BP）。堆栈是内存中的一个特别存储区，主要用于在调用子程序和中断时，保留返回主程序的地址，以及保存进入子程序将要改变其值的寄存器的内容。SP 和 BP 都是 16 位寄存器，它们可以用来存放运算过程中的操作数，但更重要的专用用途是指示存取位于当前堆栈段中的数据所在地址的偏移量。其中，SP 用于存放当前堆栈段中栈顶地址的偏移地址。入栈指令（PUSH）和出栈指令（POP）由 SP 给出栈顶的偏移地址，所以 SP 称为堆栈指针寄存器。BP 用来存放位于堆栈段中某个数据区的起始地址（即基址）的偏移地址，所以 BP 称为基址指针寄存器。

(3) 变址寄存器 变址寄存器包括源变址寄存器（Source Index，SI）和目标变址寄存器（Destination Index，DI），简称 I 组。SI 和 DI 都是 16 位的寄存器，它们可用来存放运算过程中的操作数；但它们也有更重要的专用用途——常用于指令的间接寻址或变址寻址。SI 和 DI 一般与段寄存器 DS（或其他段寄存器）联用，用来存放段内偏移量的全部或一部分。此外，在串操作指令中，SI 和 DI 用于存放当前数据段的偏移地址，其中 SI 存放源操作数的偏移地址，故 SI 称为源变址寄存器；DI 存放目标操作数的偏移地址，故 DI 称为目标变址寄存器。

在大多数情况下，这些寄存器用于算数运算和逻辑运算指令中。但有些指令中，它们还有各自的特定用途，其隐含用法见表 2-2。

表 2-2 通用寄存器的隐含用法

寄存器	操 作	寄存器	操 作
AX	字乘，字除，字 I/O	CL	变量移位，循环移位
AL	字节乘，字节除，字节 I/O，查表转换，十进制运算	DX	字乘，字除，间接 I/O
AH	字节乘，字节除	SP	堆栈操作
BX	查表转换	SI	数据串操作指令
CX	数据串操作指令，循环指令	DI	数据串操作指令

2.3.2 段寄存器

在 8086/8088 CPU 微机系统中，访问存储器的地址码由段地址和段内偏移地址两部分组成。CPU 内部设有 4 个 16 位段寄存器，段寄存器用来存放各分段的逻辑段基值（即段基地址，简称段基址），并指示正在使用的 4 个逻辑段。利用“段加偏移”技术，CPU 就可以寻址 1MB 存储空间并将其分成若干个逻辑段，使每个逻辑段的长度为 64KB，因为 16 位数据能访问的数据最大为 64KB。4 个 16 位段寄存器分别为代码段寄存器（CS）、数据段寄存器（DS）、附加数据段寄存器（ES）和堆栈段寄存器（SS）。其中，CS 存放当前被执行程序所在段的段基址，DS 存放当前使用的数据段的段基址，ES 存放附加数据段的段基址，SS 存放当前堆栈段的段基址。

2.3.3　控制寄存器

控制寄存器包括标志寄存器 FLAGS 和指令指针寄存器（Instruction Pointer，IP）。

1. 指令指针寄存器（IP）

IP 用于存放下一条要执行指令在内存代码段中的偏移地址。它与代码段寄存器 CS 相配合，形成指向指令存放单元的 20 位物理地址。程序员不能直接使用 IP，但程序控制类指令会用到 IP。每当执行一次取指令操作时，IP 将自动加 1，指向下一条要取的指令在当前代码段中的偏移地址，从而实现按照指令在内存中的排列顺序来执行指令；但在执行 JMP、CALL 等转移调用类指令时，IP 值会被修改为新的地址值（非自动加 1 值）。

2. 标志寄存器（FLAGS）

标志寄存器（FLAGS）是一个 16 位的寄存器。在 16 位中有意义的位仅为 9 位，包括 6 位状态标志位和 3 位控制位，如图 2-7 所示。

D_{15}	D_{14}	D_{13}	D_{12}	D_{11}	D_{10}	D_9	D_8	D_7	D_6	D_5	D_4	D_3	D_2	D_1	D_0
				OF	DF	IF	TF	SF	ZF		AF		PF		CF

图 2-7　标志寄存器 FLAGS

（1）状态标志位　状态标志位反映算术或逻辑运算后结果的某些状态特征，这些状态特征可作为程序控制转移与否的依据。6 个状态标志位分别为：

1）进位标志位（Carry Flag，CF），反映算术运算后结果的最高有效位（字节运算为 D_7 位，字运算为 D_{15} 位）是否产生进（借）位。CF = 1，表明出现进（借）位；CF = 0，表明没有出现进（借）位。CF 主要用于无符号数加减运算，移位和循环移位指令也影响 CF 位。

2）奇偶标志位（Parity Flag，PF），反映运算结果的低 8 位中含"1"的个数的奇偶性。若"1"的个数为偶数，则 PF = 1；否则，PF = 0。

3）辅助进位标志位（Auxiliary carry Flag，AF），反映算术运算后结果的低 4 位向高 4 位有无进（借）位情况，有则置 1，无则置 0。AF 主要用于 BCD 码算术运算指令。

4）零标志位（Zero Flag，ZF），反映运算结果是否为 0，若为 0，则 ZF = 1，否则 ZF = 0。

5）符号标志位（Sign Flag，SF），与运算结果的最高位（字节运算为 D_7 位，字运算为 D_{15} 位）相同。若最高位为 1，则 SF = 1；否则，SF = 0。当用于带符号数运算时，它能反映结果的符号特征，即 SF = 1 表示结果为负数，SF = 0 表示结果为正数。

6）溢出标志位（Overflow Flag，OF），反映带行号数运算的结果是否超出机器能表示的范围。对字节的运算范围为 – 128 ～ + 127，对字的运算范围为 – 32768 ～ + 32767，若超出（即溢出），则 OF = 1，否则 OF = 0。

图 2-8 所示为两个 16 位二进制数 634DH 和 3219H 相加操作执行后对 FLAGS 标志位的影响。

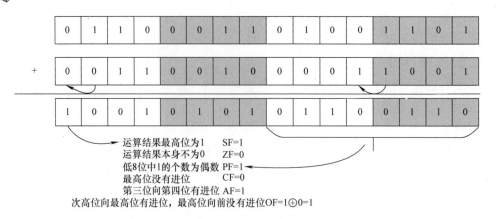

图 2-8　两个 16 位二进制数相加对状态标志位的影响

（2）控制位　控制位用于控制 CPU 某方面操作的标志，它由指令进行设置和清除。3个控制标志位分别为：

1）方向标志位（Direction Flag，DF）。当执行串操作指令时，该位用于指示源串和目的串的地址指针调整方向。当 DF = 1 时，每执行一次串操作指令，从高地址到低地址作自动递减处理，即地址指针内容将自动递减；当 DF = 0 时，每执行一次串操作指令，从低地址到高地址作自动递增处理，即地址指针内容将自动递增。

2）中断允许标志位（Interrupt enable Flag，IF），用于控制 CPU 是否允许响应可屏蔽中断 INTR 请求。IF = 1，表示允许响应；IF = 0，表示禁止响应。注意，IF 状态不影响非屏蔽中断请求 NMI 和 CPU 内部中断请求。

3）陷阱标志位（Trap Flag，TF），是为调试程序方便而设置的。程序有单步、断点和连续 3 种执行方式。TF 用于控制是否进入单步方式：若 TF = 1，则程序采用单步方式执行，即 CPU 在每执行一条指令后暂停，以便于程序的调试；若 TF = 0，则恢复为正常的连续方式执行程序。

2.3.4　8086/8088 微机系统的存储器结构与组织

1. 存储器的空间

8086/8088 有 20 根地址线，可寻址 2^{20}B = 1MB 的存储空间。存储器的每个字节中都可以存放 1 个字节的数据（8 位二进制数），每个字节拥有唯一的地址编号（20 位二进制数或 5 位十六进制数），存储单元的 20 位地址称为物理地址（Physical Address，PA）或绝对地址。若向存储器存放的数据是 8 位二进制数（即 1 个字节），则按顺序存放；若存放的数为 16 位二进制数（即 1 个字），则将字的低位字节放在低地址中，高位字节放在高地址中，并以低地址作为该字的地址；若存放的是 32 位二进制数（即双字），这种数一般作为指针，其低位字是被寻址地址的 16 位偏移量，高位字是被寻址地址所在的 16 位段地址，并以低位字的低地址作为该 32 位数据的地址。

存放字时，其低位字节可以在奇数地址中开始存放，也可以在偶数地址中开始存放。前者称为非规则存放，这样存放的字称为非规则字；后者称为规则存放，这样存放的字称为规则字。8086 CPU 对规则字的存取可在一个总线周期完成，非规则字的存取则需两个总线周期；而由于 8088 CPU 的对外数据总线为 8 位，规则字和非规则字的存取都需两个总线周期才能完成。也就是说，对 8086 CPU 来说，读或写一个以偶数为起始地址的字的指令，只需访问一次存储器；而对于一个以奇数为起始地址的字的指令，就必须两次访问存储器中的两个偶数地址的字，忽略每个字中所不需要的那半个字，并对所需的两个半字进行字节调整。各种字节和字的读操作的例子如图 2-9 所示。

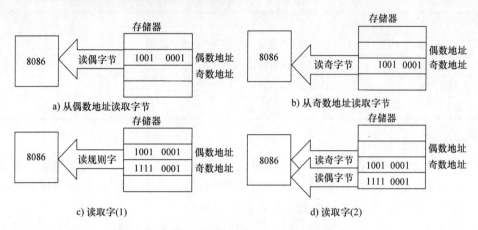

图 2-9   8086 从偶数地址和奇数地址读取字节或字

在 8086/8088 程序中，指令仅要求指出对某个字节或字进行访问，而对存储器访问的方式不必说明。无论执行哪种访问，都是由 CPU 自动识别的。

图 2-10 为 8086/8088 CPU 与存储器连接示意图。

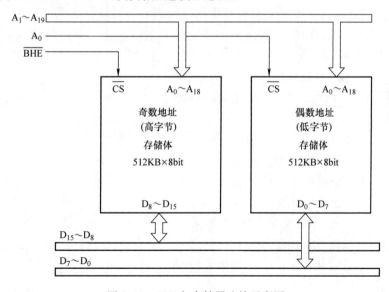

图 2-10   CPU 与存储器连接示意图

在 8086 系统中，1MB 存储空间分为两个 512KB 的存储体（又称为存储库），分别叫高位库和低位库。低位库与数据总线 $D_7 \sim D_0$ 相连，该库中每个地址为偶数地址（也称为偶体）；高位库与数据总线 $D_{15} \sim D_8$ 相连，该库中每个地址为奇数地址（也称为奇体）。访问一个存储体，只需 19 位地址（$A_{19} \sim A_1$）就可同时对高、低位库的存储单元寻址，而 A_0 和

$\overline{\text{BHE}}$则用于库的选择，分别接到两个库选择端$\overline{\text{CS}}$上。当 $A_0 = 0$ 时，选择偶存储体；当 $\overline{\text{BHE}} = 0$ 时，选择奇存储体。利用 A_0 或$\overline{\text{BHE}}$这两个控制信号可以实现两个库的读、写（即 16 位数据）操作，也可单独对其中的一个库进行读、写操作（即 8 位数据），见表 2-3。

表 2-3　$\overline{\text{BHE}}$和 A_0 的代码组合对应的存取操作

$\overline{\text{BHE}}$	A_0	操作功能	数据总线
0	0	同时访问两个存储体，读/写一个对准字信息	$D_{15} \sim D_0$
0	1	只访问奇地址存储体，读/写高字节信息	$D_{15} \sim D_8$
1	0	只访问偶地址存储体，读/写低字节信息	$D_7 \sim D_0$
1	1	无操作	

2. 存储器的分段

8086/8088 系统中，直接可寻址的存储器空间达到 1MB，要对整个存储器空间寻址，需要 20 位长的地址码；而 8086/8088 CPU 的字长为 16 位，只能寻址 16 位的存储器空间，即 64KB。为此，8086/8088 采用了存储器地址分段的办法。

将整个存储器分成许多逻辑段，每个逻辑段的容量最多为 64KB，允许它们在整个存储器空间中浮动，各个逻辑段之间可以紧密相连，也可以相互重叠。对于任何一个物理地址，可以唯一地被包含在一个逻辑段中，也可以被包含在多个相互重叠的逻辑段中，只要能得到它所在段的首地址和段内的相对地址，就可对它进行访问。在 8086/8088 存储空间中，从 0 地址开始，把每 16 个连续字节的存储空间称为小节。为了简化操作，逻辑段必须从任一小节的首地址开始。这样划分的特点是：在十六进制表示的地址中，最低位为 0（即 20 位地址中的低 4 位为 0）。在 1MB 的地址空间中，共有 64K 小节。8086/8088 中，每一个存储单元都有一个唯一的 20 位地址，称此地址为该存储单元的物理地址。CPU 访问存储器时，必须先确定所要访问的存储单元的物理地址，才能取得该单元的内容。20 位的物理地址由 16 位的段地址和 16 位的段内偏移地址计算得到。段地址是每一个逻辑段的起始地址，必须是每个小节中的首地址，其低 4 位一定都是 0，于是在保存段地址时，可只存储段地址的高 16 位，应用时再对段地址乘以 16 即可得到段的起始地址。偏移地址则是在段内相对于段起始地址的偏移值。任一存储单元物理地址的计算方法如图 2-11 所示。

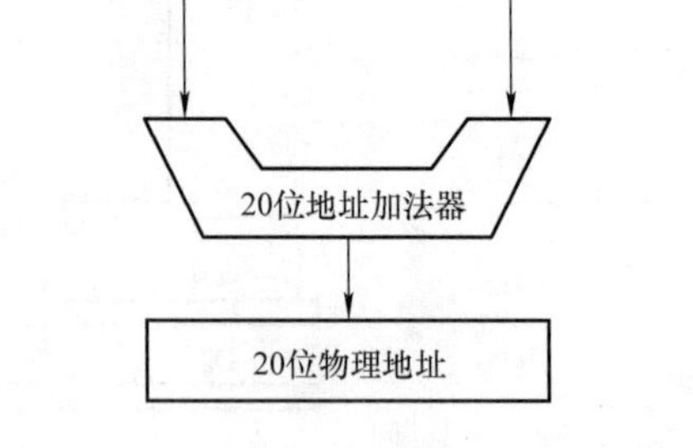

$$物理地址 = 16 \times 段地址 + 偏移地址$$

8086/8088 微处理器中，设有 4 个存放段地址的寄存器，称为段寄存器。它们是代码段寄存器 CS、数据段寄存器 DS、堆栈段寄存器 SS、附加段寄存器 ES。在实际使用中，常用"段地址:偏移地址"来表示逻辑地址，其中段地址和偏移地址都是 16 位二进制数（常用 4 位十六进制数表示）。一个物理地址可用多种逻辑地址来表示，但其物理地址是唯一的。逻辑地址是在程序中使用的地址，物理地址也

图 2-11　存储单元物理地址计算方法

称为绝对地址，就是存储器中存储单元对应的 20 位实际地址。当 CPU 需要访问存储器时，必须完成由逻辑地址到物理地址的转换。

2.3.5　8086/8088 微机系统的 I/O 组织

8086 系统和外部设备之间都是由 I/O 接口电路来联系的，为区别不同的 I/O 对象，每个 I/O 接口都有一个或几个端口地址。在微机系统中，给每个端口分配一个地址，称为端口地址。一个端口通常为 I/O 接口电路内部的一个寄存器或一组寄存器。8086 CPU 利用地址总线的低 16 位作为对 8 位 I/O 端口的寻址线，8086 系统访问的 8 位 I/O 端口最多有 65536（64K）个。两个编号相邻的 8 位端口可以组合成一个 16 位的端口。一个 8 位的 I/O 设备既可以连接在地址总线的高 8 位上，也可以连接在地址总线的低 8 位上，为便于地址总线的负载相平衡，接在高 8 位和低 8 位上的设备数目最好相等。当一个 I/O 设备接在地址总线低 8 位（$AD_7 \sim AD_0$）上时，这个 I/O 设备所包括的所有端口地址都将是偶数地址（即 $A_0 = 0$）；若一个 I/O 设备是接在地址总线的高 8 位（$AD_{15} \sim AD_8$），那么此设备包含的所有端口地址都是奇数地址（即 $A_0 = 1$）。如果某种特殊 I/O 设备既可使用偶数地址又可使用奇数地址，那么 A_0 就不能作为这个 I/O 设备内部端口的地址选择线使用。此时 A_0 和 $\overline{BHE}$ 这两个信号必须结合起来作为 I/O 设备选择线，用以防止对 I/O 设备的错误操作。

IBM - PC 系统只使用了 $A_9 \sim A_0$ 这 10 条地址线作为 I/O 端口的寻址线，故最多可寻址 1024（2^{10}）个端口地址。

2.4　8086/8088 微处理器的引脚特性与工作模式

2.4.1　最小模式和最大模式的概念

（1）最小模式　在系统中只有 8086 或者 8088 一个微处理器。在此系统中，所有的总线控制信号都直接由 8086 或 8088 产生，因此，系统中的总线控制逻辑电路被减到最少。

（2）最大模式　在系统中包含有两个和多个微处理器，其中一个主处理器就是 8086 或者 8088，其他的处理器称为协处理器，它们是协助主处理器工作的。

1）数值运算协处理器 8087：专用于数值运算的处理器。

2）输入/输出协处理器 8089：相当于具有两个 DMA 通道的处理器，有一套专门用于输入/输出操作的指令系统，可以直接为输入/输出设备服务，使 8086 或 8088 不再承担这类工作。

2.4.2　8086/8088 的引脚信号和功能

CPU 是微型计算机系统的核心部件，它与系统中各部件的联系主要表现在该芯片的引脚上。8086/8088 CPU 均为 40 个引脚，采用 + 5V 单一电源供电，双列直插封装。8086/8088 CPU 的引脚排列如图 2-12 所示。

为了解决功能多与引脚少的矛盾，8086/8088 采用了引脚复用技术，使部分引脚具有双重功能。主要表现为两种情况：第一种情况是按模式复用，即在最大模式和最小模式下某些引脚定义的信号功能不同，在 8086/8088 芯片上这样的引脚共有 8 个；第二种情况是按时序复用，即不同的时间某些引脚的信号功能不同。在 8086/8088 芯片上，数据信号和地址信号采用时间复用，状态信号、控制信号与地址线高位进行分时复用。

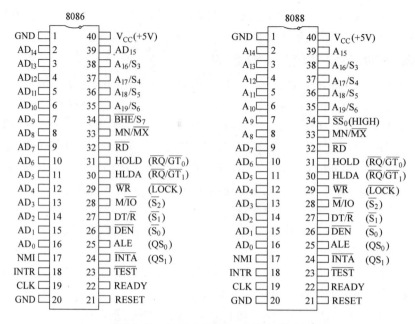

图 2-12 8086/8088CPU 的引脚排列

另外，8086/8088 芯片有如下不同：

1）8086 的低 16 位地址线 $AD_{15} \sim AD_0$ 与 16 位数据线复用；而 8088 仅 $AD_7 \sim AD_0$ 这低 8 位与 8 位数据线复用，其余 $A_{15} \sim A_8$ 仅用于地址线。

2）第 28 脚：8086 为 $M/\overline{IO}$，8088 为 $\overline{M}/IO$，目的是为了使 8088 和 Intel 的 8080/8085 相兼容。

3）第 34 脚：8086 为 $\overline{BHE}/S_7$，8088 为 $\overline{SS_0}$。因为 8086 有 16 根数据线，可用高 8 位或低 8 位传送一个字节，也可传送一个字，$\overline{BHE}$ 信号就是用来区分这几类传输的。而 8088 只能作 8 位传输，所以不用 $\overline{BHE}$ 信号，只用来指出状态信息。

1. 8086 与工作模式无关的各引脚信号功能

（1）GND、V_{CC} 地线和电源线：1 和 20 脚为地，40 脚为 +5V 电源。

（2）$AD_{15} \sim AD_0$（Address Data Bus）   地址/数据复用引脚，双向工作。8088 的 $A_{15} \sim A_8$ 不作复用，只用来输出地址。

1）作为复用引脚，在总线周期的 T_1 状态用来输出要访问的存储器和 I/O 端口的地址；$T_2 \sim T_3$ 状态，对读周期来说处于浮空状态，而对写周期来说则是传输数据。

2）该 8086 传输特性决定了只要和偶地址单元或端口交换数据，CPU 就通过总线低 8 位即 $AD_7 \sim AD_0$ 传输数据；而与奇地址单元或端口交换数据，则 CPU 必定通过总线高 8 位即 $AD_{15} \sim AD_8$ 传送数据，（不过 8088 CPU 只有 $AD_7 \sim AD_0$ 这 8 位数据线。）

3）在 8086 系统中，常将 AD_0 作为低 8 位数据（偶地址单元或者外设）的选通信号。

4）$AD_{15} \sim AD_0$ 在 CPU 响应中断以及系统总线"保持响应"时，都被浮置为高阻状态。

（3）$A_{19}/S_6 \sim A_{16}/S_3$（Address/Status）   地址/状态复用引脚，输出。在 T_1 状态时，用来输出高 4 位地址；T_2、T_3、T_W 状态时，用来输出状态信息。当系统总线处于"保持响应"状态时，A_{19}/S_6、A_{18}/S_5、A_{17}/S_4、A_{16}/S_3 被浮置为高阻状态。

1）$S_6 = 0$ 用来指示 8086/8088 当前与总线相连，所以 T_2、T_3、T_W、T_4 状态时，$S_6 = 0$。

2）S_5 表明中断允许标志的当前设置，即与 PSW 的 IF 值相同。

3）S_4、S_3 合起来指出当前正在使用哪个段寄存器。$S_4 S_3 = 00$ 为 ES 段，$S_4 S_3 = 01$ 为 SS 段，$S_4 S_3 = 10$ 为 CS 段，$S_4 S_3 = 11$ 为 DS 段。

（4）$\overline{\text{BHE}}/S_7$（Bus High Enable/Status）　高 8 位数据允许/状态复用引脚，输出。

1）在 T_1 状态，8086 在 $\overline{\text{BHE}}/S_7$ 引脚输出 $\overline{\text{BHE}}$ 信号，表示高 8 位数据线上的数据有效；在 T_2、T_3、T_W、T_4 状态，输出状态信号 S_7，不过目前 S_7 未被赋予任何实际意义。

2）$\overline{\text{BHE}}$ 信号和 A_0 组合起来告诉连接在总线上的存储器和接口，当前的数据在总线上将以何种格式出现。归纳为 4 种格式，见表 2-4。

表 2-4　$\overline{\text{BHE}}$ 和 A_0 组合控制数据传送格式

$\overline{\text{BHE}}$	A_0	操 作	所用的数据引脚
0	0	从偶数地址开始读/写一个字	$AD_{15} \sim AD_0$
1	0	从偶数地址单元或端口读/写一个字节	$AD_7 \sim AD_0$
0	1	从奇数地址单元或端口读/写一个字节	$AD_{15} \sim AD_8$
0	1	从奇数地址开始读/写一个字（在第一个总线周期，将低 8 位数送 $AD_{15} \sim AD_8$；在第二个总线周期，将高 8 位数送 $AD_7 \sim AD_0$）	$AD15 \sim AD_8$
1	0		$AD_7 \sim AD_0$

1）在 8086 系统中，如果要读写从奇数地址单元开始的一个字，需 2 个总线周期。

2）在 8088 中，第 34 脚信号为 $\overline{\text{SS}}_0$（HIGH）：在最大模式时，此引脚恒为高电平（HIGH）；在最小模式中，$\overline{\text{SS}}_0$ 则为低电平。

（5）NMI（Non - Maskable Interrupt）　非屏蔽中断引脚，输入。

1）非屏蔽中断输入信号：一个由低到高的上升沿。

2）每当 NMI 端输入一个上升沿触发信号时，CPU 就会在结束当前指令后，进入对应于中断类型号为 2 的非屏蔽中断处理程序。

（6）INTR（Interrupt Request）　可屏蔽中断请求信号引脚，输入。

1）可屏蔽中断请求信号：保持两个总线周期的高电平。

2）CPU 在执行每条指令的最后一个时钟周期会对 INTR 端进行采样。若 IF = 1，又采样到 INTR 信号，则 CPU 在结束当前指令后响应中断请求，进入一个中断处理子程序。

（7）$\overline{\text{RD}}$（Read）　读信号引脚，输出。此信号有效，表示读内存或 I/O 端口。

（8）CLK（Clock）　时钟输入。8086/8088 要求的时钟信号是：频率为 5MHz，占空比为 1:2。

（9）RESET（Reset）　复位信号输入。8086/8088 要求复位信号至少维持 4 个时钟周期的高电平才有效。

（10）READY（Ready）　"准备好"信号，输入。

1）"准备好"信号：由所访问的存储器或 I/O 设备发来的响应信号，高电平有效。有效时，表示内存或外设准备就绪，可传输数据。

2）CPU 在 T_3 状态（及 T_W 状态）开始时对 READY 信号进行采样。

3）若 READY 为低电平，则进入 T_W 状态；若 READY 为高电平，则进入 T_4 状态。

（11）$\overline{\text{TEST}}$（Test） 测试信号，输入。

1）$\overline{\text{TEST}}$信号：与 WAIT 指令结合起来使用，低电平有效。

2）在 CPU 执行 WAIT 指令后，CPU 处于空转状态等待；当 CPU 收到有效的$\overline{\text{TEST}}$信号（低电平时）后，等待状态结束，CPU 继续往下执行被暂停的指令。

（12）MN/$\overline{\text{MX}}$（Minimum/Maximum Mode Control） 最小/最大模式控制信号，输入。

1）此引脚输入 +5V 高电平时，MN 有效，CPU 工作于最小模式。

2）此引脚输入 0V 低电平时，$\overline{\text{MX}}$有效，CPU 工作于最大模式。

2. 最小模式下的引脚定义与功能

最小模式下第 24～31 脚的信号与最大模式不同，下面分别进行介绍：

（1）$\overline{\text{INTA}}$（Interrupt Acknowledge） 中断响应信号，输出。

1）$\overline{\text{INTA}}$信号：位于相邻总线周期上的两个负脉冲，在各总线周期的 T_2、T_3、T_W状态，$\overline{\text{INTA}}$端为低电平。

2）第一个负脉冲通知外部设备的接口，它发出的中断请求已经被允许。

3）第二个负脉冲外设收到后，往数据总线上放中断类型码，从而 CPU 得到有关此中断请求的详尽信息。

（2）ALE（Address Latch Enable） 地址锁存允许信号，输出。

1）8086/8088 提供给地址锁存器 8282/8283 的控制信号，高电平有效。

2）在每个总线周期的 T_1 状态，ALE 输出有效电平。ALE 不能被浮空。

（3）$\overline{\text{DEN}}$（Data Enable） 数据允许信号，输出。

1）用 8286/8287 作为数据总线收发器时，$\overline{\text{DEN}}$作为总线收发器的输出允许信号，表示 CPU 当前准备发送或接收一个数据。

2）在每个存储器访问周期或 I/O 访问周期或中断响应周期，$\overline{\text{DEN}}$都输出低电平。

3）若为读周期或中断响应周期，$\overline{\text{DEN}}$在 T_2 状态的中间开始有效，直至 T_4状态的中间结束。

4）若为写周期，$\overline{\text{DEN}}$在 T_2状态的一开始就成为有效电平，一直保持到 T_4状态的中间。

5）在 DMA 方式时，$\overline{\text{DEN}}$被浮置为高阻状态。

（4）DT/$\overline{\text{R}}$（Data Transmit/Receive） 数据收发信号，输出。

1）在使用 8286/8287 作为数据总线收发器时，DT/$\overline{\text{R}}$信号用来控制 8286/8287 的数据传送方向。若 DT/$\overline{\text{R}}$为高电平，则进行数据发送；若 DT/$\overline{\text{R}}$为低电平，则进行数据接收。

2）在 DMA 方式，DT/$\overline{\text{R}}$被浮置为高阻状态。

（5）M/$\overline{\text{IO}}$（Memory/Input and Output） 存储器访问/输入输出控制信号，输出。

1）M/$\overline{\text{IO}}$为高电平，表示 CPU 对存储器访问；为低电平，表示 CPU 对输入/输出设备访问（8086）。

2）一般在前一个总线周期的 T_4状态有效，一直保持到本周期的 T_4状态为止。

3）在 DMA 方式，M/$\overline{\text{IO}}$被浮置为高阻状态。

（6）$\overline{\text{WR}}$（Write） 写信号，输出。

1）$\overline{\text{WR}}$为有效低电平时，表示 CPU 当前正在进行存储器或 I/O 写操作。对任何写周期，$\overline{\text{WR}}$只在 T_2、T_3、T_W期间有效。

2）DMA 方式，$\overline{\text{WR}}$ 被浮置为高阻状态。

（7）HOLD 总线保持请求信号，输入。高电平有效。

1）其他部件向 CPU 发出总线请求信号到 HOLD 输入端。

2）关于 HOLD 信号和 HLDA 信号的关系如下：当系统中 CPU 之外的另一个主模块要求占用总线时，通过 HOLD 引脚向 CPU 发一个高电平的请求信号。如果 CPU 此时允许让出总线，就在当前总线周期完成时，于 T_4 状态从 HLDA 引脚发出一个应答信号，对刚才的 HOLD 请求做出响应。同时，CPU 使地址/数据总线和控制状态线处于浮空状态。总线请求部件收到 HLDA 信号后，就获得了总线控制权，在此后一段时间，HOLD 和 HLDA 都保持高电平。在总线占有部件用完总线之后，会把 HOLD 信号变为低电平，表示现在放弃对总线的占有。8086/8088 收到低电平的 HOLD 信号后，也将 HLDA 变为低电平，这样，CPU 又获得了地址/数据总线和控制状态线的占有权。

（8）HLDA 总线保持响应信号，输出。高电平有效。

1）当 HLDA 有效时，表示 CPU 对其他主部件的总线请求作出了响应。

2）与此同时，所有与三态门相接的 CPU 的引脚呈现高阻抗，从而让出了总线。

（9）最小模式下 8086 的典型配置 8086 在最小模式下的典型配置如图 2-13 所示。

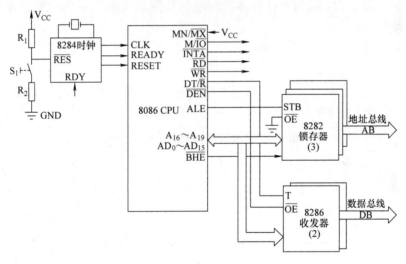

图 2-13　最小模式下 8086 CPU 的典型配置

在 8086 的最小模式，硬件连接有如下特点：

1）MN/$\overline{\text{MX}}$ 端接 +5V，决定了 8086 工作在最小模式。

2）有一片 8284A，作为时钟发生器。

8284A 除了提供频率恒定的时钟信号外，还对准备（READY）信号和复位（RESET）信号进行同步。

8284A 和振荡源之间有两种不同的连接方式：一种是用脉冲发生器作为振荡源（输出接 8284A 的 EFI 输入端），另一种是晶体振荡器连在 8284A 的 X1 和 X2 两端上。8284A 输出的时钟频率均为振荡频率的 1/3。

3）有 3 片 8282（若要求反相输出则用 8283）或 74LS373，用来作为地址锁存器。

8282 地址锁存器引脚排列如图 2-14 所示。

8282 是 8 位锁存器，所以用 3 片来锁存 20 位地址及 $\overline{BHE}$ 信号。

8282 的选通信号输入端 STB 由 CPU 的 ALE 输出控制锁存。

8282 的输出允许信号输入端 $\overline{OE}$，在无 DMA 时接地；有 DMA 时，接 CPU 的 HLDA 输出端即可使 8282 的输出浮置为高阻状态。

4）有 2 片 8286（反相时用 8287）作为总线收发器。8286 总线收发器引脚排列如图 2-15 所示。

| DI$_0$ 1 | 20 V$_{CC}$ | A$_0$ 1 | 20 V$_{CC}$ |

图 2-14　8282 地址锁存器引脚排列　　图 2-15　8286 总线收发器引脚排列

当系统中所连的存储器和外设较多而需增加数据总线的驱动能力时，才用总线收发器 8286。

8286 用来控制数据传输方向的输入信号 T，接 CPU 的 $DT/\overline{R}$。

8286 的输出允许信号输入端 $\overline{OE}$，接 CPU 的 $\overline{DEN}$。

5）最小模式中，信号 $M/\overline{IO}$、$\overline{RD}$、$\overline{WR}$ 组合起来决定系统中数据传输的方向。最小模式下读写控制信号对应的数据传输方式见表 2-5。

表 2-5　最小模式下读写控制信号对应的数据传输方式

$M/\overline{IO}$	$\overline{RD}$	$\overline{WR}$	数据传输方向
1	0	1	存储器读
1	1	0	存储器写
0	0	1	I/O 读
0	1	0	I/O 写

3. 最大模式下的引脚定义与功能

最大模式下，第 24～31 脚的信号含义如下：

（1）QS$_1$、QS$_0$（Instruction Queue Status）　指令队列状态信号，输出。QS$_1$、QS$_0$ 组合对应的含义见表 2-6。

表 2-6　QS$_1$、QS$_0$ 组合对应的含义

QS$_1$	QS$_0$	队列操作
0	0	无操作
0	1	队列中操作码的第一个字节
1	0	队列空
1	1	队列中非第一个操作码字节

（2）$\overline{S}_2$、$\overline{S}_1$、$\overline{S}_0$（Bus Cycle Status）　总线周期状态信号，输出。

这些信号组合起来可以指出当前总线周期中所进行的数据传输过程的类型。有源状态：对 $\overline{S_2}$、$\overline{S_1}$、$\overline{S_0}$ 来讲，在前一个总线周期的 T_4 状态和本总线周期的 T_1、T_2 状态中，至少有一个信号为低电平，每种情况下都对应某一个总线操作过程，通常称为有源状态。无源状态：在总线周期的 T_3 和 T_W 状态并且 READY 信号为高电平时，$\overline{S_2}$、$\overline{S_1}$、$\overline{S_0}$ 都为高电平，此时，一个总线操作过程就要结束，另一个新的总线周期还未开始，通常称为无源状态。总线周期状态信号对应的操作过程见表 2-7。

表 2-7　总线周期状态信号对应的操作过程

$\overline{S_2}$	$\overline{S_1}$	$\overline{S_0}$	控制信号	操作过程
0	0	0	$\overline{INTA}$	发中断响应信号
0	0	1	$\overline{IORC}$	读 I/O 端口
0	1	0	$\overline{IOWC}$、$\overline{AIOWC}$	写 I/O 端口
0	1	1	无	暂停
1	0	0	$\overline{MRDC}$	取指令
1	0	1	$\overline{MRDC}$	读内存
1	1	0	$\overline{MRTC}$、$\overline{AMWC}$	写内存
1	1	1	无	无源状态

（3）$\overline{LOCK}$（LOCK）　总线封锁信号，输出。

1）当 $\overline{LOCK}$ 为低电平时，系统中其他总线主部件不能占有总线。

2）$\overline{LOCK}$ 信号是由指令前缀 LOCK 产生的。在 LOCK 前缀后面的一条指令执行完后，便撤销了 $\overline{LOCK}$ 信号。

3）在 8086/8088 的 2 个中断响应脉冲 $\overline{INTA}$ 之间，$\overline{LOCK}$ 信号也自动变为有效电平，以防其他总线主部件在中断响应过程中占有总线而使一个完整的中断响应过程被间断。

4）在 DMA 期间，$\overline{LOCK}$ 端被浮空而处于高阻状态。

（4）$\overline{RQ}/\overline{GT_1}$、$\overline{RQ}/\overline{GT_0}$（Request/Grant）　总线请求信号输入/总线授权信号输出。$\overline{RQ}/\overline{GT_0}$ 都是双向的，即总线请求信号和授权信号在同一引脚上传输，但方向相反。$\overline{RQ}/\overline{GT_0}$ 的优先级高于 $\overline{RQ}/\overline{GT_1}$。

（5）8086 在最大模式下的典型配置　8086 在最大模式下的典型配置如图 2-16 所示。

最大模式配置和最小模式配置的一个主要差别：在最大模式下，需要用 8288 总线控制器对 CPU 发出的控制信号进行变换和组合，以得到对存储器和 I/O 端口的读/写信号和对锁存器 8282 及对总线收发器 8286 的控制信号，中断优先级管理部件 8259A。

（6）8288 总线控制器的引脚功能　总线控制器 8288 对 8086 输出的状态信息进行译码，产生相应的控制信号。8288 的输入信号有 $\overline{S_2}$、$\overline{S_1}$、$\overline{S_0}$、CLK、IOB、$\overline{AEN}$、CEN，如图 2-17 所示。

1）状态输入信号 $\overline{S_2}$、$\overline{S_1}$、$\overline{S_0}$：接至 8086 CPU 的 $\overline{S_2}$、$\overline{S_1}$、$\overline{S_0}$ 输出端。

2）输入信号 CLK：接至时钟发生器的 CLK 输出端。

3）8288 工作方式选择信号 IOB：IOB = 0，系统总线方式；IOB = 1，局部总线方式。

4）地址允许输入信号 $\overline{AEN}$：在 IOB = 0 时由总线仲裁器输出。

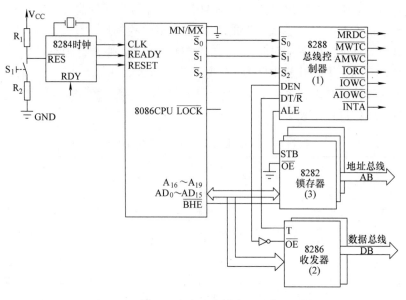

图 2-16   8086 CPU 在最大模式下的典型配置

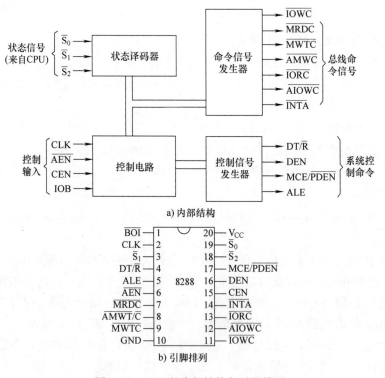

a) 内部结构

b) 引脚排列

图 2-17   8288 的内部结构与引脚排列

5）CEN：8288 的命令允许信号，高电平有效。

（7）8288 的输出控制信号   包括 ALE、DEN、DT/$\overline{R}$、MCE/$\overline{PDEN}$。

1）送给地址锁存器的信号 ALE。

2）送给数据总线收发器的信号 DEN 和 DT/$\overline{\text{R}}$。

3）开启信号 MCE/PDEN：当 IOB = 0 时，用 MCE 功能；当 IOB = 1 时，用 PDEN 功能。

（8）8288 的命令输出信号　包括 $\overline{\text{MRDC}}$、$\overline{\text{MWTC}}$、$\overline{\text{IORC}}$、$\overline{\text{IOWC}}$、$\overline{\text{AMWC}}$、$\overline{\text{AIOWC}}$、$\overline{\text{INTA}}$。

1）$\overline{\text{MRDC}}$：存储器读命令。

2）$\overline{\text{MWTC}}$：存储器写命令。

3）$\overline{\text{IORC}}$：I/O 读命令。

4）$\overline{\text{IOWC}}$：I/O 写命令。

5）$\overline{\text{AMWC}}$：提前的存储器写命令，比 $\overline{\text{MWTC}}$ 提前一个时钟周期输出。

6）$\overline{\text{AIOWC}}$：提前的 I/O 写命令，比 $\overline{\text{IOWC}}$ 提前一个时钟周期输出。

7）$\overline{\text{INTA}}$：中断响应信号，送往发出中断请求的设备。

2.5　8086/8088 微处理器的总线周期与时序

2.5.1　CPU 时序的概念

CPU 中也有一个类似"作息时间表"的东西，它称为时序信号。计算机所以能够准确、迅速、有条不紊地工作，正是因为在 CPU 中有一个时序信号产生器。计算机一旦被启动，在时钟脉冲的作用下，CPU 开始取指令并执行指令，操作控制器就利用定时脉冲的顺序和不同的脉冲间隔，有条理、有节奏地指挥机器各个部件按规定时间动作。规定在这个脉冲到来时做什么，在那个脉冲到来时又做什么，给计算机各部分提供工作所需的时间标志。

1. 时钟周期、指令周期和总线周期

从时序角度考虑，CPU 的工作时序分为 3 类周期，即时钟周期、指令周期和总线周期。

（1）时钟周期（Clock Cycle）　时钟周期也称为 T 状态，是 CPU 处理动作的最小时间单位，它作为计算机内部复杂时序逻辑电路的工作节拍。时钟周期值的大小由系统时钟（晶振频率）f 确定，两者关系是 $T = 1/f$。8086 的主频为 5MHz，时钟周期为 200ns。

（2）总线周期（Bus Cycle）　总线周期也称为机器周期（Machine Cycle），是 CPU 操作时所依据的一个基准时间段，通常是指 CPU 对存储器或 I/O 端口完成一次读/写操作所需的时间。基本的总线周期有存储器读/写周期、I/O 端口的读/写周期和中断响应周期等。每个总线周期一般由 4 个 T 状态构成，习惯上分别称为 T_1 状态、T_2 状态、T_3 状态和 T_4 状态。

（3）指令周期（Instruction Cycle）　执行一条指令所需的时间称为指令周期。8086/8088 CPU 中不同指令的指令周期是不等长的。指令本身就是不等长的，最短的指令只需要 1 个字节，大部分指令是 2 个字节，最长的指令要 6 个字节。指令的最短执行时间是 2 个时钟周期，一般的加、减、比较、逻辑操作是几十个时钟周期，最长的为 16 位数的乘除法指令，约为 200 个时钟周期。

2. 总线周期

图 2-18 为一个典型的总线周期时序。BIU 执行一个总线周期是为了取得指令或与外设或者内存传送数据。在 8086/8088 中，一个最基本的总线周期由 4 个时钟周期组成，习惯上称为 4 个状态，即 T_1、T_2、T_3、T_4 状态。

（1）T_1 状态　CPU 往多路复用总线上发出地址信息，以指出要寻址的存储单元或外设端口的地址。

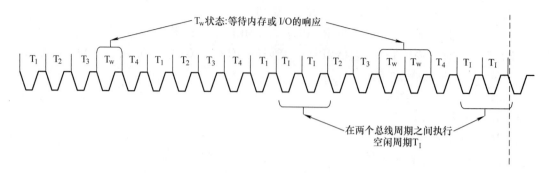

图 2-18　典型的总线周期时序

（2）T_2 状态　CPU 从总线上撤销地址，而使总线的低 16 位浮置成高阻状态，为传输数据作准备。总线的最高 4 位（$A_{19} \sim A_{16}$）用来输出本总线周期的状态信息。

（3）T_3 状态　多路复用总线的高 4 位继续提供状态信息，低 16 位（8088 为低 8 位）上出现由 CPU 写出的数据或者 CPU 从存储器或端口读入的数据。

（4）T_W 状态　等待状态。等待慢速的存储器或外设向 CPU 发出 READY 信号。此状态可有 1 个至几个时钟周期。总线信息与 T_3 状态的总线信息一样。

（5）T_4 状态　总线周期结束。

（6）空闲周期　若在 1 个总线周期之后，不立即执行下一个总线周期，则系统总线就处在空闲状态 T_I，此时执行空闲周期。在空闲周期（若干个 T_I 状态）中，在总线高 4 位上，CPU 仍然驱动前一个总线周期的状态信息；在总线低 16 位上，若前一个总线周期为写周期，则继续驱动数据信息；若为读周期，则处于高阻状态。

2.5.2　8086/8088 CPU 的典型时序

1. 系统的复位和启动操作

8086/8088 的复位信号 RESET 需要 4 个时钟周期以上的高电平；如果是初次加电引起的复位，则要求维持不小于 50μs 的高电平。当 RESET 信号一进入高电平时，该 CPU 就会结束现行操作，且只要 RESET 信号停留在高电平状态，CPU 就维持在复位状态。

1）在复位状态，CPU 各内部寄存器都被设为初值（除 CS = FFFFH 外，其他寄存器和指令队列都被清 0）。

2）8086/8088 在复位之后再重新启动时，便从内存的 FFFF0H 处开始执行指令（PA = CS × 10H + IP = FFFF0H）。复位时禁止 INTR 中断（因为 PSW 被清 0，所以 IF = 0）。复位信号 RESET 由高电平到低电平的跳变（即复位结束信号）会触发 CPU 内部的一个复位逻辑电路，经过 7 个时钟周期之后，CPU 就被启动而恢复正常工作，即从 FFFF0H 处开始执行程序。RESET 信号有效后的第一个时钟周期的低电平期间，所有三态输出线被设置成不作用状态。待时钟信号又成为高电平时，三态输出线才被设置成高阻状态。非三态输出线，在复位之后会处于无效状态，但不浮空。

2. 总线操作

8086/8088 CPU 的总线操作是为了取指令及与存储器或与外设端口交换数据，需要执行一个总线周期，这就是总线操作。总线操作分为总线读操作和总线写操作。

总线读操作：指 CPU 从存储器或外设端口读取数据。

总线写操作：指 CPU 将数据写入存储器或外设端口。

（1）8086 在最小模式下的总线读操作 时序图如图 2-19 所示。

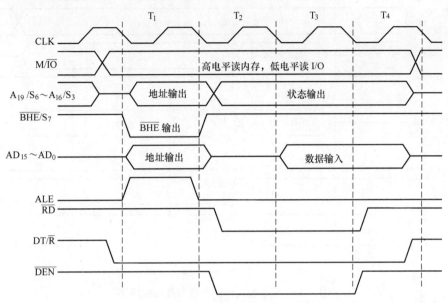

图 2-19 最小模式下的总线读操作时序图

1）T_1 状态：M/$\overline{\text{IO}}$ 信号有效至 T_4 状态结束。若 M/$\overline{\text{IO}}$ 为高电平，则读存储器；若 M/$\overline{\text{IO}}$ 为低电平，则读 I/O 端口。$A_{19}/S_6 \sim A_{16}/S_3$、$AD_{15} \sim AD_0$：输出 20 位地址信号，直至 T_2 状态中结束。ALE 信号有效至 T_1 结束而结束。锁存器 8282 用 ALE 下降沿对地址锁存。$\overline{\text{BHE}}$ 信号有效，被 8282 锁存。$\overline{\text{BHE}}$ 信号作为奇地址存储体的体选信号。DT/$\overline{\text{R}}$ 输出低电平，直至 T_4 状态结束，表示本总线周期为读周期。

2）T_2 状态：地址信号消失，$AD_{15} \sim AD_0$ 进入高阻状态；$A_{19}/S_6 \sim A_{16}/S_3$、$\overline{\text{BHE}}/S_7$ 输出状态信息 $S_7 \sim S_3$。$\overline{\text{DEN}}$ 有效至 T_3 状态结束，使总线收发器获得数据允许信号。$\overline{\text{RD}}$ 有效至 T_4 状态的开始处结束。该引脚输出读信号。

3）T_3 状态：内存或 I/O 端口将数据送到数据总线上。

4）T_W 状态：CPU 在 T_3 状态的前沿采样到 READY 信号为低电平，插入 T_W 状态；然后在每个 T_W 的前沿采样 READY 信号，若为高电平，则在执行完当前 T_W 状态后脱离 T_W 而进入 T_4；最后一个 T_W 状态中总线的动作和基本总线周期中 T_3 状态的完全一样。而在其他的 T_W 状态，控制信号同 T_3 状态，但数据信号尚未出现在数据总线上。

5）T_4 状态：此状态和前一状态交界的下降沿处，CPU 采样数据总线获得数据。

（2）8086 在最小模式下的总线写操作 时序图如图 2-20 所示。

1）T_1 状态：除 DT/$\overline{\text{R}}$ 信号为高电平表示本总线周期执行写操作外，其他同最小模式下总线读操作的 T_1 状态。

2）T_2 状态：与总线读操作的 T_2 状态不同的是，$AD_{15} \sim AD_0$ 立即发出要写出的数据并保持到 T_4 状态的中间。$\overline{\text{WR}}$ 有效，而 $\overline{\text{RD}}$ 无效。

3）T_3 状态：CPU 继续提供状态信息和数据。

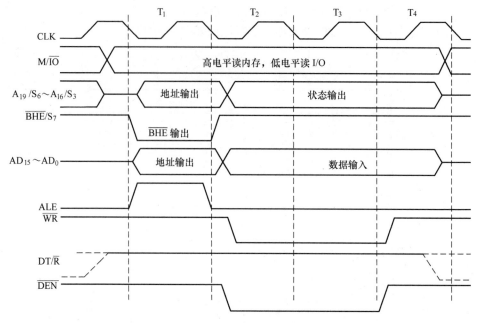

图 2-20　最小模式下的总线写操作时序图

4）T_W 状态：总线上所有控制信号的情况与 T_3 状态时一样，数据总线上也仍然保持要写出的数据。

5）T_4 状态：数据被撤除，各控制信号线和状态信号线进入无效状态。

（3）8086 在最大模式下的总线读操作

1）T_1 状态：与最小模式下总线读操作的 T_1 状态的区别仅在于：$\overline{S_2}$、$\overline{S_1}$、$\overline{S_0}$ 发出对应的信号，而 M/$\overline{\text{IO}}$ 信号则被取消。

2）T_2 状态：除 CPU 发 RD 信号外，8288 的 $\overline{\text{MRDC}}$ 或 $\overline{\text{IORC}}$ 有效。其他同最小模式下的总线读操作的 T_2 状态。

3）T_3 状态：增加了 $\overline{S_2}$、$\overline{S_1}$、$\overline{S_0}$ 全为高电平的无源状态。其他同最小模式下的情况。

4）T_4 状态：数据从总线上消失，状态信号引脚 $S_7 \sim S_3$ 进入高阻状态。而 $\overline{S_2}$、$\overline{S_1}$、$\overline{S_0}$ 则按照下一个总线周期的操作类型产生电平变化。

（4）8086 在最大模式下的总线写操作　除增加了总线控制器 8288 的 $\overline{\text{MWTC}}$ 或 $\overline{\text{IOWC}}$、$\overline{\text{AMWC}}$ 或 $\overline{\text{AIOWC}}$ 信号外，其他过程类同于最小模式下的总线写操作。

（5）总线空操作　CPU 在不执行总线周期时，总线接口部件就不和总线打交道，此时进入总线空闲周期 T_I。总线空闲周期的总线状态信息 $S_7 \sim S_3$ 和前一个总线周期一样。若前一个总线周期为写周期，则 $AD_{15} \sim AD_0$ 上写出的数据此时不变；若前一个总线周期为读周期，则 $AD_{15} \sim AD_0$ 此时处于高阻状态。总线空操作是总线接口部件对执行部件的等待，即执行部件继续进行执行指令的操作。

复习思考题

1. 关于 8088 CPU 和 8086 CPU 的对比，正确的叙述是（　　　　）。

A. 8088 CPU 和 8086 CPU 的地址数位数不相同

B. 8088 CPU 和 8086 CPU 的片内数据线数量不相同

C. 8088 CPU 和 8086 CPU 的片外数据线数量不相同

D. 8088 CPU 和 8086 CPU 的寄存器数量不相同

2. 8086 为 16 位的 CPU，说明（　　　）。

A. 8086 CPU 内有 16 条数据线　　　　　　B. 8086 CPU 内有 16 个寄存器

C. 8086 CPU 外有 16 条地址线　　　　　　D. 8086 CPU 外有 16 条控制线

3. 下列不是 8086/8088 CPU 数据总线作用的为（　　　）。

A. 用于传送指令机器码　　　　　　　　　B. 用于传送立即数

C. 用于传送偏移地址量　　　　　　　　　D. 用于传送控制信号

4. 关于 8086 CPU 叙述不正确的是（　　　）。

A. 片内有 14 个 15 位寄存器　　　　　　　B. 片内有 1MB 的存储器

C. 片内有 4B 的队列缓冲器　　　　　　　D. 片外有 16 位数据总线

5. 8086/8088 CPU 的地址总线宽度为 20 位，它读存储器的寻址范围为（　　　）。

A. 20KB　　　　　　B. 64KB　　　　　　C. 1MB　　　　　　D. 20MB

6. 8086/8088CPU 的地址总线宽度为 20 位，它对 I/O 接口的寻址范围为（　　　）

A. 20KB　　　　　　B. 64KB　　　　　　C. 1MB　　　　　　D. 20MB

7. 8086/8088 CPU 从功能结构上看，是由（　　　）组成的。

A. 控制器和运算器　　　　　　　　　　　B. 控制器、运算器和寄存器

C. 控制器和 20 位物理地址加法器　　　　D. 执行单元和总线接口单元

8. 8086/8088 CPU 内部具有（　　　）个 16 位寄存器。

A. 4　　　　　　　　B. 8　　　　　　　　C. 14　　　　　　　D. 20

9. 8086/8088 CPU 内部具有（　　　）个 8 位寄存器。

A. 4　　　　　　　　B. 8　　　　　　　　C. 14　　　　　　　D. 20

10. 8086/8088 CPU 的标志寄存器 FR 中有（　　　）个有效位。

A. 1　　　　　　　　B. 3　　　　　　　　C. 6　　　　　　　　D. 9

11. 8086/8088 CPU 的标志寄存器 FR 中控制标志位有（　　　）位。

A. 1　　　　　　　　B. 3　　　　　　　　C. 6　　　　　　　　D. 9

12. 8086/8088 CPU 有（　　　）个 16 位段寄存器。

A. 2　　　　　　　　B. 4　　　　　　　　C. 8　　　　　　　　D. 16

13. 指令指针寄存器 IP 的作用是（　　　）。

A. 保存将要执行的下一条指令所在的位置

B. 保存 CPU 要访问的内存单元地址

C. 保存运算器运算结果内容

D. 保存正在执行的一条指令

14. 8088 CPU 的指令队列缓冲器由（　　　）组成。

A. 1B 的移位寄存器　　　　　　　　　　B. 4B 的移位寄存器

C. 6B 的移位寄存器　　　　　　　　　　D. 8B 的移位寄存器

15. 指令队列具有（　　　）的作用。

A. 暂存操作数地址 B. 暂存操作数

C. 暂存指令地址 D. 暂存预取指令

16. 8086/8088 CPU 对存储器采用分段管理的方法，每个存储单元均拥有（　　）两种地址。

A. 实地址和虚拟地址 B. 20 位地址和 16 位地址

C. 逻辑地址和物理地址 D. 段基址和偏移地址

17. 8086 系统中，每个逻辑段的存储单元数最多为（　　）。

A. 1MB B. 256B C. 64KB D. 根据需要而定

18. 8086/8088 CPU 中，由逻辑地址形成存储器物理地址的方法是（　　）。

A. 段基值 + 偏移地址 B. 段基值左移 4 位 + 偏移地址

C. 段基值 ×16H + 偏移地址 D. 段基值 ×10 + 偏移地址

19. 8086/8088 CPU 上电和复位后，下列寄存器的值正确的为（　　）。

A. $CS = 0000H$，$IP = 0000H$ B. $CS = 0000H$，$IP = FFFFH$

C. $CS = FFFFH$，$IP = 0000H$ D. $CS = FFFFH$，$IP = FFFFH$

20. 8086/8088 系统中，某存储单元的物理地址为 24680H，与其不对应的逻辑地址为（　　）。

A. 46780H：2000H B. 2468H：0000H

C. 2460H：0080H D. 2400H：0680H

21. 若某指令存放在代码段为 $CS = 789AH$，指令指针为 $IP = 2345H$ 处，问该指令存放单元的物理地址是（　　）。

A. 0H B. 7ACE5H C. 2ACEAH D. 9BDF01H

22. 下列逻辑、地址中对应不同的物理地址的是（　　）。

A. 0400H：0340H B. 0420H：0140H

C. 03E0H：0740H D. 03C0：0740H

23. 8086/8088 CPU 中，时钟周期、指令周期和总线周期按费时长短的排列是（　　）。

A. 时钟周期 > 指令周期 > 总线周期 B. 时钟周期 > 总线周期 > 指令周期

C. 指令周期 > 总线周期 > 时钟周期 D. 总线周期 > 指令周期 > 时钟周期

24. 8086/8088 CPU 的地址有效发生在总线周期的（　　）时刻。

A. T_1 B. T_2 C. T_3 D. T_4

25. 8086/8088 CPU 的读数据操作发生在总线周期的（　　）时刻。

A. T_1 B. T_2 C. T_2，T_3 D. T_3，T_4

26. 8086/8088 CPU 的写数据操作发生在总线周期的（　　）时刻。

A. T_1 B. T_2 C. T_2，T_3 D. T_2，T_3，T_4

27. 当控制线 READY =0 时，应在（　　）插入等待周期 T_w。

A. T_1 和 T_2 间 B. T_2 和 T_3 间 C. T_3 和 T_4 间 D. 任何时候

28. 下列说法中属于最小工作模式特点的是（　　）。

A. CPU 提供全部的控制信号 B. 由编程进行模式设定

C. 需要 8286 收发器 D. 需要总线控制器 8288

29. 下列说法中属于最大工作模式特点的是（　　）。

A.　CPU 提供全部的控制信号　　　　　B.　由编程进行模式设定

C.　需要 8286 收发器　　　　　D.　需要总线控制器 8288

30.　8086 CPU 的控制线$\overline{\text{BHE}}=0$，地址线 A0 =0 时，将实现（　　）。

A.　传送地址为偶数地址的 8 位内存数据　　B.　传送地址为偶数地址的 16 位内存数据

C.　传送地址为奇数地址的 8 位内存数据　　D.　传送地址为奇数地址的 16 位内存数据

31.　8086/8088 CPU 数据总线和部分地址总线采用分时复用技术，系统中可通过基本逻辑单元（　　），获得稳定的地址信息。

A.　译码器　　　B.　触发器　　　C.　锁存器　　　D.　三态门

32.　8086 CPU 构成的系统中，需要（　　）片 8286 数据总线收发器。

A.　1　　　B.　2　　　C.　8　　　D.　16

33.　8086/8088 CPU 中，控制线$\overline{\text{RD}}$和$\overline{\text{WR}}$的作用是（　　）。

A.　CPU 控制数据传输的方向　　　　B.　CPU 实现存储器存取操作控制

C.　CPU 实现读或写操作时控制线　　　　D.　CPU 实现读地址/数据线分离控制

34.　8086/8088 CPU 中，控制线 DT/$\overline{\text{R}}$的作用是（　　）。

A.　数据传输方向的控制　　　　B.　存储器存取操作控制

C.　数据传输有效控制　　　　D.　地址/数据线分离控制

35.　8086/8088 CPU 中，控制线 ALE 的作用是（　　）。

A.　CPU 发出的数据传输方向控制信号

B.　CPU 发出的数据传输有效控制信号

C.　CPU 发出的存储器存取操作控制信号

D.　CPU 发出的地址有效信号

36.　8086/8088 CPU 中，控制线$\overline{\text{DEN}}$的作用是（　　）。

A.　CPU 发出的数据传输方向控制信号

B.　CPU 发出的数据传输有效控制信号

C.　CPU 发出的存储器存取操作控制信号

D.　CPU 发出的地址有效信号

37.　8086/8088 CPU 中，可屏蔽中断请求的控制线是（　　）。

A.　NMI　　　B.　HOLD　　　C.　INTR　　　D.　INTA 非

38.　8086/8088 CPU 中，可屏蔽中断响应的控制线是（　　）。

A.　NMI　　　B.　HOLD　　　C.　INTR　　　D.　$\overline{\text{INTA}}$

39.　8086/8088 CPU 中，与 DMA 操作有关的控制线是（　　）。

A.　NMI　　　B.　HOLD　　　C.　INTR　　　D.　$\overline{\text{INTA}}$

40.　当 8086/8088 CPU 为最小工作方式时，MN/$\overline{\text{MX}}$应接（　　）。

A.　低电平　　　B.　高电平　　　C.　下降沿脉冲　　D.　上升沿脉冲

41.　若 8086/8088 CPU 访问 I/O 端口时，控制线 M/$\overline{\text{IO}}$应输出（　　）。

A.　低电平　　　B.　高电平　　　C.　下降沿脉冲　　D.　上升沿脉冲

42.　8086 CPU 可访问（　　）的 I/O 端口。

A.　1KB　　　B.　32KB　　　C.　64KB　　　D.　1MB

43.　当 8086/8088CPU 从存储器单元读数据时，有（　　）。

A. $\overline{RD}=0$，$\overline{WR}=0$　　　　　　　B. $\overline{RD}=0$，$\overline{WR}=1$

C. $\overline{RD}=1$，$\overline{WR}=0$　　　　　　　D. $\overline{RD}=1$，$\overline{WR}=1$

44. 对堆栈进行数据存取的原则是（　　　）。

A. 先进先出　　　　B. 后进先出　　　　C. 随机存取　　　D. 都可以

45. 8086/8088 CPU 将数据压入堆栈时，栈区指针的变化为（　　　）。

A. SS 内容改变、SP 内容不变　　　　　B. SS 内容不变、SP 内容加 2

C. SS 内容不变、SP 内容减 2　　　　　D. SS 和 SP 内容都改变

46. 计算机中，CPU 地址线的位数与访问储存器单元范围的关系是什么？

47. 8086/8088 CPU 由哪两个功模块构成？简述它们之间的关系。

48. 简述 8086/8088 CPU 中指令队列的功能。

49. 简述何为物理地址。何谓逻辑地址。

50. 简述 8086/8088 CPU 的最小和最大工作模式的主要区别。

51. 在 8086 CPU 中，控制线 RD、WR 和 M/IO 的作用是什么？

52. 什么是统一编址？什么是独立编址？它们各有何特点？

53. 写出当 8088 CPU 执行下列指令时，CPU 控制总线上的 IO/M、RD、WR 信号线的状态。

MOV　AL，BH

MOV　［BX］，CL

第3章 指令系统

要点提示：指令系统是程序设计者与计算机沟通的桥梁，每种系列的 CPU 都具有各自的指令系统，指令系统功能的强弱基本体现了微机硬件系统功能的高低。本章主要介绍 8086/8088 CPU 的指令系统。8086/8088 CPU 指令系统包括 8 种寻址方式，6 大类指令功能。对于每条指令，要掌握指令操作码的含义，指令对操作数的要求和指令的执行结果。

基本要求：掌握操作数的 8 种寻址方式；理解指令的功能及应用方法。

3.1 8086 寻址方式

寻址方式就是指令中用于说明操作数所在地址的方法。8086/8088 CPU 的寻址方式由操作数的存储位置决定。根据前期对微机系统的了解，计算机中数据存储的位置有四种，分别是存储于指令中的常数（即立即数），存储于 CPU 寄存器中的寄存器操作数，存储于存储器中的存储器操作数和存储于 I/O 设备中的 I/O 操作数。根据不同的操作数类型，CPU 获取数据的方法也不同，这就有了寻址方式。

3.1.1 立即寻址

操作数就包含在指令中，它作为指令的一部分，跟在操作码后存放在代码段中。

这种操作数称为立即数。立即数可以是 8 位的，也可以是 16 位的。如果是 8 位数据，恰好存储在一个存储单元中，占一个内存地址；如果立即数是 16 位的，则高位字节存放在高地址中，低位字节存放在低地址中。立即数寻址常用于给寄存器赋值，只能用于源操作数，不能用于目的操作数。

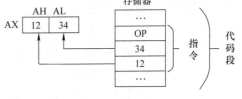

图 3-1　立即寻址示意图

例如，指令 MOV　AX，1234H 的存储和执行情况如图 3-1 所示。

图 3-1 中指令存放在代码段中，OP 表示该指令的操作码部分。

再如：MOV　AL，5　　　则指令执行后，（AL）＝05H。

　　　　MOV　BX，3064H　则指令执行后，（BX）＝3064H。

3.1.2 寄存器寻址

操作数在 CPU 内部的寄存器中，指令指定寄存器名称。

对于 16 位操作数，寄存器可以是：AX，BX，CX，DX，SI，DI，SP 和 BP 等。

对于 8 位数，寄存器可以是：AL，AH，BL，BH，CL，CH，DL 和 DH。

这种寻址方式由于操作数就在寄存器中，不需要访问存储器来取得操作数，因而可以取得较高的运算速度。

例如：MOV　AX，BX 指令，如果指令执行前（AX）＝3064H，（BX）＝1234H，则指令

执行后，（AX）= 1234H，（BX）保持不变。

3.1.3　直接寻址

操作数在存储器中，指令直接包含操作数的有效地址（偏移地址）。操作数一般存放在数据段，操作数的地址由 DS 加上指令中直接给出的 16 位偏移得到。如果采用段超越前缀，则操作数也可含在数据段外的其他段中。

例如，指令 MOV　AX，［8054H］的执行过程如图 3-2 所示，其中 DS 初始化为 2000H。

在汇编语言指令中，可以用符号地址代替数值地址，如：

MOV　AX，VALUE

此时 VALUE 为存放操作数单元的符号地址。如果写成 MOV　AX，［VALUE］也是可以的，两者是相等的。

如果 VALUE 在附加段中，则应指定段超越前缀如下：

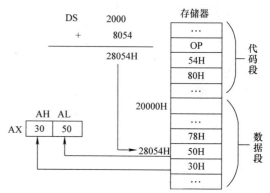

图 3-2　存储器直接寻址示意图

MOV　AX，ES：VALUE 或　MOV　AX，ES：［VALUE］

直接寻址方式常用于处理单个存储器变量的情况。它可实现在 64KB 的段内寻找操作数。直接寻址的操作数通常是程序使用的变量。

注意，立即寻址和直接寻址书写方法上的不同，直接寻址的地址要放在方括号中，在源程序中，往往用变量名表示。

3.1.4　寄存器间接寻址

操作数在存储器中，操作数有效地址存储在 SI、DI、BX、BP 这四个寄存器之一中。在一般情况下，如果有效地址在 SI、DI 和 BX 中，则以 DS 作为默认的段寄存器；如果有效地址在 BP 中，则以 SS 作为默认的段寄存器。

例如，指令 MOV　AX，［SI］的执行过程如图 3-3 所示，其中 DS 初始化为 2000H，SI 预先存入数据 8054H。

指令中也可指定段超越前缀来取得其他段中的数据。例如：

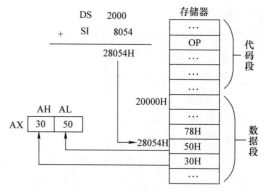

图 3-3　寄存器间接寻址示意图

MOV　AX，ES：［BX］；	引用的段寄存器是 ES
MOV　［SI］，AX；	目的操作数寄存器间接寻址
MOV　［BP］，CX；	引用的段寄存器是 BP
MOV　SI，AX；	目的操作数寄存器寻址方式

3.1.5　寄存器相对寻址

操作数在存储器中，操作数的有效地址是一个基址寄存器（BX、BP）或变址寄存器的

（SI、DI）内容加上指令中给定的 8 位或 16 位偏移量之和，即：

$$EA（有效地址）= \begin{cases} BX \\ BP \\ SI \\ DI \end{cases} + \begin{cases} 8\ 位偏移量 \\ 或 \\ 16\ 位偏移量 \end{cases}$$

在一般情况下，如果 SI、DI 或 BX 中的内容作为有效地址的一部分，那么引用的段寄存器是 DS；如果 BP 中的内容作为有效地址的一部分，那么引用的段寄存器是 SS。

物理地址 = 16D ∗（DS）+（BX）或（SI）或（DI）+ 8 位偏移量或 16 位偏移量

物理地址 = 16D ∗（SS）+（BP）+ 8 位偏移量或 16 位偏移量

在指令中给定的 8 位或 16 位偏移量采用补码形式表示。在计算有效地址时，若位移量是 8 位，则被带符号扩展成 16 位。

例如，指令 MOV　AX，[DI + 1223H]，假设（DS）= 5000H，（DI）= 3678H，则物理地址 = 50000 + 3678 + 1223 = 5489BH　（16 位的段地址最后末位一定是 0）。

假设该字存储单元的内容如图 3-4 所示，则指令执行后（AX）= BB55H。

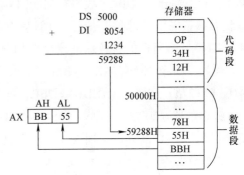

图 3-4　寄存器相对寻址示意图

指令 MOV　BX，[BP − 4] 中，源操作数采用寄存器相对寻址，引用的段寄存器是 SS。

指令 MOV　ES：[BX + 5]，AL 中，目的操作数采用寄存器相对寻址，引用的段寄存器是 ES。

指令 MOV　AX，[SI + 3] 与 MOV　AX，3 [SI] 是等价的。

3.1.6　基址变址寻址

操作数在存储器中，操作数的有效地址由基址寄存器的内容与变址寄存器的内容相加，即

$$EA（有效地址）= \begin{cases} BX \\ BP \end{cases} + \begin{cases} SI \\ DI \end{cases}$$

在一般情况下，如果 BP 中的内容作为有效地址的一部分，则以 SS 中的内容为段值，否则以 DS 中的内容为段值。

例如，执行 MOV AX，[BX][DI]，假设 DS = 2100H，BX = 0158H，DI = 10A5H，则指令的执行过程如图 3-5 所示。

当目的操作数采用基址加变址寻址时，也可以通过段超越前辍的形式改变寻址的段，例如指令 MOV　DS：[BP + SI]，AL 引用的段寄存器是 DS；当源操作数采用基址加变址寻址时，指令 MOV　AX，ES：[BX + SI] 引用的段寄存器是 ES。这种寻址方式适用于数组或表格处理。用基址寄存器存放数组首地址，而用变址寄存器来定位数组中的各元素。或反之，由于两个寄存器都可改变，所以能更加灵活地访问数组或表格中的元素。

下面的两种表示方法是等价的：

MOV   AX，[BX + DI]

MOV   AX，[BX][DI]

3.1.7   相对基址变址寻址

操作数在存储器中，操作数的有效地址由基址寄存器的内容与变址寄存器的内容及指令中给定的 8 位或 16 位位移量相加得到，即

$$EA（有效地址）= \begin{Bmatrix} BX \\ BP \end{Bmatrix} + \begin{Bmatrix} SI \\ DI \end{Bmatrix} + \begin{Bmatrix} 8\ 位偏移量 \\ 16\ 位偏移量 \end{Bmatrix}$$

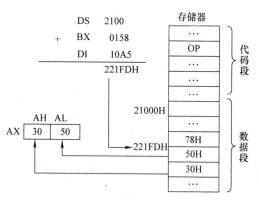

图 3-5   基址加变址寻址方式示意图

在一般情况下，如果 BP 中的内容作为有效地址的一部分，则以 SS 段寄存器的内容为段值，否则默认 DS 段。在指令中给定的 8 位或 16 位偏移量采用补码形式表示。在计算有效地址时，如果位移量是 8 位，那么被带符号扩展成 16 位。当所得的有效地址超过 FFFFH 时，就去掉它的模，只取 16 位偏移量。

例如，指令 MOV   AX，[BX + DI – 2]，假设，(DS) = 5000H，(BX) = 1223H，(DI) = 54H，(51275) = 54H，(51276) = 76H，那么，存取的物理存储单元是多少呢？

物理地址 = 50000 + 1233 + 0054 + FFFE = 51275H

其中 FFFE 是 –2 的补码，通过正 2 各位取反末位加 1 而来。

执行该指令后，(AX) = 7654H。

相对基址加变址这种寻址方式的表示方法多种多样。下面四种均是等价的：

MOV   AX，[BX + DI + 1234H]   MOV   AX，1234H [BX][DI]

MOV   AX，1234H [BX + DI]   MOV   AX，1234H [DI][BX]

3.1.8   I/O 端口的寻址方式

当操作数在外部设备时，使用 I/O 指令。微机系统中采用地址来访问不同的外部设备。为了与内存地址区别，该地址称为端口地址。由于外部设备的多样性，此时有两种寻址方式访问 I/O 端口。当外部设备地址用 8 位寻址时，使用直接端口寻址方式，此种寻址方式中 I/O 地址有 256 个，即 0 ~ 255（00H ~ FFH），在 I/O 指令中直接给出 0 ~ 255 中被选定的地址；当设备地址为 16 位（或超过 8 位）寻址时，采用寄存器间接寻址方式，用寄存器 DX 做间接寻址寄存器，此时的端口地址多达 2^{16} 个。由于外部设备的数据宽度不同，当外部数据为 8 位时，用 AL 与外部设备交换数据；当外部数据为 16 位时，用 AX 与外部设备交换数据。例如：

```
IN   AL，25H；        将端口地址为 25H 的输入设备中的 8 位数据传送到 AL 中
MOV  DX，3E4H
OUT  DX，AX ；        将 AX 中的数据输出到设备地址为 3E4H 的设备中
```

3.2   8086 指令系统

8086/8088 指令系统按功能分为 6 种。表 3-1 中列出了 6 种指令的常用指令助记符。

表 3-1　8086 CPU 指令一览表

指令类型		助记符
数据传送指令	一般数据传送指令	MOV, PUSH, POP, XCHG, XLAT, CBW, CWD
	输入输出指令	IN, OUT
	地址传送指令	LEA, LDS, LES
	标志传送指令	LAHF, SAHF, PUSHF, POPF
算术运算指令	加法指令	ADD, ADC, INC
	减法指令	SUB, SBB, DEC, NEG, CMP
	乘法指令	MUL, IMUL
	除法指令	DIV, IDIV
	十进制调整指令	DAA, AAA, DAS, AAS, AAM, AAD
逻辑运算和移位指令		AND, OR, NOT, XOR, TEST, SHL, SAL, SHR, SAR, ROL, ROR, RCL, RCR
串操作指令		MOVS, CMPS, SCAS, LODS, STOS
程序控制指令		JMP, CALL, RET, LOOP, LOOPE, LOOPNE, INT, INTO, IRET, JXX（各类条件转移指令）
处理器控制指令		CLC, STC, CMC, CLD, STD, CLI, STI, HLT, WAIT, ESC, LOCK, NOP

3.2.1　数据传送指令

1. 数据传送 MOV 指令

一般格式：　MOV　OPRD1，OPRD2

MOV 是操作码，OPRD1 和 OPRD2 分别是目的操作数和源操作数。

功能：将一个字节或者一个字的操作数从源地址传送到目的地址，而源地址中的数据保持不变。源操作数和目的操作数可以存储到寄存器、存储器和外部设备中，指令中的操作数寻址方式较多。

1）CPU 内部寄存器之间数据的任意传送（除了代码段寄存器 CS 和指令指针 IP 以外）。

MOV　AL，BL；字节传送

MOV　CX，BX；字传送

MOV　DS，BX

2）立即数传送至 CPU 内部的通用寄存器组（即 AX、BX、CX、DX、BP、SP、SI 和 DI）。

MOV　CL，4

MOV　AX，03FFH

MOV　SI，057BH

3）CPU 内部寄存器（除了 CS 和 IP 以外）与存储器（所有寻址方式）之间的数据传送。

MOV　AL，BUFFER

MOV　AX，［SI］

MOV　［DI］，CX

MOV　SI，BLOCK［BP］

MOV　DS，DATA［SI＋BX］

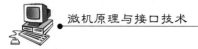

MOV   DEST［BP＋DI］, ES

4）能实现用立即数给存储单元赋值。例如：

MOV   ［2000H］, 25H

MOV   ［SI］, 35H

对于 MOV 指令应注意几个问题：

① 存储器传送指令中，不允许对 CS 和 IP 进行操作。

② 两个操作数中，除立即寻址之外必须有一个为寄存器寻址方式，即两个存储器操作数之间不允许直接进行信息传送。

如果需要把地址（即段内的地址偏移量）为 AREA1 的存储单元的内容，传送至同一段内的地址为 AREA2 的存储单元中去，MOV 指令不能直接完成这样的传送，但可以 CPU 内部寄存器为桥梁来完成这样的传送：

MOV   AL, AREA1

MOV   AREA2, AL

③ 两个段寄存器之间不能直接传送信息，也不允许用立即寻址方式为段寄存器赋初值。如：

MOV   AX, 0；MOV   DS, AX

④ 目的操作数，不能用立即寻址方式。

2. 堆栈指令

堆栈是一个在计算机科学中经常使用的抽象数据类型。在微机中是个特殊的存储区域。堆栈中的数据具有一个特性：最后一个放入堆栈中的总是被最先拿出来。这个特性通常称为后进先出（LIFO）队列。堆栈中定义了一些操作，分别是 PUSH 和 POP。PUSH 操作在堆栈的顶部加入一个数据元素；POP 操作正好相反，在堆栈顶部移去一个数据元素。入栈（PUSH）和出栈（POP）指令仅能进行字运算。（操作数不能是立即数）

（1）入栈指令 PUSH

一般格式：PUSH   OPRD

源操作数可以是 CPU 内部的 16 位通用寄存器、段寄存器（CS 除外）和存储器操作数（所有寻址方式）。入栈操作对象必须是 16 位数。

功能：将数据压入堆栈。

执行步骤：SP＝SP－2；［SP－1］＝操作数低 8 位；［SP－2］＝操作数高 8 位。

【例3-1】 PUSH   BX

执行过程为：SP＝SP－1，［SP］＝BH；SP＝SP－1，［SP］＝BL，如图 3-6 所示。

（2）出栈指令 POP

一般格式：POP   OPRD

功能：将数据弹出堆栈。

执行步骤：OPRD＝［SP, SP＋1］, SP＝SP＋2。

【例3-2】   POP   AX

　　　　　　POP   ［BX］

　　　　　　POP   DS

POP   AX 指令执行过程如图 3-7 所示。

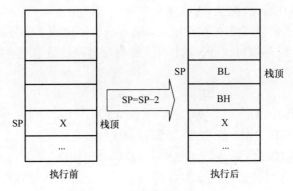

图 3-6　堆栈操作过程

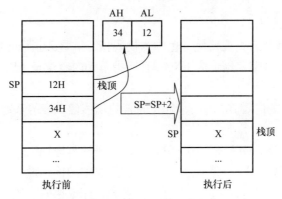

图 3-7　出栈操作过程

3. 交换指令 XCHG

一般格式：XCHG　OPRD1，OPRD2

功能：完成数据交换。

这是一条交换指令，把一个字节或一个字的源操作数与目的操作数相交换。交换能在通用寄存器与累加器之间、通用寄存器之间、通用寄存器与存储器之间进行。但段寄存器和立即数不能作为一个操作数，不能在累加器之间进行。

【例 3-3】XCHG　AL，CL

　　　　　XCHG　AX，DI

　　　　　XCHG　BX，SI

　　　　　XCHG　AX，BUFFER

　　　　　XCHG　DATA［SI］，DH

4. 累加器专用传送指令

累加器专用传送指令有三种：输入、输出和查表指令。前两种又称为输入输出指令。

（1）IN 指令

一般格式：IN　AL，n　；B　AL←［n］

　　　　　IN　AX，n　；W　AX←［n+1］［n］

　　　　　IN　AL，DX　；B　AL←［DX］

　　　　　IN　AX，DX；W　AX←［DX+1］［DX］

功能：从 I/O 端口输入数据至 AL 或 AX。

输入指令允许把一个字节或一个字由一个输入端口传送到 AL 或 AX 中。若端口地址超过 255，则必须用 DX 保存端口地址，这样用 DX 做端口寻址最多可寻找 64K 个端口。

（2）OUT 指令

一般格式：OUT n, AL ； B   AL→［n］

OUT n, AX ； W   AX→［n+1］［n］

OUT DX, AL； B   AL→［DX］

OUT DX, AX； W   AX→［DX+1］［DX］

功能：将 AL 或 AX 的内容输出至 I/O 端口。

该指令将 AL 或 AX 中的内容传送到一个输出端口。端口寻址方式与 IN 指令相同。

（3）XLAT 指令

一般格式：XLAT

功能：完成一个字节的查表转换，也称为换码指令。这条指令无明显操作数，它采用隐含寻址方式，其功能是将偏移地址为 BX + AL 所指单元内容送至 AL，即 AL = ［（DX）× 16 + （BX）+（AL）］。

要求：寄存器 AL 的内容作为一个 256B 的表的偏移量；表的基地址在 BX 中；转换后的结果存放在 AL 中。

【例3-4】MOV BX, OFFSET TABLE ；设置表的首地址

MOV AL, 8   ；设置表中的偏移量

XLAT   ；查表，完成换码

OUT 1, AL   ；将 AL 中的数据从端口 1 输出

本指令可用在数制转换、函数表查表、代码转换等场合。查表指令执行过程如图 3-8 所示。

【例3-5】已知七段显示码的编码规则为：0—01000000，1—01111001，2—00100100，3—00110000，4—00011001，5—00010010，6—00000010，7—01111000，8—00000000，9—0010000。设有一个十进制数 0～9 的七段显示码表被定位在当前数据段中，其起始地址的偏移地址值为 0030H。假定当前 CS = 2000H，IP = 007AH，DS = 4000H。若欲将 AL 中待转换的十进制数 5 转换成对应的七段码 12H，试分析执行 XLAT 指令的操作过程并编写程序。

操作过程：首先将要换码的数据表的首地址存入寄存器 BX 中，再通过 BX + AL 求出要查数据的偏移地址，最后完成从偏移地址所对应的物理地址中将数据取

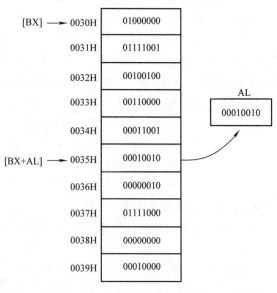

图 3-8 查表指令执行过程

出存入 AL 中的查表操作，即 AL = ［BX + AL］。本例中 BX = 0030H，AL = 5，换码前 AL =

0035H，换码后 AL 中的内容为 00010010B，查表执行过程如图 3-8 所示。

程序为：MOV　BX，0030H

MOV　AL，5

XLAT

5. 地址传送指令

（1）LEA（Load Effective Address）

一般格式：LEA　OPRD1，OPRD2

功能：把源操作数 OPRD2 的地址偏移量传送至目的操作数 OPRD1。

要求：源操作数必须是一个内存操作数，目的操作数必须是一个 16 位的通用寄存器。这条指令通常用来建立串操作指令所需的寄存器指针。

【例 3-6】 LEA　BX，BUFR；把变量 BUFR 的地址偏移量部分送到 BX。假设 BUFR 的偏移地址为 1000H，则指令执行完 BX = 1000H。

（2）LDS（Load pointer into DS）

一般格式：LDS　OPRD1，OPRD2

功能：完成一个地址指针的传送。地址指针包括段地址部分和偏移量部分。指令将段地址送入 DS，偏移量部分送入一个 16 位的指针寄存器或变址寄存器。

要求：源操作数是一个内存操作数，目的操作数是一个通用寄存器/变址寄存器。

【例 3-7】 LDS　SI，［BX］；把 BX 所指的 32 位地址指针的段地址部分送入 DS，偏移量部分送入 SI。LDS 指令示意图如图 3-9 所示。假设指令执行前 DS = 4000H，BX = 0100H。

（3）LES（Load pointer into ES）

一般格式：LES　OPRD1，OPRD2

这条指令除将地址指针的段地址部分送入 ES 外，与 LDS 类似。例如：LES　DI，［BX + COUNT］。

6. 标志寄存器传送指令

（1）LAHF（LOAD　AH　WITH FLAG） 将标志寄存器中的 SF、ZF、AF、PF 和 CF（即低 8 位）传送至 AH 寄存器的指定位，空位没有定义。

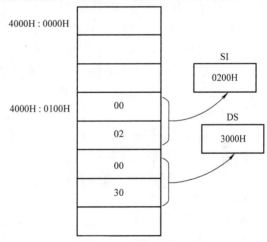

图 3-9　LDS 指令示意图

（2）SAHF（STORE　AH　WITH　FLAG） 将寄存器 AH 的指定位，送至标志寄存器的 SF、ZF、AF、PF 和 CF 位（即低 8 位）。根据 AH 的内容，影响上述标志位，对 OF、DF 和 IF 无影响。

（3）PUSHF（PUSH　FLAG） 将标志寄存器压入堆栈顶部，同时修改堆栈指针，不影响标志位。

（4）POPF（POP　FLAG） 堆栈顶部的一个字，传送到标志寄存器，同时修改堆栈指针，影响标志位。

3.2.2 算术运算指令

8086 提供加、减、乘、除四种基本算术操作。这些操作都可用于字节或字的运算，也可以用于带符号数与无符号数的运算。带符号数用补码表示。同时，8086 也提供了各种校正操作，故可以进行十进制算术运算。

1. 加法指令（Addition）

（1）算术加法指令 ADD

一般形式：ADD OPRD1，OPRD2

功能：OPRD1←OPRD1 + OPRD2。

完成两个操作数相加，结果送至目的操作数 OPRD1。目的操作数可以是累加器，任一通用寄存器以及存储器操作数，但不能是立即数。

【例 3-8】 ADD AL，30；累加器操作数与立即数相加

ADD BX，［3000H］；通用寄存器操作数与存储单元内容相加

ADD DI，CX；通用寄存器操作数之间

ADD DX，DATA［BX + SI］；通用寄存器操作数与存储单元内容相加

ADD BETA［SI］，DX；存储器操作数与寄存器操作数相加

这些指令对标志位 CF、DF、PF、SF、ZF 和 AF 有影响。

（2）带进位加法指令 ADC

一般形式：ADC OPRD1，OPRD2

功能：OPRD1←OPRD1 + OPRD2 + CF。

这条指令与上一条指令类似，只是在两个操作数相加时，要把进位标志 CF 的现行值加上去，结果送至目的操作数。ADC 指令主要用于多字节运算中。

【例 3-9】 若有两个 4B 的数，已分别放在自 FIRST 和 SECOND 开始的存储区中，每个数占 4 个存储单元。存放时，最低字节在地址最低处，则可用以下程序段实现相加。

MOV AX，FIRST

ADD AX，SECOND；进行字运算

MOV THIRD，AX

MOV AX，FIRST + 2

ADC AX，SECOND + 2

MOV THIRD + 2，AX

这条指令对标志位的影响与 ADD 相同。

（3）加 1 指令 INC

一般形式：INC OPRD

功能：OPRD←OPRD + 1。

完成对指定的操作数 OPRD 加 1，然后返回此操作数。此指令主要用于在循环程序中修改地址指针和循环次数等。

这条指令执行的结果影响标志位 AF、OF、PF、SF 和 ZF，而对进位标志没有影响。

【例 3-10】 INC AL

INC ［BX］

2. 减法指令（subtraction）

（1）算术减法指令 SUB

一般形式：SUB OPRD1，OPRD2

功能：OPRD1←OPRD1 − OPRD2。

完成两个操作数相减，也即从 OPRD1 中减去 OPRD2，结果放在 OPRD1 中。

【例 3-11】　SUB　　CX，BX

　　　　　　　SUB　　［BP］，CL

（2）带进位算术减法指令 SBB

一般形式：SBB　OPRD1，OPRD2

功能：OPRD1←OPRD1 − OPRD2 − CF。

这条指令与 SUB 类似，只是在两个操作数相减时，还要减去借位标志 CF 的现行值。本指令对标志位 AF、CF、OF、PF、SF 和 ZF 都有影响。

同 ADC 指令一样，该指令主要用于多字节操作数相减。

（3）减 1 指令 DEC

一般形式：DEC　OPRD

功能：OPRD←OPRD − 1 − CF。

对指令的操作数减 1，然后送回此操作数。

在相减时，把操作数作为一个无符号二进制数来对待。指令执行的结果影响标志位 AF、OF、PF、SF 和 ZF，但对 CF 标志位不影响（即保持此指令以前的值）。

【例 3-12】　DEC　　［SI］

　　　　　　　DEC　　CL

（4）取补指令 NEG

一般形式：NEG　OPRD

功能：（NEGDate）取补。

对操作数取补，即用零减去操作数，再把结果送回操作数。

【例 3-13】　NEG　AL

　　　　　　　NEG　MULRE

若 AL = 0011 1100，则取补后为 1100 0100，即 0000 0000 − 0011 1100 = 1100 0100。

若在字节操作时对 − 128 取补，或在字操作时对 − 32768 取补，则操作数没变化，但标志 OF 置位。此指令影响标志位 AF、CF、OF、PF、SF 和 ZF。此指令的执行结果一般是使标志 CF = 1；除非在操作数为零时，才使 CF = 0。利用该指令实际上求得的是源操作数的相反数。常用该指令求得负数的绝对值。

（5）比较指令 CMP

一般形式：CMP OPRD1，OPRD2

功能：OPRD1 − OPRD2。

比较指令完成两个操作数相减，使结果反映在标志位上，但并不送回结果（即不带回送的减法）。

【例 3-14】　CMP　　AL，100

　　　　　　　CMP　　DX，DI

　　　　　　　CMP　　CX，COUHT［BP］

　　　　　　　CMP　　COUNT［SI］，AX

比较指令主要用于比较两个数之间的关系。在比较指令之后，根据 ZF 标志即可判断两者是否相等。

1）相等的比较：

① 若两者相等，则相减以后结果为零，ZF 标志为 1，否则为 0。

② 若两者不相等，则可在比较指令之后利用其他标志位的状态来确定两者的大小。

2）大小的比较：如果是两个无符号数（如 CMP AX，BX）进行比较，则可以根据 CF 标志的状态判断两数大小。若结果没有产生借位（CF = 0），显然 AX ≥ BX；若产生了借位（即 CF = 1），则 AX < BX。

3. 乘法指令

乘法指令分为无符号数乘法指令和带符号数乘法指令两类。

（1）无符号数乘法指令 MUL

一般格式：MUL OPRD

完成字节与字节相乘、字与字相乘，且默认的操作数放在 AL 或 AX 中，而源操作数由指令给出。8 位数相乘，结果为 16 位数，放在 AX 中；16 位数相乘结果为 32 位数，高 16 位放在 DX，低 16 位放在 AX 中。注意，源操作数不能为立即数。

【例 3-15】 MOV   AL，FIRST   ；

　　　　　　　MUL   SECOND   ；结果为 AX = FIRST * SECOND

　　　　　　　MOV   AX，THIRD ；

　　　　　　　MUL   AX   ；结果 DX：AX = THIRD * THIRD

　　　　　　　MOV   AL，30H

　　　　　　　CBW   ；字扩展 AX = 30H

　　　　　　　MOV   BX，2000H

　　　　　　　MUL   BX   ；

（2）带符号数乘法指令 IMUL

一般格式：IMUL   OPRD   ；OPRD 为源操作数

这是一条带符号数的乘法指令，同 MUL 一样可以进行字节与字节、字和字的乘法运算，结果放在 AX 或 DX 和 AX 中。当结果的高半部分不是结果的低半部分的符号扩展时，标志位 CF 和 OF 将置位。

4. 除法指令

（1）无符号数除法指令 DIV

一般格式：DIV   OPRD

（2）带符号数除法指令 IDIV

一般格式：IDIV   OPRD

IDIV 指令执行过程同 DIV 指令，但 IDIV 指令认为操作数的最高位为符号位，除法运算的结果商的最高位也为符号位。在除法指令中，在字节运算时被除数在 AX 中；运算结果商在 AL 中，余数在 AH 中。字运算时被除数为 DX：AX 构成的 32 位数，运算结果商在 AX 中，余数在 DX 中。

例如，AX = 2000H，DX = 200H，BX = 1000H，则 DIV BX 执行后，AX = 2002H，

DX = 0000。

除法运算中，源操作数可为除立即寻址方式之外的任何一种寻址方式，且指令执行对所有的标志位都无定义。

由于除法指令中的字节运算要求被除数为 16 位数，而字运算要求被除数是 32 位数，在 8086/8088 系统中往往需要用符号扩展的方法取得被除数所要的格式，因此指令系统中包括两条符号扩展指令。

（3）字节扩展指令 CBW

一般格式：CBW

该指令执行时将 AL 寄存器的最高位扩展到 AH，即：若 D7 = 0，则 AH = 0；否则，AH = 0FFH。

（4）字扩展指令 CWD

一般格式：CWD

该指令执行时将 AX 寄存器的最高位扩展到 DX，即：若 D15 = 0，则 DX = 0；否则，DX = 0FFFFH。

CBW、CWD 指令不影响标志位。

5. 十进制调整指令

计算机中的算术运算，都是针对二进制数的运算，而人们在日常生活中习惯使用十进制。为此在 8086/8088 系统中，针对十进制算术运算有一类十进制调整指令。

在计算机中人们用 BCD 码表示十进制数。对 BCD 码，计算机中有两种表示方法：一类为压缩 BCD 码，即规定每个字节表示两位 BCD 数；另一类为非压缩 BCD 码，即用 1 个字节表示一位 BCD 数，这个字节的高四位用 0 填充。例如，十进制数 25D，表示为压缩 BCD 数时为 25H，表示为非压缩 BCD 数时为 0205H，用 2 个字节表示。

十进制调整指令见表 3-2。

表 3-2　十进制调整指令

指令格式	指令说明
DAA	压缩的 BCD 码加法调整
DAS	压缩的 BCD 码减法调整
AAA	非压缩的 BCD 码加法调整
AAS	非压缩的 BCD 码减法调整
AAM	乘法后的 BCD 码调整
AAD	除法前的 BCD 码调整

【例 3-16】 ADD　AL，BL

　　　　　　DAA

若执行前 AL = 28H，BL = 68H，则执行 ADD 后 AL = 90H，AF = 1；再执行 DAA 指令后，正确的结果为 AL = 96H，CF = 0，AF = 1。

MUL　BL

AAM

若执行前 AL = 07，BL = 09，则执行 MUL BL 后，AX = 003FH，再执行 AAM 指令后，正确的结果为 AH = 06H，AL = 03H。

注意，BCD 码进行乘除法运算时，一律使用无符号非压缩 BCD 数形式，因而 AAM 和 AAD 应固定地出现在 MUL 之前和 DIV 之后。

3.2.3 逻辑运算和移位指令

1. 逻辑运算指令

（1）逻辑求反指令 NOT

一般格式：NOT OPRD

功能：对操作数求反，然后送回原处，操作数可以是寄存器或存储器内容。此指令对标志无影响。例如：NOT AL。

（2）逻辑与指令 AND

一般格式：AND OPRD1，OPRD2

功能：对两个操作数进行按位的逻辑"与"运算，结果送回目的操作数。

其中，目的操作数 OPRD1 可以是累加器、任一通用寄存器或内存操作数（所有寻址方式）。源操作数 OPRD2 可以是立即数、寄存器，也可以是内存操作数（所有寻址方式）。指令执行后 CF = OF = 0，AF 值不确定，对 SF、PF 和 ZF 有影响。

8086/8088 的 AND 指令可以进行字节操作，也可以进行字操作。

【例 3-17】AND 指令可以完成拆字，屏蔽操作。

```
AND   AL, 0FH        ; 保留 AL 中数据的低 4 位
AND   SI, 8000H      ; 保留 SI 中数据的最高位，其他位清零
```

（3）测试指令 TEST

一般格式：TEST OPRD1，OPRD2

功能：完成与 AND 指令相同的操作，结果反映在标志位上，但并不送回。通常使用它进行测试。

【例 3-18】检测 AL 中的最低位是否为 1，为 1 则转移。可用以下指令：

```
TEST   AL, 01H
JNZ    THERE
……

THERE：
```

思考一下，若要检测 CX 中的内容是否为 0，为 0 则转移。该如何做呢？

（4）逻辑或指令 OR

一般格式：OR OPRD1，OPRD2

功能：对指定的两个操作数进行逻辑"或"运算，结果送回目的操作数。

其中，目的操作数 OPRD1，可以是累加器，可以是任一通用寄存器，也可以是一个内存操作数（所有寻址方式）。源操作数 OPRD2，可以是立即数、寄存器，也可以是内存操作数（所有寻址方式）。该指令对标志位的影响与 AND 指令一致。

【例 3-19】OR 指令可以完成拼字，置 1 的操作。

```
AND   AL, 0FH
AND   AH, 0F0H
```

```
OR    AL, AH              ；完成拼字的操作
OR    AX, 0FFFH           ；将 AX 低 12 位置 1
OR    BX, BX              ；影响相应标志
```

（5）逻辑异或指令 XOR

一般格式：XOR　OPRD1，OPRD2

功能：对两个指定的操作数进行"异或"运算，结果送回目的操作数。

其中，目的操作数 OPRD1 可以是累加器，可以是任一个通用寄存器，也可以是一个内存操作数（全部寻址方式）。源操作数可以是立即数、寄存器，也可以是内存操作数（所有寻址方式）。该指令对标志位的影响与 AND 指令一致。

【例 3-20】
```
XOR    AL, AL              ；使 AL 清 0
XOR    SI, SI              ；使 SI 清 0
XOR    CL, 0FH             ；使低 4 位取反，高 4 位不变
```

逻辑运算类指令中，单操作数指令 NOT 的操作数不能为立即数，双操作数逻辑指令中，必须有一个操作数为寄存器寻址方式，且目的操作数不能为立即数。它们对标志位的影响情况如下：NOT 不影响标志位，其他四种指令将使 CF = OF = 0，AF 无定义，而 SF、ZF 和 PF 则根据运算结果而定。

2. 移位指令

（1）算术/逻辑移位指令

① 逻辑左移指令/算数左移指令

一般格式：SHL/SAL　OPRD，M

② 逻辑右移指令

一般格式：SHR　OPRD，M

③ 算术右移指令

一般格式：SAR　OPRD，M

M 是移位次数，可以是 1 或寄存器 CL。

这些指令可以对寄存器操作数或内存操作数进行指定的移位，可以进行字节或字操作；可以一次只移 1 位，也可以移位由寄存器 CL 中的内容规定的次数。当移位数值不是 1 时，需先将移位次数存储至 CL 中再执行。移位指令执行的过程如图 3-10 所示。从图中可以看出，逻辑左移指令与算术左移指令执行结果是一样的。操作数整体向左移动 M 位，最后移出的位保存在 CF 中。右侧空出来的位填 0。逻辑右移指令与逻辑左移指令一样，只是执行的方向相反。不同的是算数右移指令，指令执行过程中最高位保持不变，数据整体向右移动 M 位，最后移出的位保存在 CF 中，右侧空出的位填充最高位的

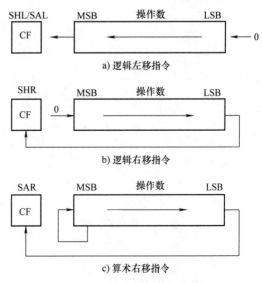

图 3-10　移位指令执行的过程

数值。

【例3-21】阅读下面程序，判断程序执行后 AL 中的数值。

```
MOV   AL, 80H
MOV   CL, 2
SAR   AL, CL; AL = E0H
```

左移 1 位，只要左移以后的数未超出 1 个字节或 1 个字的表达范围，则原数的每一位的权增加了 1 倍，相当于原数乘 2。右移 1 位相当于除以 2。

【例3-22】在数的输入输出过程中乘 10 的操作是经常要进行的。而 $X*10 = X2 + X*8$，也可以采用移位和相加的办法来实现乘以 10。

```
MOV   AH, 0
SAL   AX, 1                 ; X*2
MOV   BX, AX                ; 移至 BX 中暂存
SAL   AX, 1                 ; X*4
SAL   AX, 1                 ; X*8
ADD   AX, BX                ; X*10
```

【例3-23】BCD 码转换为 ASCII 码。

若在内存某一缓冲区 BCD BUF 中存放着 1 个字节单元的用 BCD 码表示的两位十进制数，要求把它们分别转换为 ASCII 码，并存储到名为 ASCBUF 的缓冲区中，高位的 BCD 码转换完后放在地址较高的单元。

分析：转换公式为 ASCII = BCD + 30H。

算法：源串和目的串的表首分别设两个指针，取 BCD 转 ASCII 后存入（先低位，后高位）。

```
MOV   SI, OFFSET  BCDBUFF   ; 设置源地址指针
MOV   DI, OFFSET  ASCBUF    ; 设置目的地址指针
MOV   AL, [SI]              ; 取源数据
MOV   BL, AL                ; 备份
AND   AL, 0FH               ; 取低位 BCD 码
OR    AL, 30H               ; 转换成 ASCII 码
MOV   [DI], AL              ; 存入
INC   DI                    ; 修改指针
MOV   AL, BL
MOV   CL, 4
SHR   AL, CL
OR    AL, 30H               ; 高位转换成 ASCII 码
MOV   [DI], AL              ; 存入
```

（2）循环移位指令

```
一般格式：ROL  OPRD, M        ; 左循环移位
          ROR  OPRD, M        ; 右循环移位
          RCL  OPRD, M        ; 带进位左循环移位
          RCR  OPRD, M        ; 带进位右循环移位
```

循环移位指令执行示意图如图 3-11 所示。前两条循环指令，未把标志位 CF 包含在循环的环中；后两条把标志位 CF 包含在循环的环中，作为整个循环的一部分。循环指令可以对字节或字进行操作。操作数可以是寄存器操作数，也可以是内存操作数。可以是循环移位一次，也可以循环移位由 CL 的内容所决定的次数。

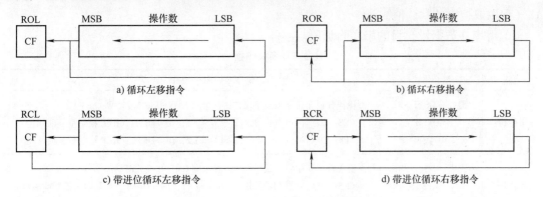

a) 循环左移指令   b) 循环右移指令

c) 带进位循环左移指令   d) 带进位循环右移指令

图 3-11   循环移位指令执行示意图

【例 3-24】把 DX、AX 寄存器中的 32 位二进制数（DX 为高 16 位）乘以 2，结果再送到 DX、AX 中。程序如下：

```
MOV   AX   8001H
MOV   DX   0401H
SHL   AX，1
RCL   DX，1
```

AX 中数据左移 1 位乘 2 后进位标志 CF = 1，通过 RCL 指令将该进位内容移入 DX 中，实现了 32 位数据的乘 2 操作。思考一下如何实现上述数据的除 2 操作。

3.2.4   串操作指令

串操作类指令可以用来实现内存区域的数据串操作。这些数据串可以是字节串，也可以是字串。

1. 重复指令前缀

串操作类指令可以与重复指令前缀配合使用，从而使操作得以重复进行，及时停止。重复指令前缀的几种形式见表 3-3。

表 3-3   重复指令前缀的几种形式

汇编格式	执行过程	影响指令
REP	①若（CX）= 0，则退出；②CX = CX − 1；③执行后续指令；④重复①~③	MOVS, STOS, LODS
REPE/REPZ	①若（CX）= 0 或 ZF = 0，则退出；②CX = CX − 1；③执行后续指令；④重复①~③	CMPS, SCAS
REPNE/REPNZ	①若（CX）= 0 或 ZF = 1，则退出；②CX = CX − 1；③执行后续指令；④重复①~③	CMPS, SCAS

2. 串指令

串操作指令共有 5 种，具体见表 3-4。

对串指令要注意以下几个问题：

1）各指令所使用的默认寄存器：SI（源串地址）、DI（目的地址）、CX（字串长度）、AL（存取或搜索的默认值）。

2）源串在数据段，目的串在附加段。

表 3-4　串操作指令

功能	指令格式	执行操作
串传送	MOVS　DST, SRC	由操作数说明是字节或字操作；其余同 MOVSB 或 MOVSW
	MOVSB	[(ES：DI)]←[(DS：SI)]；SI = SI ± 1, DI = DI ± 1；REP 控制重复前两步
	MOVSW	[(ES：DI)]←[(DS：SI)]；SI = SI ± 2, DI = DI ± 2；REP 控制重复前两步
串比较	CMPS　DST, SRC	由操作数说明是字节或字操作；其余同 CMPSB 或 CMPSW
	CMPSB	[(ES：DI)] − [(DS：SI)]；SI = SI ± 1, DI = DI ± 1；重复前缀控制前两步
	CMPSW	[(ES：DI)] − [(DS：SI)]；SI = SI ± 2, DI = DI ± 2；重复前缀控制前两步
串搜索	SCAS　DST	由操作数说明是字节或字操作；其余同 SCASB 或 SCASW
	SCASB	AL − [(ES：DI)]；DI = DI ± 1；重复前缀控制前两步
	SCASW	AX − [(ES：DI)]；DI = DI ± 2；重复前缀控制前两步
存串	STOS　DST	由操作数说明是字节或字操作；其余同 STOSB 或 STOSW
	STOSB	AL→ [(ES：DI)]；DI = DI ± 1；重复前缀控制前两步
	STOSW	AX→ [(ES：DI)]；DI = DI ± 2；重复前缀控制前两步
取串	LODS　SRC	由操作数说明是字节或字操作；其余同 LODSB 或 LODSW
	LODSB	[(DS：SI)]→AL；SI = SI ± 1；重复前缀控制前两步
	LODSW	[(DS：SI)]→AX；SI = SI ± 2；重复前缀控制前两步

3）方向标志与地址指针的修改。若 DF = 1，则修改地址指针时用减法；若 DF = 0，则修改地址指针时用加法。MOVS、STOS、LODS 指令不影响标志位。

4）MOVS 指令的功能：把数据段中由 SI 间接寻址的一个字节（或一个字）传送到附加段中由 DI 间接寻址的一个字节单元（或一个字单元）中去，然后，根据方向标志 DF 及所传送数据的类型（字节或字）对 SI 及 DI 进行修改，在指令重复前缀 REP 的控制下，可将数据段中的整串数据传送到附加段中去。

【例 3-25】在数据段中有一字符串，其长度为 17，要求把它们传送到附加段中的一个缓冲区中。其中，源串存放在数据段中从符号地址 MESS1 开始的存储区域内，每个字符占一个字节；MESS2 为附加段中用以存放字符串区域的首地址。

实现上述功能的程序段如下：

```
LEA    SI, MESS1                    ；置源串偏移地址
LEA    DI, MESS2                    ；置目的串偏移地址
MOV    CX, 17                       ；置串长度
CLD                                 ；方向标志复位
REP    MOVSB                        ；字符串传送
```

其中，最后一条指令也可写成

REP　MOVS　ES：BYTE PTR［DI］，DS：［SI］

或 REP　MOVS　MESS2，MESS1

5）CMPS 指令的功能：把数据段中由 SI 间接寻址的一个字节（或一个字）与附加段中由 DI 间接寻址的一个字节（或一个字）进行比较操作，使比较的结果影响标志位。然后根据方向标志 DF 及所进行比较的操作数类型（字节或字）对 SI 及 DI 进行修改，在指令重复前缀 REPE/REPZ 或者 REPNE/REPNZ 的控制下，可在两个数据串中寻找第一个不相等的字节（或字），或者第一个相等的字节（或字）。

【例 3-26】在数据段中有一字符串，其长度为 17，存放在数据段中从符号地址 MESS1 开始的区域中；同样在附加段中有一长度相等的字符串，存放在附加段中从符号地址 MESS2 开始的区域中，现要求找出它们之间不相匹配的位置。实现上述功能的程序段如下：

```
LEA    SI，MESS1          ；装入源串偏移地址
LEA    DI，MESS2          ；装入目的串偏移地址
MOV   CX，17              ；装入字符串长度
CLD                       ；方向标志复位
REPE   CMPSB
```

上述程序段执行之后，SI 或 DI 的内容即为两字符串中第一个不匹配字符的下一个字符的位置。若两字符串中没有不匹配的字符，则当比较完毕后，CX＝0，退出重复操作状态。

6）SCAS 指令的功能：用由指令指定的关键字节或关键字（分别存放在 AL 及 AX 寄存器中），与附加段中由 DI 间接寻址的字节串（或字串）中的一个字节（或字）进行比较操作，使比较的结果影响标志位。然后根据方向标志 DF 及所进行操作的数据类型（字节或字）对 DI 进行修改，在指令重复前缀 REPE/REPZ 或 REPNE/REPNZ 的控制下，可在指定的数据串中搜索第一个与关键字节（或字）匹配的字节（或字），或者搜索第一个与关键字节（或字）不匹配的字节（或字）。

【例 3-27】在附加段中有一个字符串，存放在以符号地址 MESS2 开始的区域中，长度为 17，要求在该字符串中搜索空格符（ASCII 码为 20H）。实现上述功能的程序段如下：

```
LEA    DI，MESS2          ；装入目的串偏移地址
MOV   AL，20H             ；装入关键字节
MOV   CX，17              ；装入字符串长度
REPNE   SCASB
```

上述程序段执行之后，DI 的内容即为相匹配字符的下一个字符的地址，CX 中是剩下还未比较的字符个数。若字符串中没有所要搜索的关键字节（或字），则当查完之后，CX＝0，退出重复操作状态。

7）STOS 指令的功能：把指令中指定的一个字节或一个字（分别存放在 AL 及 AX 寄存器中），传送到附加段中由 DI 间接寻址的字节内存单元（或字内存单元）中去。然后，根据方向标志 DF 及所进行操作的数据类型（字节或字）对 DI 进行修改操作。在指令重复前缀的控制下，可连续将 AL（AX）的内容存入到附加段中的一段内存区域中去，该指令不影响标志位。

【例3-28】要对附加段中从 MESS2 开始的 5 个连续的内存字节单元进行清 0 操作，可用下列程序段实现：

```
LEA    DI，MESS2          ；装入目的区域偏移地址
MOV    AL，00H            ；为清零操作准备
MOV    CX，5             ；设置区域长度
REP    STOSB
```

8）LODS 指令的功能：从串中取指令实现从指定的字节串（或字串）中读出信息的操作。

【例3-29】比较 DEST 和 SOURCE 中的 500 个字节，找出第一个不相同的字节。如果找到，则将 SOURCE 中的这个数送 AL 中。

```
        CLD
        LEA    DI，ES：DEST
        LEA    SI，SOURCE
        MOV    CX，500
        REPE   CMPSB
        JCXZ   NEXT
MATCH：DEC    SI
        LODSB
NEXT：
```

3.2.5   控制转移指令

一般情况下，指令是逐条顺序执行的，但实际上程序不可能全部按顺序执行，稍微复杂一点的问题都需要转移、分支、重复等操作，这类指令就能用来改变程序的流程。

寄存器 CS 和 IP 中的逻辑地址指示下一条要执行的指令所在存储单元的位置，所以程序控制转移指令会改变 IP 或 CS 的值。

这类指令分为无条件转移指令、有条件转移指令、循环控制转移指令、子程序调用和中断指令。不同的指令对转移距离的大小（转移相对字节数）有不同的限制。

1. 无条件转移指令 JMP

无条件转移指令必须指定转移的目标地址，将程序无条件地转移到目标地址，去执行从该地址开始的指令。因转移距离不同，无条件转移指令分为段内转移和段间转移。给出转移地址的方式又分为直接给出转移地址和间接给出转移地址，因此又分为直接转移和间接转移两种方式。

一般格式：   JMP OPRD   ；OPRD 是转移的目的地址

（1）段内直接转移   段内直接转移目的地址与 JMP 指令应处于同一地址段范围之内，并直接给出转移地址。

① 短程转移：JMP   SHORT OPRD   ；IP = IP + 8 位位移量

目的地址与 JMP 指令所处地址的距离应在 − 128 ~ 127 范围内。

② 近程转移：JMP   NEAR PTR   OPRD   ；IP = IP + 16 位位移量或   JMP   OPRD；NEAR 可省略。

目的地址与 JMP 指令所处地址的距离应在 − 32768 ～ + 32767 范围内。

（2）段内间接转移　间接转移指令的目的地址可以由存储器或寄存器给出。

段内间接转移指令的一般格式为

JMP　WORD　PTR OPRD　　　　；IP = [EA]（由 OPRD 的寻址方式确定）

JMP　WORD　PTR [BX]　　　　；IP = ((DS) ∗ 16 + (BX))

JMP　WORD　PTR BX　　　　；IP = (BX)

（3）段间直接转移　段间直接转移指令的一般格式为

JMP　FAR　PTR　OPRD ；IP = OPRD 的段内位移量，CS = OPRD 所在段地址

远程转移是段间转移目的地址与 JMP 指令所在地址不在同一段内。执行该指令时要修改 CS 和 IP 的内容。例如：JMP 2000H：1000H。

（4）段间间接转移　段间间接转移指令的一般格式为

JMP　DOWRD　PTR　OPRD；IP = [EA]，CS = [EA + 2]

该指令指定的双字节指针的第一个字单元内容送 IP，第二个字单元内容送 CS。例如：JMP　DWORD PTR [BX + SI]。

2. 条件转移指令

8086 有 18 条不同的条件转移指令。它们根据标志寄存器中各标志位的状态，决定程序是否进行转移。条件转移指令的目的地址必须在现行的代码段（CS）内，并且以当前指针寄存器 IP 内容为基准，其位移必须在 − 128 ～ 127 的范围之内，见表 3-5。

表 3-5　条件转移指令

汇编格式	操　作
标志位转移指令	
JZ/JE/JNZ/JNE　OPRD	结果为零/结果不为零转移
JS/JNS　OPRD	结果为负数/结果为正数转移
JP/JPE/JNP/JPO　OPRD	结果奇偶校验为偶/结果奇偶校验为奇转移
JO/JNO　OPRD	结果溢出/结果不溢出转移
JC/JNC　OPRD	结果有进位（借位）/结果无进位（借位）转移
不带符号数比较转移指令	
JA/JNBE　OPRD	高于或不低于、等于转移
JAE/JNA　OPRD	高于、等于或不低于转移
JB/JNAE　OPRD	小于或不大于、等于转移
JBE/JNA　OPRD	小于、等于或不大于转移
带符号数比较转移指令	
JG/JNLE　OPRD	高于或不低于、等于转移
JGE/JNL　OPRD	高于、等于或不低于转移
JL/JNGE　OPRD	小于或不大于、等于转移
JLE/JNG　OPRD	小于、等于或不大于转移
测试转移指令	
JCXZ　OPRD	CX = 0 时转移

从该表可以看到，条件转移指令是根据两个数的比较结果或某些标志位的状态来决定转移的。在条件转移指令中，有的根据对符号数进行比较和测试的结果实现转移。这些指令通常对溢出标志位 OF 和符号标志位 SF 进行测试。对无符号数而言，这类指令通常测试标志位 CF。对于带符号数分为大于、等于、小于 3 种情况；对于无符号数分为高于、等于、低于 3 种情况。在使用这些条件转移指令时，一定要注意被比较数的具体情况及比较后所能出现的预期结果。

【例 3-30】 在以 DATA 为首地址的内存数据段中，存放了 100 个 8 位带符号数。要求统计其中正数、负数和零的个数，并分别将个数存入 PLUS、MINUS 和 ZERO 3 个单元中。程序段如下：

```
START: XOR   AL, AL          ；(AL) 清零
       MOV   PLUS, AL        ；PLUS 单元清零
MOV    MINUS, AL             ；MINUS 单元清零
       MOV   ZERO, AL        ；ZERO 单元清零
       LEA   SI, DATA        ；数据块首地址→(SI)
       MOV   CX, 100         ；数据块长度→(CX)
       CLD                   ；清标志位 DF
CHECK:    LODSB              ；取一个数据到 AL
       OR    AL, AL          ；使数据影响标志位
       JS    X1              ；若为负，转 X1
       JZ    X2              ；若为零，转 X2
       INC   PLUS            ；否则为正，PLUS 单元加 1
       JMP   NEXT            ；
X1:    INC   MINUS           ；MINUS 单元加 1
       JMP   NEXT            ；
X2: INC   ZERO              ；ZERO 单元加 1
NEXT: LOOP   CHECK           ；(CX) 减 1，若 (CX) 不为零，则转 CHECK
HLT                          ；停机
```

3. 循环控制指令

对于需要重复进行的操作，微机系统可用循环程序结构来进行。8086/8088 系统为了简化程序设计，设置了一组循环指令，这组指令主要对 CX 或标志位 ZF 进行测试，确定是否循环，见表 3-6。

表 3-6　循环指令

指令格式	执行操作
LOOP OPRD	CX = CX − 1；若 CX < >0，则循环
LOOPNZ/LOOPNE OPRD	CX = CX − 1，若 CX < >0 且 ZF = 0，则循环
LOOPZ/LOOPE OPRD	CX = CX − 1，若 CX < >0 且 ZF = 1，则循环

【例 3-31】 有一首地址为 ARRAY 的 M 个字数组，试编写一段程序，求出该数组的内容之和（不考虑溢出），并把结果存入 TOTAL 中。程序段如下：

```
        MOV   CX, M                ; 设计数器初值
        MOV   AX, 0                ; 累加器初值为 0
        MOV   SI, AX               ; 地址指针初值为 0
  START: ADD   AX, ARRAY [SI]
        ADD   SI, 2               ; 修改指针值（字操作, 因此加 2）
        LOOP  START               ; 重复
        MOV   TOTAL, AX           ; 存结果
```

【例 3-32】有一字符串, 存放在 ASCIISTR 的内存区域中, 字符串的长度为 L。要求在字符串中查找空格（ASCII 码为 20H）, 找到则继续运行, 否则转到 NOTFOUND 去执行。实现上述功能的程序段如下:

```
        MOV   CX, L               ; 设计数器初值
        MOV   SI, −1              ; 设地址指针初值
        MOV   AL, 20H             ; 空格的 ASCII 码送 AL
  NEXT: INC   SI
        CMP   AL, ASCIISTR [SI]   ; 比较是否空格
        LOOPNZ  NEXT
        JNZ   NOTFOUND
……
……
NOTFOUND：
……
……
```

4. 子程序调用和返回指令

如果在一个程序中的多个地方或多个程序的多个地方用到同一段程序, 则可将这段程序单独放在内存的某一区域中。每当需要执行这段程序时, 就用调用指令转到这段程序去执行, 执行完毕再返回到原来的程序。为了便于模块化程序设计, 把程序中某些具有独立功能的部分编写成独立的程序模块, 这种程序模块称为"子程序"或"过程"。程序中可由调用程序指令调用这些子程序, 而在子程序执行完后返回调用程序处继续执行。

被调用的过程可以在本代码段内, 称为近过程, 调用属于近调用、段内调用; 也可以在其他代码段, 称为远过程, 调用属于远调用、段间调用。调用过程的地址可以用直接的方式给出, 也可以用间接的方式给出。过程调用指令和返回指令对状态标志位都没有影响。

8086/8088 系统为此提供了调用指令 CALL 和返回指令 RET。图 3-12 为子程序调用和返回示意图。与 JMP 指令不同的是, CALL 指令执行时, 必须保持主程序中 CALL 指令后面的第一条指令的地址, 通常称这个地址为断点地址。因为在 CPU 读取 CALL 指令字节时, IP 内容已经自动修改, 指向下一条指令的存储单元地址, 这个地址就是断点地址, 在执行子程序之前断点地址需要压入堆栈。如果是段内调用则压入 IP, 如果是段间调用则压入 IP 和 CS。

在子程序中, 至少应安排一条 RET 指令。当执行这条指令时, 会从堆栈中弹出断点地址, 重新装入 IP（或 IP 与 CS）中, 从主程序中 CALL 指令后面下一条指令继续执行程序。

（1）CALL 指令　CALL 指令用来调用一个过程或子程序。由于过程或子程序有段间（即远程 FAR）和段内调用（即近程 NEAR）之分，所以 CALL 也有 FAR 和 NEAR 之分。因此，RET 也分为段间与段内返回两种。

① 段内调用格式：

CALL　NEAR PTR OPRD

操作：SP = SP – 2，((SP) + 1，(SP)) = IP，IP = IP + 16 位位移量。

CALL 指令首先将当前 IP 内容压入堆栈。当执行 RET 指令而返回时，从堆栈中取出一个字放入 IP 中。

例如：CALL　0120H　　　　　；段内直接调用

　　　CALL WORF　PTR［BX］；段内间接调用

② 段间调用格式为

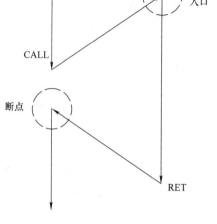

图 3-12　子程序调用和返回示意图

CALL　FAR　PTR OPRD

操作：SP = SP – 2，(SP + 1，SP) = CS；SP = SP – 2，(SP + 1，SP) = IP；IP = ［EA］；CS = ［EA + 2］。

CALL 指令先把 CS 压入堆栈，再把 IP 压入堆栈。当执行 RET 指令而返回时，从堆栈中取出一个字放入 IP 中，然后从堆栈中再取出第二个字放入 CS 中，作为段间返回地址。

例如：CALL　2000H：1000H　；段间直接调用

　　　CALL　DWORD PTR［DI］；段间间接调用

（2）RET 返回指令　返回指令格式有：

RET　　　　　；SP = ((SP + 1)，SP)，SP = SP + 2

RET　n　　；SP = ((SP + 1)，SP)，SP = SP + 2　　SP = SP + n

RET n 指令要求 n 为偶数，当 RET 正常返回后，再进行 SP = SP + n 操作。

5. 中断指令和中断返回指令

当程序运行期间遇到某些特殊情况时，需要计算机暂停现行程序的执行，转而执行一组专门的例行程序来进行处理，这种情况称为中断，转而执行的这组程序称为中断服务子程序。8086/8088 的中断分为内部中断和外部中断两类。内部中断包括像除法运算中遇到除以 0 时产生的中断，或者程序中为了做某些处理而设置的中断指令等。外部中断主要用来处理 I/O 设备与 CPU 之间的通信。

（1）中断指令 INT n 指令格式：

INT　n

n 是中断号，是一个常数，也称为中断向量码，取值为 0 ～ 255。

中断是随机事件或异常事件引起的，调用则是事先已在程序中安排好的；响应中断请求不仅要保护断点地址，还要保护 FLAGS 内容；调用指令在指令中直接给出子程序入口地址，中断指令只给出中断向量码，入口地址则在向量码指向的内存单元中。

（2）中断向量　中断向量是中断服务程序的偏移地址 IP 和段地址 CS，指向了中断服务程序的入口地址。8086/8088 CPU 安排存储器的最低地址区的1024B（物理地址为00000H～003FFH）为中断向量区，其中存放着 256 种类型的中断服务程序的入口地址，构成一个中断向量表，见表 3-7。

表 3-7　中断向量表

存储地址	中断类型（十六进制）	功　　能
00 ~ 03	0	除法溢出中断
04 ~ 07	1	单步（用于 DEBUG）
08 ~ 0B	2	非屏蔽中断（NMI）
0C ~ 0F	3	断点中断（用于 DEBUG）
10 ~ 13	4	溢出中断
14 ~ 17	5	打印屏幕
18 ~ 1F	6/7	保留
20 ~ 23	8	定时器（IRQ0）
24 ~ 27	9	键盘（IRQ1）
28 ~ 2B	A	彩色/图形（IRQ2）
2C ~ 2F	B	串行通信 COM2（IRQ3）
30 ~ 33	C	串行通信 COM1（IRQ4）
34 ~ 37	D	LPT2 控制器中断（IRQ5）
38 ~ 3B	E	磁盘控制器中断（IRQ6）
3C ~ 3F	F	LPT1 控制器中断（IRQ7）
⋮	⋮	⋮
A4 ~ A7	29	快速写字符
A8 ~ AB	2A	Microsoft 网络接口
B8 ~ BB	2E	基本 SHELL 程序装入
BC ~ BF	2F	多路服务中断
CC ~ CF	33	鼠标中断
104 ~ 107	41	硬盘参数块
118 ~ 11B	46	第二硬盘参数块
11C ~ 3FF	47 ~ FF	BASIC 中断

由于每个中断向量占 4 个单元，所以中断指令中的中断类型号乘以 4 得到一个单元地址。由此地址开始的前两个单元存放的是中断服务程序入口地址的偏移量，后两个单元存放的是中断服务程序入口的段地址。

【例 3-33】简述 INT 21H 中断指令的执行过程，如图 3-13 所示。

第一步，保护标准和断点。第二步，$n \times 4 = 84H$ 得到中断向量存储的入口地址。第三步，从 84H ~ 87H 地址空间读出中断向量，计算出物理地址 68122H，并转向中断服务程序入口地址执行中断服务程序。

（3）中断返回指令 IRET　与中断指令对应的是中断返回指令 IRET，与子程序的最后一条指令 RET 返回指令一样，任何中断服务程序的最后一条指令必须是 IRET。该指令首先将堆栈中的断点地址弹出到 IP 和 CS，接着将标志字弹出到标志寄存器 FR，以恢复中断前的状态。

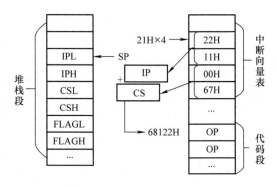

图 3-13 INT 21H 中断指令的执行过程

3.3.6 处理器控制指令

这类指令可以用来控制 CPU 的操作，分为标志类指令和 CPU 控制类指令。标志类指令用来控制标志，主要有 CF、DF 和 IF 三个，主要功能是对这些标志进行置"1"和清"0"操作，以达到标志所代表的处理器控制功能。CPU 控制指令用以控制处理器的工作状态，均不影响标志位。我们仅列出一些常用指令，具体见表 3-8。

表 3-8　标志处理和 CPU 控制类指令

汇编语言格式	执行操作
标志类指令	
CLC	置进位标志，CF = 1
STC	清进位标志，CF = 0
CMC	进位标志取反
CLD	清方向标志，DF = 0
STD	置方向标志，DF = 1
CLI	关中断标志，IF = 0，不允许中断
STI	开中断标志，IF = 1，允许中断
CPU 控制类指令	
HLT	使处理器处于停止状态，不执行指令
WAIT	使处理器处于等待状态，TEST 线为低时，退出等待
ESC	使协处理器从系统指令流中取得指令
LOCK	封锁总线指令，可放在任一条指令前作为前缀
NOP	空操作指令，常用于程序的延时和调试

复习思考题

1. 8086/8088 CPU 内部有（　　）个寄存器可以装载内存操作数的偏移地址信息。

A. 4　　　　　　　　B. 8　　　　　　　　C. 14　　　　　　　　D. 20

2. 8086/8088 CPU 内部（　　）寄存器可以装载内存操作数的偏移地址信息。

A. AX，BX，CX．DX　　　　　　　　B. SI，DI，SP，BP

C. BX，BP，SI，DI　　　　　　　　D. AX，BX，CX，DX，SP，BP，SI，DI

3. 确定一个内存单元有效地址 EA 是由几个地址分量组合而成的，这些分量不包括（　　）。

A. 位移量　　　　B. 基地址　　　　C. 逻辑地址　　　　D. 变址地址

4. 寄存器间接寻址方式中，操作数的有效地址 EA 可通过寄存器（　　）间接得到。

A. AX　　　　　　B. BP　　　　　　C. CX　　　　　　D. SP

5. 常用来获取内存单元偏移量的指令是（　　）。

A. LAHF　　　　　B. LEA　　　　　C. LES　　　　　D. LDS

6. 在寄存器间接寻址方式下，在 EA 中使用寄存器（　　）时默认段寄存器为 SS。

A. BX　　　　　　B. BP　　　　　　C. SI　　　　　　D. DI

7. 在程序运行过程中，下一条指令的物理地址的计算表达式是（　　）。

A. CS * 10H + IP　　B. DS * 10H + BX　　C. SS * 10H + SP　　D. SS * 10H + BP

8. MOV　AX，[BP][SI] 的源操作数的物理地址是（　　）。

A. 10H * DS + BP + SI　　　　　　B. 10H * ES + BP + SI

C. 10H * SS + BP + SI　　　　　　D. 10H * CS + BP + SI

9. 指令 MOV CX，1245H 中的源操作数存放在（　　）。

A. DS：1245H 所指明的内存中　　　B. 该指令中

C. 某个寄存器中　　　　　　　　　D. 都不是

10. 在 8086/8088 乘法指令中的两个操作数，其中有一个操作数一定存放在（　　）中。

A. AL 或 AX　　　B. BL 或 BX　　　C. CL 或 CX　　　D. DL 或 DX

11. 对于算术左移指令 SAL AL，1，若 AL 中的带符号数在指令执行后符号有变，可以通过（　　）来确认。

A. OF = 1　　　　B. OF = 0　　　　C. CF = 1　　　　D. CF = 0

12. 8086/8088 的移位类指令若需移动多位时，应该先将移动位数置于（　　）。

A. AL　　　　　　B. AH　　　　　　C. CL　　　　　　D. CH

13. 如果要实现正确返回，则 CALL 指令和（　　）指令两者必须成对出现，且属性相同。

A. MACRO　　　　B. JMP　　　　　C. RET　　　　　D. END

14. 条件转移指令 JNZ 的转移条件是（　　）。

A. CF = 1　　　　B. ZF = 0　　　　C. OF = 0　　　　D. ZF = 1

15. JMP WORD PTR [DI] 是（　　）。

A. 段内间接转移　　B. 段间间接转移　　C. 段内直接转移　　D. 段间直接转移

16. 指令 LOOPNE/LOOPNZ 循环的条件是（　　）。

A. ZF = 1 且 CX = 0　　　　　　　B. ZF = 0 且 CX ≠ 0

C. ZF = 0 且 CX = 0　　　　　　　D. ZF = 1 且 CX ≠ 0

17. 指令 REPNE SCASB 执行以后，如果 ZF = 1，则表示（　　）。

A. 在此字符串中，没有找到指定字符　　B. 已经找到要查找的字符

C. 两个字符串相等　　　　　　　　　D. 此字符串是由同一字符组成的

18. 不能实现 AX = BX − CX 功能的指令是（　　）。

A. SUB　BX，CX　MOV　AX，BX　　B. SUB　AX，BX　SUB　AX，CX

C. XCHG　AX，BX　SUB　AX，CX　　D. MOV　AX，BX　SUB　AX，CX

19. 在 8086/8088 指令中，下述寻址方式不正确的是（　　）。

A. [BX][SI]　　B. [BP + DI + 25]　　C. [BX + BP]　　D. [BX + DI]

20. AND、OR、XOR、NOT 为四条逻辑运算指令，下面（　　）解释有误。

A. 它们都是按位操作的

B. 指令 XOR AX，AX 执行后，结果不变，但是影响标志位

C. 指令 AND AL，0FH 执行后，使 AL 的高 4 位清零，低 4 位不变

D. 若 DL = 09H，CH = 30H，执行 OR DL，CH 后结果 DL = 39H

21. 下列语句中有语法错误的语句是（　　）。

A. MOV　AX，[BX][BP]　　　　　B. ADD　AX，[BP]

C. CMP [BX + DI]，0FH　　　　　D. LEA　SI，SS：20H [BX]

22. 下列指令中语法错误的是（　　）。

A. MOV [SI]，[DI]　　　　　　　B. ADD　AX，[BP]

C. JMP　WORD　PTR [BX + 8]　　D. PUSH [BX + DI – 10H]

23. 下列指令出现语法错误的指令有（　　）。

A. MOV [BX + SI]，AL　　　　　B. MOV AX，[BP + DI]

C. MOV DS，AX　　　　　　　　D. MOV CS，AX

24. 下面的数据交换指令中，错误的操作是（　　）。

A. XCHG AX，DI　　　　　　　　B. XCHG BX，[BP + DAT]

C. XCHG DS，SS　　　　　　　　D. XCHG BUF，DX

25. 下列语句中语法有错误的语句是（　　）。

A. IN　AL，DX　　　　　　　　　B. OUT　AX，DX

C. IN　AX，DX　　　　　　　　　D. OUT　DX，AL

26. 两个非压缩型 BCD 码数据相减后，执行减法调整指令 AAS 时，将自动测试是否满足（　　），从而决定是否需要校正。

A. AL 中的数值 >9，且 AF = 1　　　B. AL 中低 4 位数 >9，且 AF = 1

C. AL 中的数值 >9，或 AF = 1　　　D. AL 中低 4 位数 >9，或 AF = 1

27. 在执行 STD 和 MOVSW 指令后，SI 和 DI 的变化是（　　）。

A. +1　　　　　　B. –1　　　　　　C. +2　　　　　　D. –2

28. AL 的内容实现算术右移 4 位的正确指令是（　　）。

A. SHR　AL，4　　　　　　　　　B. MOV　CL，4　SHR　AL，CL

C. SAR　AL，4　　　　　　　　　D. MOV　CL，4　SAR　AL，CL

29. 执行 PUSH　AX 指令时将自动完成（　　）。

A. ① SP←SP – 1，SS：[SP] ←AL　　B. ① SP←SP – 1，SS：[SP] ←AH
　　② SP←SP – 1，SS：[SP] ←AH　　　② SP←SP – 1，SS：[SP] ←AL

C. ① SP←SP + 1，SS：[SP] ←AL　　D. ① SP←SP + 1，SS：[SP] ←AH
　　② SP←SP + 1，SS：[SP] ←AH　　　② SP←SP + 1，SS：[SP] ←AL

30. 执行 POP　AX 指令时将自动完成（　　）。

A. ① AH←SS：[SP]，SP←SP + 1　　B. ① SP←SP + 1，AH←SS：[SP]
　　② AL←SS：[SP]，SP←SP + 1　　　② SP←SP + 1，AL←SS：[SP]

C. ① AL←SS：[SP]，SP←SP + 1　　D. ① SP←SP + 1，AL←SS：[SP]
　　② AH←SS：[SP]，SP←SP + 1　　　② SP←SP + 1，AH←SS：[SP]

31. 执行以下指令后，SP 寄存器的值应是（   ）。

MOV SP，100H

PUSH AX

A. 00FFH   B. 00FEH   C. 0101H   D. 0102H

32. 假定 SS = 1000H，SP = 0100H，AX = 2107H，执行指令 PUSH AX 后，存放数据 07H 的内存物理地址是（   ）。

A. 10102H   B. 10101H   C. 100FEH   D. 100FFH

33. 若 AL = −79，BL = −102，当执行 ADD AL，BL 后，进位 CF 和溢出位 OF 的状态为（   ）。

A. CF = 0，OF = 1 B. CF = 1，OF = 1 C. CF = 0，OF = 0 D. CF = 1，OF = 0

34. INC 和 DEC 指令不影响标志位（   ）的状态。

A. OF   B. CF   C. SF   D. ZF

35. 完成下列程序段操作后，各个状态位为（   ）。

MOV AL，1AH

MOV BL，97H

ADD AL，BL

A. ZF = 0，SF = 1，CF = 0，AF = 0，IF = 1，OF = 0

B. ZF = 0，SF = 1，CF = 0，AF = 1，IF = 0，OF = 0

C. ZF = 0，SF = 0，CF = 1，AF = 0，IF = 1，OF = 1

D. ZF = 0，SF = 0，CF = 1，AF = 1，IF = 0，OF = 1

36. 完成将累加器 AX 清零，但不影响进位标志位 CF 状态的指令为（   ）。

A. SUB AX，AX B. XOR AX，AX C. MOV AX，00H D. AND AX，00H

37. 对状态标志位 CF 产生影响的指令是（   ）。

A. INC AX   B. NOT AX   C. NEG AX   D. DEC AX

38. 下列指令助记符中影响标志寄存器中进位标志位 CF 的指令是（   ）。

A. MOV   B. ADD   C. DEC   D. INC

39. 使状态标志位 CF 置零的不正确指令是（   ）。

A. SUB AX，AX   B. CLC   C. NEG AX   D. XOR AX，AX

40. 执行中断服务程序返回指令 RETI 时，返回地址来自于（   ）。

A. ROM 区   B. 程序计数器   C. 堆栈区   D. 中断向量表

41. 将 BUF 字节单元内容算术左移一位，以下指令不正确的是（   ）。

A. MOV BX，OFFSET BUF   SAL BX，1

B. MOV BL，BUF SAL BL，1

C. SAL BUF，1

D. LEA BX，BUF SAL，[BX]，1

42. 完成下列操作以后，传送到寄存器 AL、BL、CL、DL 中的十进制数，正确的是（   ）。

MOV AL，41H

MOV BL，134Q

MOV CL, 'B'

MOV DL, 01111111B

A. AL = 41H	B. AL = 41H	C. AL = 65	D. AL = 01000001B
BL = 5CH	BL = 92	BL = 134	BL = 1011100B
CL = 42H	CL = B	CL = 66	CL = 00001011B
DL = 3FH	DL = 3FH	DL = 127	DL = 01111111B

43. 下面指令组完成将字单元 BUF1 和 BUF2 的内容互换，错误的操作为（　　）。

A. MOV AX, BUF1　　　　　　　　B. MOV AX, BUF1

　　MOV BX, BUF2　　　　　　　　　MOV BX, BUF2

　　XCHG AX, BX　　　　　　　　　　MOV BUF2, AX

　　MOV BUF1, AX　　　　　　　　　MOV BUF1, BX

　　MOV BUF2, BX

C. MOV AX, BUF1　　　　　　　　D. XCHG BUF1, BUF2

　　XCHG AX, BUF2

　　MOV BUF, AX

44. 当前 BX = 003H, AL = 03H, DS = 2000H, [20003H] = 0ABH, [20004H] = 0CDH, [20005] = 0ACH, [20006H] = 0BDH, 则执行了 XLAT 指令后，AL 中的内容是（　　）。

A. 0ABH　　　　　B. 0ACH　　　　　C. 0CDH　　　　　D. 0BDH

45. 字变量 BUF 的偏移地址存入寄存器 BX 的正确操作是（　　）。

A. LEA BX, BUF　　　　　　　　　B. MOV BX, BUF

C. LDS BX, BUF　　　　　　　　　D. LES BX, BUF

46. 下列串操作指令中，一般不加重复前缀（如 REP）的指令是（　　）。

A. STOSW　　　　B. CMPSW　　　　C. LODSW　　　　D. SCASW

47. SAR 和 SHR 两条指令执行后，结果完全相同的情况是（　　）。

A. 目的操作数最高位为 0　　　　　B. 目的操作数最高位为 1

C. 目的操作数为任意的情况　　　　D. 任何情况下都不可能相同

48. 在 POP [BX] 指令中，目的操作数的段地址和偏移地址分别在（　　）。

A. 没有段地址和偏移地址　　　　　B. DS 和 BX 中

C. ES 和 BX 中　　　　　　　　　　D. SS 和 SP 中

49. 对寄存器 BX 内容求补运算，下面错误的指令是（　　）。

A. NEG BX　　　　　　　　　　　　B. NOT BX

　　　　　　　　　　　　　　　　　　　INC BX

C. XOR BX, 0FFFFH　　　　　　　D. MOV AX, 0

　　INC BX　　　　　　　　　　　　　SUB AX, BX

50. 指令 LOOPZ 的循环执行条件是（　　）。

A. CX≠0, 并且 ZF = 0　　　　　　B. CX≠0, 或 ZF = 0

C. CX≠0, 并且 ZF = 1　　　　　　D. CX≠0, 或 ZF = 1

51. LDS SI, ES: [1000H] 指令的功能是（　　）。

A. 把地址 1000H 送 SI

B. 把地址 ES：［1000H］字单元内容送 SI

C. 把地址 ES：［1000H］字单元内容送 SI，把地址 ES：［1002H］字单元内容送 DS

D. 把地址 ES：［1000H］字单元内容送 SI，把地址 ES：［1002H］字单元内容送 SI

52. 请指出下列指令的错误之处：

1) POP　CS

2) MOV　DS, 200H

3) PUSH　FLAG

4) MOV　BP, AL

5) LEA　BX, 2000H

6) ADD　AL, ［BX + DX + 10］

7) ADD　［BX］　［BP］, AX

8) SAR　AX, 5

9) CMP　［DI］, ［SI］

10) IN　AL, 180H

11) MUL 25

12) INC　IP

53. 指出下列指令的正误，说明原因并改正。

1) LEA　BX, AX

2) XCHG　BL, 100

3) IN　AL, 300H

4) TEST　AL, 100H

5) MOV　［BX］, ［SI］

54. 指出下列传送指令中哪些是非法指令，说明原因。

1) POP　AL

2) MOV　CS, AX

3) OUT　310, AL

4) MOV　｛BX + CX｝, 2130H

5) ADD　［BX］, ［SI］

55. 下面一段程序段：

MOV　AX, 0

MOV　AL, 09H

ADD　AL, 04H

1) 若要获得 AX = 13H，则在 ADD 指令后面加一条指令_____。

2) 若要获得 AX = 0103H，则在 ADD 指令后面加一条指令_____。

56. 试完成下面程序段，使其完成将存储单元 DA1 中压缩型 BCD 码，拆成两个非压缩型 BCD 码，低位放入 DA2 单元，高位放入 DA3 单元，并分别转换为 ASCII 码。

STRT：MOV　AL, DA1

　　　MOV　CL, 4

```
       OR    AL，30H
       MOV   DA3，AL
       MOV   AL，DA1
       ─────────────
       OR    AL，30H
       MOV   DA2，AL
```

57. 分析下列程序段，程序段执行后 AX = _____ ，BX = _____ ，CF = _____ 。

```
       MOV   AX，5C8FH
       MOV   BX，0AB8FH
       XOR   AX，BX
       XOR   AX，BX
```

58. 分析下列程序段，程序段执行后 AX = _____ ，BX = _____ ，CF = _____ 。

```
       XOR   AX，AX
       INC   AX
       NEG   AX
       MOV   BX，3FFFH
       ADC   AX，BX
```

59. 简述一条指令中一般包含哪些信息。

60. 简述计算机中操作数可能存放的位置。

61. 名词解释：操作码、操作数、立即数、寄存器操作数、存储器操作数。

62. 什么是寻址方式？

63. 内存操作数的逻辑地址表达式为"段基值：偏移量"，试写出偏移量的有效地址 EA 的计算通式。

64. 两个逻辑段地址分别为 2345H：0000H 和 2000H：3450H，它们对应的物理地址是多少？说明了什么？

65. 设当前 BX = 0158H，DI = l0A5H，位移量 = 1B57H，DS = 2100H，SS = 1100H，BP = 0100H，段寄存器默认。写出以下各寻址方式的物理地址：

1）直接寻址。

2）寄存器间接寻址（设采用 BX）。

3）寄存器相对寻址（设采用 BP）。

4）基址变址寻址（设采用 BX 和 DI）。

5）相对基址变址寻址（设采用 BP、DI 和位移量）。

66. 在转移类指令中，对转移的目标地址的寻址方式有几种？段内转移的范围是多大？段间转移的范围是多大？条件转移的范围是多大？

67. 已知 DS = 5000H，CS = 6000H，BX = 1278H，SI = 345FH，（546D7H）= 0，（546D8H）= 80H。在分别执行下面两条段内转移指令后，实际转移的目标物理地址是多少？

1）JMP   BX

2）JMP［BX + SI］

68. 若一个堆栈段的起始地址为 3520H：0000H，栈区的长度为 0100H，当前 SP 的内容为 0020H，试问：

1）栈顶的物理地址是什么？

2）栈底的物理地址是什么？

3）栈区中已有字节数为多少？

69. 简述 RET 指令与 IRET 指令的异同点。

70. 采用最少的指令，实现下述要求的功能。

1）AH 的高 4 位清零。

2）将 AH 中的非压缩型 BCD 码转化成 ASCII 码。

3）AIL 的高 4 位取反。

4）AL 的高 4 位移到低 4 位，高 4 位清零。

71. 阅读下面 8086 程序段，指出该程序段的功能。

AGN1：MOV　AL，［DI］

　　　　INC　DI

　　　　TEST AL，04H

　　　　JE　AGN1

　　　　……

AGN2：……

72. 有 3 个无符号数分别在 AL、BL、CL 中，其中有两个相同。编写程序，找出不相同的数并送入 DL 中。

第 4 章　汇编语言程序设计

要点提示：本章介绍了汇编语言的基础知识，即汇编语言的基本结构、汇编语言常用的语句格式、汇编语言的数据类型以及汇编语言中常用的运算符，是学习汇编语言程序设计的基础。此外，介绍了汇编语言的伪指令、汇编语言的程序设计结构、DOS 系统功能调用方法和汇编语言的调试方法，这些内容是运用和掌握汇编语言程序设计的必要条件。

基本要求：汇编语言是计算机系统底层机器语言的符号表示形式，是用户使用的最快而效率最高的的语言。若想掌握汇编语言程序设计的方法，需要读者在不断的练习中掌握指令、伪指令、运算符的应用原理，掌握程序设计的基本结构，掌握常用的 DOS 系统功能调用等知识。

4.1　汇编语言基础知识

汇编语言（assembly language）是一种用于电子计算机、微处理器、微控制器或其他可编程器件的低级语言，也称为符号语言。在汇编语言中，用助记符（mnemonics）代替机器指令的操作码，用地址符号（symbol）或标号（label）代替指令或操作数的地址。在不同的设备中，汇编语言对应着不同的机器语言指令集，通过汇编过程转换成机器指令。普遍地说，特定的汇编语言和特定的机器语言指令集是一一对应的，不同平台之间不可直接移植。许多汇编程序为程序开发、汇编控制、辅助调试提供了额外的支持机制。有的汇编语言编程工具经常会提供宏，它们也被称为宏汇编器。汇编语言不像其他大多数的程序设计语言一样被广泛用于程序设计。在今天的实际应用中，它通常被应用在底层、硬件操作和高要求的程序优化的场合。驱动程序、嵌入式操作系统和实时运行程序都需要汇编语言。

4.1.1　汇编语言程序的结构

下面是一段汇编语言源程序，请分析这段程序的结构和特点。

```
MY_DATA    SEGMENT                        ; 定义数据段
SUM DB   ?                                ; 为符号 SUM 保留一个字节
MY_DATA    ENDS                           ; 数据段结束

MY_CODE    SEGMENT                        ; 定义代码段
ASSUME   CS: MY_CODE, DS: MY_DATA         ; 规定 CS、DS 的内容
    PORT_VAL   EQU   3                    ; 端口的符号名
GO: MOV   AX, MY_DATA                     ; DS 初始化为 MY_DATA
    MOV   DS, AX
    MOV   SUM, 0                          ; SUM 单元为 0
CYCLE: CMP   SUM, 100                     ; SUM 与 100 比较
    JNA   NOT_DONE                        ; 若未超过，则转至 NOT_DONE
```

```
        MOV   AL, SUM                      ; 若超过，则把 SUM 的内容送 AL
        OUT   PORT_VAL, AL                 ; 通过 AL 输出然后停机
        HLT
NOT_DONE：IN   AL, PORT_VAL                 ; 输入下一个字节
        ADD   SUM, AL                      ; 与以前的结果累加
        JMP   CYCLE                        ; 转至 CYCLE
MY_CODE   ENDS                             ; 码段结束
END   GO                                   ; 整个程序结束
```

由上面的程序段可以看出，汇编语言源程序的结构是分段结构。一个汇编语言源程序由若干逻辑段（segment）组成，每个逻辑段以 SEGMENT 语句开始，以 ENDS 语句结束，整个程序以 END 语句结束。第 2 章中我们曾学到 CPU 内部有 4 个段寄存器，分别是 CS（代码段）、DS（数据段）、ES（附加段）、SS（堆栈段）。8086 汇编语言源程序凭借 4 个段寄存器对各段进行访问，所以在编制汇编语言源程序时，必须按段构造程序。其中数据存放在数据段或附加段，存放临时数据需要堆栈段，程序存放在代码段。由于每个段的物理空间都小于 64KB，所以上述用途的各段可以分别是一个或者几个。一般情况下，附加段和堆栈段可以省略。代码段是必需的，在代码段中有建立各段之间联系的声明语句 ASSUME。运行时，1 个源程序只可以有 1 个代码段、1 个数据段、1 个附加段和 1 个堆栈段。每个逻辑段内有若干行语句（statement），一个汇编语言源程序由一行一行的语句组成。

4.1.2　汇编语言的语句

汇编语言源程序中的语句可以分为 3 种类型：指令语句、伪指令语句和宏指令语句。

（1）指令语句　能产生目标代码，CPU 可以执行的能完成特定功能的语句，它主要由 CPU 指令组成。

（2）伪指令语句　是一种不产生目标代码的语句，仅仅在汇编过程中告诉汇编程序应如何汇编指令序列。例如，告诉汇编程序已写出的汇编语言源程序有几个段，段的名字是什么，定义变量，定义过程，给变量分配存储单元，给数字或表达式命名等。所以伪指令语句是为汇编程序在汇编时用的。

（3）宏指令语句　是一个指令序列，汇编时，凡有宏指令语句的地方，都将用相应的指令序列的目标代码插入。

汇编语言的语句格式：

指令语句与伪指令语句的格式是类似的。下面主要介绍这两种语句的格式，宏指令语句的格式稍后再作介绍。

一般情况下，汇编语言的语句可以由 1～4 部分构成，即

［名字:］助记符［操作数］［；注释］

其中带方括号的部分表示任选项，既可以有，也可以没有。如：

```
LOOPER：MOV   AL, DATA [SI]               ; 取一个字节数
DATA1   DB   0F8H, 60H, 0ACH, 74H, 3BH   ; 定义数组
```

第一条语句是指令语句，其中的"MOV"是 CPU 指令的助记符；第二条语句是伪指令语句，其中的"DB"是伪指令定义符。下面对汇编语言中的各个组成部分进行讨论。

1. 名字

汇编语言语句的第一个组成部分是名字。在指令语句中，这个名字可以是一个标号。指令语句中的标号实质上是指令的符号地址。并不是每条指令都需要有标号。如果指令前有标号，程序的其他地方就可以引用这个标号。标号后面有冒号。

标号有三种属性：段、偏移量、类型。

1) 标号的段属性是定义标号的程序段的段基值，当程序中引用一个标号时，该标号的段基值应在 CS 寄存器中。

2) 标号的偏移量属性表示标号所在段的起始地址到定义该标号的地址之间的字节数。偏移量是一个 16 位无符号数。

3) 标号的类型属性有两种：NEAR 和 FAR。前一种标号可以在段内被引用，地址指针为 2 个字节；后一种标号可以在其他段被引用，地址指针为 4 个字节。如果定义一个标号时后跟冒号，则汇编程序确认其类型为 NEAR。

伪指令语句中的名字可以是变量名、段名、过程名。与指令语句中的标号不同，这些伪指令语句中的名字并不总是任选的，有些伪指令规定前面必须有名字，有些则不允许有名字，也有一些伪指令的名字是可选的。即不同的伪指令对是否有名字有不同的规定。伪指令语句的名字后不加冒号，这是它与标号的明显区别。

很多情况下伪指令语句中的名字是变量名，变量名代表存储器中一个数据区的名字。变量也有三种属性：段、偏移量和类型。

1) 变量的段属性是变量所代表的数据区域所在段的段基值，由于数据区一般在存储器的数据段，因此，变量的段基值通常在 DS 和 ES 中。

2) 变量的偏移量属性是该变量所在段的起始地址与变量的地址之间的字节数。

3) 变量的类型属性有 BYTE（字节）、WORD（字）、DWORD（双字）、QWORD（4 个字）、TBYTE（10 个字节）等，表示数据区中存取操作对象的大小。

2. 助记符

助记符代表指令的基本功能，在指令语句中助记符一般是指令功能的英文缩写。伪指令语句中的第二部分是伪指令的定义符。

3. 操作数

汇编语言语句中的第三个组成部分是操作数，指令语句中是指令的操作数，可能有单操作数、双操作数、多操作数，也可能无操作数。当操作数不止一个时，相互之间应该用逗号隔开。

4. 注释

汇编语言语句中的最后一个部分是注释。对于一个汇编语句来说，注释部分不是必要的，加上注释可以增加程序的可读性。注释前面要求加上分号；如果注释的内容较多，超过一行，则换行以后前面还要加上分号。注释对汇编后生成的目标程序没有任何影响。

4.1.3 汇编语言的数据

操作数的类型：常量、寄存器、存储器、标号、变量和表达式。

1. 常量

常量就是指令中出现的那些固定值，可以分为数值常量和字符串常量两类。例如，立即数寻址时所用的立即数、直接寻址时所用的地址、ASCII 字符串都是常量。常量除了自身的值以外，没有其他的属性。在源程序中，数值常量可用二进制数、八进制数、十进制数、十六进制数等几种不同表示形式。汇编语言用不同的后缀加以区别。

还应指出，汇编语言中的数值常量的第一位必须是 0~9 数字，否则汇编时将被看成标识符。例如常数 B7H，在语言中应写成 0B7H，FFH 应写成 0FFH。

字符串常量是由单引号 ' ' 括起来的一串字符。例如 'ABCDEF' 和 '123'。单引号内的字符汇编时均以 ASCII 码的形式存在。上述两个字符串的 ASCII 码分别是 41H，42H，43H，44H，45H，46H，31H，32H，33H。字符串最长可以有 255 个字符。汇编语言规定：除用 DB 定义的字符串常量以外，单引号中 ASCII 字符的个数不得超过两个。若只有一个，如 DW 'C'，则相当于 DW 0043H。

2. 寄存器

8086/8088 CPU 的寄存器可以作为指令的操作数。8 位寄存器：AH，AL，BH，BL，CH，CL，DH，DL。16 位寄存器：AX，BX，CX，DX，SI，DI，BP，SP，DS，ES，SS，CS。

3. 标号

由于标号代表一条指令的符号地址，因此可以作为转移（无条件转移或条件转移）、过程访问以及循环控制指令的操作数。

4. 变量

因为变量是存储器中某个数据区的名字，因此在指令中可以作为存储器操作数。

5. 表达式

汇编语言语句中的表达式，按其性质可分为两种：数值表达式和地址表达式。

6. 存储器

计算机内存中存放的数据。

4.1.4 汇编语言操作符与表达式

数值表达式是一个数值结果，只有大小，没有属性。地址表达式的结果不是一个单纯的数值，而是一个表示存储器地址的变量或标号。它有三种属性：段、偏移量和类型。

表达式中常用的运算符有以下几种：

1. 算术运算符

常用的运算符有：+ （加）、- （减）、×（乘）、/（除）和 MOD （模除，即两个整数相除后取余数）等。以上算术运算符可用于数值表达式，运算结果是一个数值。在地址表达式中通常只使用 + 和 - 两种运算符。

2. 逻辑运算符

逻辑运算符有：AND （逻辑与）、OR （逻辑或）、XOR （逻辑异或）、NOT （逻辑非）。逻辑运算符只用于数值表达式中对数值进行按位逻辑运算，并得到一个数值结果。

3. 关系运算符

关系运算符有：EQ （等于）、NE （不等）、LT （小于）、GT （大于）、LE （小于或等于）、GE （大于或等于）。

参与关系运算的必须是两个数值或同一段中的两个存储单元地址，但运算结果只能是两个特定的数值之一。当关系不成立（假）时，结果为 0 （全 0）；当关系成立（真）时，结果为 0FFFFH （全 1）。例如：

MOV　AX，4EQ3；关系不成立，故（AX）←0

MOV　AX，4NE3；关系成立，故（AX）←0FFFFH

4. 分析运算符

分析运算符可以把存储器操作数分解为它的组成部分，如它的段值、段内偏移量和类型，或取得它所定义的存储空间的大小。分析运算符有 SEG、OFFSET、TYPE、SIZE 和 LENGTH 等。

（1）SEG 运算符　利用 SEG 运算符，可以得到标号或变量的段基值。例如，将 ARRAY 变量的段基值送 DS 寄存器。

MOV　AX，SEG ARRAY

MOV　DS，AX

（2）OFFSET 运算符　利用 OFFSET 运算符可以得到标号或变量的偏移量。例如：

MOV　DI，OFFSET DATA1

（3）TYPE 运算符　运算符 TYPE 的运算结果是个数值，这个数值与存储器操作数类型属性的对应关系见表4-1。

表4-1　TYPE 返回值与类型的关系

TYPE 返回值	存储器操作数的类型
1	BYTE
2	WORD
4	DWORD
−1	NEAR
−2	FAR

下面是使用 TYPE 运算符的语句例子：

```
VAR   DW?                      ;变量 VAR 的类型为字
ARRAY DD  10DUP（?）            ;变量 ARRAY 的类型为双字
STR   DB 'THIS  IS  TEST'      ;变量 STR 的类型为字节
……
MOV   AX，TYPE  VAR            ;（AX）←2
MOV   BX，TYPE  ARRAY          ;（BX）←4
MOV   CX，TYPE  STR            ;（CX）←1
```

程序中的 DW、DD、DB 等为伪指令定义符。

（4）LENGTH 运算符　如果一个变量已用重复操作符 DUP 说明变量的个数，则可用 LENGTH 运算符得到变量的个数。如果一个变量未用重复操作符 DUP 说明，则得到的结果总是 1。如果上面的例子中，ARRAY　DD　10DUP（?），则 LENGTH　ARRAY 的结果为 1。

（5）SIZE 运算符　如果一个变量已用重复操作符 DUP 说明，则利用 SIZE 运算符可得到分配给该变量的字节总数；如果一个变量未用重复操作符 DUP 说明，则利用 SIZE 运算符可得到 TYPE 运算的结果。ARRAY　DD　10DUP（?），SIZE　ARRAY = 10 × 4 = 40。由此可知，SIZE 的运算结果等于 LENGTH 的运算结果乘以 TYPE 的运算结果。

SIZE　ARRAY =（LENGTHARRAY）×（TYPEARRAY）

5. 合成运算符

合成运算符可以用来建立或临时改变变量或标号的类型或存储器操作数的存储单元类型。合成运算符有 PTR、THIS、SHORT 等。

（1）PTR 运算符　运算符 PTR 可以指定或修改存储器操作数的类型。例如：INC BYTE PTR［BX］［DI］。

指令中利用 PTR 运算符明确规定了存储器操作数的类型是 BYTE（字节），因此，本指令将一个 8 位存储器的内容加 1。

利用 PTR 运算符可以建立一个新的存储器操作数，这个操作数与原来的同名操作数具有相同的段和偏移量，但可以有不同的类型。不过，这个新类型只在当前语句中有效。例如：

```
STUFF    DD   ?          ;定义 STUFF 为双字类型变量
MOV   BX, WORD   PTR   STUFF   ;从 STUFF 中取一个字到 BX
```

（2）THIS 运算符　运算符 THIS 也可指定存储器操作数的类型。使用 THIS 运算符可以使标号或变量具有灵活性。例如，要求对同一个数据区，既可以字节为单位，又可以字为单位进行存取，则可用以下语句：

```
AREAW   EQU   THIS   WORD
AREAB   DB   100   DUP（?）
```

上面 AREAW 和 AREAB 实际代表同一个数据区，共有 100 个字节，但 AREAW 的类型为字，AREAB 的类型为字节。

（3）SHORT 运算符　运算符 SHORT 指定一个标号的类型为 SHORT（短标号），即标号到引用该标号的字节距离在 − 128 ～ + 127 范围内。短标号可以用于转移指令中。使用短标号的指令比使用默认的近程标号的指令少 1 个字节。

6. 其他运算符

（1）段超越运算符"："　运算符"："紧跟在段寄存器名（DS、CS、SS、ES）之后，表示段超越，用来给存储器操作数指定一个段的属性，而不管原来隐含在什么段。

```
MOV   AX, ES：［SI］
```

（2）字节分离运算符　运算符 LOW 和 HIGH 分别得到一个数值或地址表达式的低位和高位字节。

```
STUFF   EQU   0ABCDH
MOV   AH, HIGH   STUFF        ;（AH）←0ABH
MOV   AL, LOW   STUFF         ;（AL）←0CDH
```

以上介绍了表达式中使用的各种运算符。如果一个表达式同时具有多个运算符，则按以下规则运算：

1）优先级高的先运算，优先级低的后运算。

2）优先级相同时，按表达式从左到右的顺序运算。

3）括号可以提高运算的优先级，括号内的运算总是在相邻的运算之前进行。各种运算符的优先级顺序见表 4-2。表中同一行的运算符具有相等的优先级。

表 4-2　运算符优先级顺序

优先级	运算符
1	LENGTH, SIZE, WIDTH, MASK, ( ), [ ], 〈 〉
2	（结构变量名后面的运算符）
3	:（段超越运算符）
4	PTR, OFFSET, SEG, TYPE, THIS
5	HIGH, LOW
6	+, −（一元运算符）
7	*, /, MOD, SHL, SHR
8	+, −（二元运算符）
9	EQ, NE, LT, LE, GT, GE
10	NOT
11	AND
12	OR, XOR
13	SHORT

4.2　汇编语言伪指令

　　伪指令，无论其表现形式还是其在语句中所处的位置，都与 CPU 指令相似，但两者之间又有重要的区别。首先，CPU 指令是给 CPU 的命令，在运行时由 CPU 执行，每条指令对应 CPU 的一种特定操作；而伪指令是给汇编程序的命令，在汇编过程中由汇编程序进行处理。其次，汇编以后，每条 CPU 指令产生一一对应的目标代码，而伪指令则不产生一一对应的目标代码。

4.2.1　数据定义伪指令

　　数据定义伪指令的用途是定义一个变量的类型，给存储器赋初值，或给变量分配存储单元。常用的数据定义伪指令有 DB、DD、DW 等。

　　数据定义伪指令的一般格式为：

　　［变量名］伪指令操作码［，操作数…］

　　方括号中的变量名为任选项。变量名后面不跟冒号。伪操作后面的操作数可以不止一个；如有多个操作数，互相之间应该用逗号分开。

1. DB（Define Byte）

　　定义变量的类型为 BYTE，给变量分配字节或字节串。DB 伪操作后面的每一个操作数占有 1 个字节。

2. DW（Define Word）

　　定义变量的类型为 WORD。DW 伪操作后面的操作数每个占有 1 个字，即 2 个字节。在内存中存放时，低位字节在前，高位字节在后。

3. DD（Define Double word）

　　定义变量的类型为 DWORD。DD 伪操作后面的操作数每个占有 2 个字，即 4 个字节。在内存中存放时，低位字节在前，高位字节在后。

　　数据定义伪指令后面的操作数可以是常数、表达式或字符串，但每项操作数的值不能超过由伪指令定义的数据类型限定的范围。例如，DB 伪指令定义数据的类型为字节，则其范围为无符号数 0~255，带符号数 −128 ~ +127 等。字符串必须放在单引号中。另外，超过两个字符的字符串只能用 DB 伪指令定义。例如：

```
DATA  DB  100, 0FFH              ; 存入 64H, FFH
EX   DB2 * 3 + 7                 ; 存入 0DH
STR  DB 'WELCOME!'               ; 存入 8 个字符
AB   DB 'AB'                     ; 存入 41H, 42H
BA   DW 'AB'                     ; 存入 4142H
AD   DD 'AB'                     ; 存入 00004142H
AQ   DD  AB                      ; 存入 AB 的偏移地址
AF   DW  TABLE, TABLE − 5, TABLE + 10    ; 存入 3 个偏移地址
TOTAL  DW  TABLE, TABLE − 5      ; 存入 TABLE 偏移地址
TOTAL  DD  TABLE                 ; 再存入 TABLE 的段基址
```

以上第一和第二语句中，分别将常数和表达式的值赋给一个变量。第三句的操作数是包含 8 个字符的字符串（只能用 DB）。在第四、五、六句中，注意伪指令 DB、DW 和 DD 的区别，虽然操作数均为"AB"两个字符，但存入变量的内容各不相同。第七句的操作数是变量 AB，而不是字符串，此句将 AB 的 16 位偏移地址存入变量 AQ。第八句存入三个等距的偏移地址，共占 6 个字节。第九句中的 DD 伪指令将 TABLE 的偏移地址和段地址顺序存入变量 TOTAL，共占 2 个字。

除了常数、表达式和字符串外，问号"?"也可以作为数据定义伪指令的操作数，此时仅给变量保留相应的存储单元，而不赋给变量某个确定的初值。

当同样的操作数重复多次时，可用重复操作符"DUP"表示。其形式为：

n DUP（初值［初值…］）

圆括号中为重复的内容，"n"为重复次数。如果用"n DUP（?）"作为数据定义伪指令的唯一操作数，则汇编程序产生一个相应的数据区，但不赋任何初值。重复操作符"DUP"可以嵌套。

```
FILLER  DB  ?
SUM   DW  ?
     DB  ?,?,?
BUFFER  DB  10  DUP (?)
ZERO  DW  30  DUP (0)
MASK  DB  5  DUP ('OK!')
ARRAY  DB  100  DUP (3 DUP (8), 6)
```

其中第一、第二句分别给字节变量 FILLER 和字变量 SUM 分配存储单元，但不赋给特定的值。第三句给一个没有名称的字节变量分配 3 个单元。第四句给变量 BUFFER 分配 10 个字节的存储空间。第五句给变量 ZERO 分配一个数据区，共 30 个字（即 60 个字节），每个字的内容均为零。第六句定义一个数据区，其中有 5 个重复的字符串"OK!"，共占 15 个字节。最后一句将变量 ARRAY 定义一个数据区，其中包含重复 100 次的内容：8，8，8，6，共占 400 个字节。

下面列出几个错误的数据定义伪指令语句：

ERRl：DW　99　　　　　　　　　　　　；变量名后有冒号
ERR2　DB　25 * 60　　　　　　　　　　；DB 的操作数超过 255
FRR3　DD 'ABCD'　　　　　　　　　　；DD 的操作数是超过 2 个字符的字符串

4.2.2　符号定义伪指令

符号定义伪指令的用途是给一个符号重新命名，或定义新的类型属性等。上述符号包括汇编语言的变量名、标号名、过程名、寄存器名以及指令助记符等。

常用的符号定义伪指令有：EQU、=（等号）和 LABLE。

1. EQU

格式如下：

名字　EQU 表达式

EQU 伪指令是将表达式的值赋给一个名字，以后可以用这个名字来代替表达式。格式中的表达式可以是一个常数、符号、数值表达式或地址表达式。

CR　EQU　ODH；常数

LF　EQU　0AH

A　EQU　ASCII – TABLE；变量

STR　EQU　64 * 1024；数值表达式

ADR　EQU　ES：［BP + DI + 5］；地址表达式

CBD　EQU　AAM；指令助记符

利用 EQU 伪指令，可以用一个名字代表一个数值，或用一个简短的名字代替一个较长的名字。

如果源程序中需要多次引用某一表达式，则可以利用 EQU 伪指令给其赋一个名字，以代替程序中的表达式，从而使程序更加简洁，便于阅读。将来如果改变表达式的值，也只需修改一处，程序易于维护。注意：EQU 伪指令不能对同一符号重复定义。

2. =（等号）

格式如下：

名字　=　表达式

=（等号）伪指令功能与 EQU 相似，主要区别在于 =（等号）可以对同一符号重复定义。例如：

COUNT = 10

MOV　CX，COUNT；（CX）←10

COUNT = COUNT – 1

MOV　BX，COUNT；（BX）←9

3. LABLE

LABLE 伪指令是定义标号或变量的类型，它和下一条指令共享存储器单元。格式如下：

名字　LABLE　类型

标号的类型可以是 NEAR 和 FAR，变量的类型可以是 BYTE（字节）、WORD（字）、DWORD（双字）。利用 LABLE 伪指令可以使同一个数据区兼有两种属性 BYTE（字节）和 WORD（字），可以在以后的程序中根据不同的需要以字节或字为单位存取其中的数据。

ARW　LABLE　WORD　　　　　　　　；变量 ARW 类型为 WORD

```
ARB  DB  100 DUP（?）          ；变量 ARB 类型为 BYTE
……
MOV  ARW,  AX                 ；AX 送第 1 和第 2 个字节中
……
MOV  ARB［49］, AL            ；AL 送第 50 个字节中
```

LABLE 伪指令也可以将一个属性已经定义为 NEAR 或者后面跟有冒号（隐含属性为 NEAR）的标号再定义为 FAR。

```
AGF  LABLE  FAR              ；定义标号的属性为 FAR
AG：PUSH  AX                 ；标号 AG 的属性为 NEAR
```

4.2.3　段定义伪指令

段定义伪指令的用途是在汇编语言源程序中定义逻辑段，常用段定义伪指令有 SEG-MENT、ENDS、ASSUME 等。

1. SEGMENT/ENDS

格式如下：

段名　SEGMENT［定位类型］［组合类型］［'类别'］
……
段名　ENDS

SEGMENT 伪指令用于定义一个逻辑段，给逻辑段赋予一个段名，并以后面的任选项（定位类型、组合类型、类别）规定该逻辑段的其他特性。SEGMENT 伪指令位于一个逻辑段的开始，而 ENDS 伪指令则表示一个逻辑段的结束。这两个伪操作总是成对出现，两者前面的段名必须一致。两个语句之间的部分即是该逻辑段的内容。例如，对于代码段，其中主要有 CPU 指令及其他伪指令。对于数据段和附加段，主要有定义数据区的伪指令等。一个源程序中不同逻辑段的段名可以各不相同，但也允许相同。

SEGMENT 伪指令后面还有三个任选项，在上面的格式中，它们都放在方括号内，表示可选择。如果有，三者的顺序必须符合格式中的规定。这些任选项是给汇编程序和连接程序（LINK）的命令。

SEGMENT 伪指令后面的任选项告诉汇编程序和连接程序，如何确定段的边界，以及如何组合几个不同的段等。下面分别讨论。

（1）定位类型（ALIGN）　定位类型任选项告诉汇编程序如何确定逻辑段的边界在存储器中的位置。定位类型共有以下四种：

1）BYTE，表示逻辑段从字节的边界开始，即可以从任何地址开始。此时本段的起始地址紧接在前一段后边。

2）WORD，表示逻辑段从字的边界开始。2 个字节为 1 个字，此时本段的起始地址必须是偶数。

3）PARA，表示逻辑段从节（PARAGRAPH）的边界开始，通常 16 个字节称为 1 个节，故本段的开始地址（十六进制）应为 ××××0H。如果省略定位类型选项，则默认值为 PARA。

4）PAGE，表示逻辑段从页的边界开始，通常 256 个字节称为 1 个页，故本段的开始地址（十六进制）应为 ×××00H。

```
STACK    SEGMENT    STACK              ; STACK 段, 定位类型无
    DB   100   DUP (?)                 ; 长度为 100 个字节
STACK    ENDS                          ; STACK 段结束
DATA1    SEGMENT    BYTE               ; DATA1 段, 定位类型 BYTE
STRING   DB 'This is an example'       ; 长度为 18 个字节
DATA1    ENDS                          ; DTAT1 段结束
DATA2    SEGMENT    WORD               ; DATA2 段, 定位类型 WORD
BUFFER   DW  40  DUP (0)               ; 长度为 40 个字, 即 80 个字节
DATA2    ENDS                          ; DATA2 段结束
CODE1    SEGMENT    PAGE               ; CODE1 段, 定位类型 PAGE
    ......
CODE1    ENDS                          ; CODE1 段结束
CODE2    SEGMENT                       ; CODE2 段, 定位类型无
    ......
    START:  MOV  AX, STACK
    MOV  SS, AX
    ......
CODE2    ENDS                          ; CODE2 段结束
    END  START                         ; 源程序结束
```

本例的源程序中共有 5 个逻辑段, 它们的段名和定位类型分别为:

STACK 段　PARA

DATA1 段　BYTE

DATA2 段　WORD

CODE1 段　PAGE

CODE2 段　PARA

已经知道其中 STACK 段的长度为 100 个字节 (64H), DATA1 段的长度为 19 个字节 (12H), DATA2 段的长度为 40 个字, 即 80 个字节 (50H)。假设 CODE1 段占用 13 个字节 (0DH), CODE2 段占用 52 个字节 (34H)。

如果将以上语句进行汇编和连接, 然后再来观察各逻辑段的目标代码或数据装入存储器的情况。由表 4-3 可以清楚地看出, 当 SEGMENT 伪指令的定位类型不同时, 对段起始边界规定也不相同。

表 4-3　段起始及结束地址的分配

段名	定位类型	字节数	起始地址	结束地址
STACK	PARA	100	00000H	00063H
DATA1	BYTE	18	00064H	00075H
DATA2	WORD	80	00078H	000C7H
CODE1	PAGE	13	00100H	0010CH
CODE2	PARA	52	00110H	00143H

(2) 组合类型 (Combine)　SEGMENT 伪指令的第二个任选项是组合类型, 它告诉汇编程序, 当装入存储器时, 各个逻辑段如何进行组合。组合类型共有 6 种:

1) NONE。如果 SEGMENT 伪指令的组合类型任选项默认, 则汇编程序认为这个逻辑段是不组合的。也就是说, 不同程序中的逻辑段, 即使具有相同的类别名, 也分别作为不同的

逻辑段装入内存，不进行组合。

但是，对于组合类型任选项默认的同名逻辑段，如果属于同一个程序模块，则被顺序连接成为一个逻辑段。

2）PUBLIC。连接时对于不同程序模块的逻辑段，只要具有相同的类别名，就把这些段顺序连接成一个逻辑段装入内存。

3）STACK。组合类型为 STACK 时，其含意与 PUBLIC 基本一样，即不同程序中的逻辑段，如果类别名相同，则顺序连接成一个逻辑段。不过组合类型 STACK 仅限于堆栈区域的逻辑段使用。顺便提一下，在执行程序（.EXE）中，堆栈指针 SP 设置在这个连接以后的堆栈段（最终地址 +1）处。

4）COMMON。连接时，对于不同程序中的逻辑段，如果具有相同的类别名，则都从同一个地址开始装入，因而各个逻辑段将发生重叠。最后，连接以后的段的长度等于原来最长的逻辑段的长度，重叠部分的内容是最后一个逻辑段的内容。

5）MEMORY。表示当几个逻辑段连接时，本逻辑段定位在地址最高的地方。如果被连接的逻辑段中有多个段的组合类型都是 MEMORY，则汇编程序只将首先遇到的段作为 MEMORY 段，而其余的段均当作 COMMON 段处理。

6）AT 表达式。这种组合类型表示本逻辑段根据表达式求值的结果定位段基址。例如：AT 8A00H 表示本段的段基址为 8A00H，则本段从存储器的物理地址 8A000H 开始装入。

（3）'类别'（'CLASS'） SEGMENT 伪指令的第三个任选项是类别，类别必须放在单引号之内。典型类别如 'STACK' 和 'CODE'。类别的主要作用是在连接时决定每个逻辑段的装入顺序。当几个程序模块进行连接时，其中具有相同类别名的逻辑段被装入连续的内存区，类别名相同的逻辑段，按出现的先后顺序排列。没有类别名的逻辑段，与其他没有类别名的逻辑段一起，连续装入内存区。

2. ASSUME

格式如下：

ASSUME 段寄存器名：段名 ［，段寄存器名：段名 ［，…］］

对于 8086/8088 CPU 而言，以上格式中的段寄存器名可以是 ES、CS、DS、SS。段名是曾用 SEGMENT 伪操作定义过的某一个段名或者组名，以及在一个标号或变量前面加上分析运算符 SEG 所构成的表达式，还可以是关键字 NOTHING。

ASSUME 伪指令告诉汇编程序，将某一个段寄存器设置为某一个逻辑段的段址，即明确指出源程序中的逻辑段与物理段之间的关系。当汇编程序汇编一个逻辑段时，即可利用相应的段寄存器寻址该逻辑段中的指令或数据。关键字 NOTHING 表示取消前面用 ASSUME 伪指令对这个段寄存器的设置。在一个源程序中，ASSUME 伪操作应该放在可执行程序开始位置的前面。还需指出一点，ASSUME 伪指令只是通知汇编程序有关段寄存器与逻辑段的关系，并没有给段寄存器赋予实际的初值。例如：

```
CODE   SEGMENT
ASSUME  CS：CODE, DS：DATA1, SS：STACK
MOV   AX, DATA1
MOV   DS, AX
MOV   AX, STACK
MOV   SS, AX
CODE   ENDS
```

4.2.4 过程定义伪指令

过程定义伪指令 PROC/ENDP

格式如下：

过程名　PROC ［NEAR］/FAR

……

RET

……

过程名　ENDP

其中，PROC 伪指令定义一个过程，赋予过程一个名字并指出该过程的属性为 NEAR 或 FAR。如果没有特别指明类型，则认为过程的属性为 NEAR。伪指令 END 标志过程结束。PROC/ENDP 伪指令前的过程名必须一致。

当一个程序段被定义为过程后，程序中其他地方就可以用 CALL 指令来调用这个过程。调用的格式为：

CALL　过程名

过程名实质上是过程入口的符号地址。它和标号一样，也有三种属性：段、偏移量和类型。过程的类型属性可以是 NEAR 或 FAR。

4.2.5 模块定义伪指令

在编写规模比较大的汇编语言程序时，可以将整个程序划分成几个独立的源程序（或称为模块），然后将各个模块分别进行汇编，生成各自的目标程序，最后将它们连接为一个完整的可执行程序。各个模块之间可以相互进行符号访问。也就是说，一个模块定义的符号可以被另一个模块引用。通常称这类符号为外部符号，而将那些在一个模块中定义的，只在同一个模块中引用的符号称为局部符号。

为了进行连接和在这些将要连接在一起的模块之间实现互相的符号访问，以便进行变量传送，常常使用以下伪指令：NAME、END、PUBLIC、EXTRN。

1. NAME

NAME 伪指令用于给源程序汇编以后得到的目标程序指定一个模块名，连接时需要使用这个目标程序的模块名。格式如下：

NAME　模块名

NAME 的前面不允许再加上标号。例如，下面的表示方式是非法的：

BEGIN：NAME MODNAME

如果程序中没有 NAME 伪指令，则汇编程序将 TITLE 伪指令（TITLE 属于列表伪指令）后面"标题名"中的前 6 个字符作为模块名。如果源程序中既没有使用 NAME，也没有使用 TITLE 伪指令，则汇编程序将源程序的文件名作为目标程序的模块名。

2. END

END 伪指令表示源程序到此结束，指示汇编程序停止汇编，END 后边的指令可以不予理会。格式如下：

END ［标号］

END 伪指令后面的标号表示程序执行的启动地址。END 伪指令将标号的段基值和偏移地址分别提供给 CS 和 IP 寄存器。方括号中的标号是任选项。如果有多个模块连接在一起，则只有主模块的 END 语句使用标号。

3. PUBLIC

PUBLIC 伪指令说明本模块中的某些符号是公共的，即这些符号可以提供给将被连接在一起的其他模块使用。格式如下：

PUBLIC　符号 [，…]

其中，符号可以是本模块中定义的变量、标号或数值的名字，包括用 PROC 伪指令定义的过程名等。PUBLIC 伪指令可以安排在源程序的任何地方。

4. EXTRN

EXTRN 伪指令说明本模块中所用的某些符号是外部的，即这些符号将被连接在一起的其他模块定义（在这些模块中符号必须用 PUBLIC 定义）。格式如下：

EXTRN 名字：类型 [，…]

其中，名字必须是其他模块中定义的符号。上述格式中的类型必须与定义这些符号的模块中的类型说明一致。如果为变量，类型可以是 BYTE、WORD 或 DWORD 等；如果为标号和过程，类型可以是 NEAR 或 FAR。

4.2.6　其他伪指令

1. 地址伪指令 ORG

格式如下：

ORG <表达式>

指令功能：定义指令或数据的起始地址（段内的偏移地址），把表达式的值送给 IP，表达式的值即为起始地址。

【例4-1】ORG 指令应用举例

```
CODE   SEGMENT
       ORG   100H ；此代码段起始地址为100H
ASSUME  CS：CODE, DS：DATA1, SS：STACK
MOV   AX, DATA1
MOV   DS, AX
MOV   AX, STACK
MOV   SS, AX
CODE  ENDS
DATA   SEGMENT
    ORG 200H
TABLE   DW   12
            DW   34
DATA1   DB   5
TABLE2   DW   67
            DW   89
            DW   1011
DATA 2  DB   12
RATES   DW   1314
OTHRAT   DD   1718
DATA  ENDS
```

2. 宏定义伪指令

格式如下：

<宏指令名> MACRO ［形参表］

<宏定义体>

ENDM

宏指令代表某功能的一段源程序。从功能上看，宏指令与子程序有类似的地方，都可以作为源程序，都是一次定义，多次调用；但宏指令与子程序在使用上是有差别的。在汇编后产生的 .obj 文件中，子程序定义依然存在，而宏定义却不复存在。子程序调用是在执行时通过 CALL 指令来完成的，而宏调用是在汇编时进行宏展开，被相应宏体取代。将多次调用的一段代码定义为宏指令，与使用子程序相比，其执行速度要快（因为过程需要调用和返回），但目标代码长。宏指令的参数是在汇编时进行形实替换的，而子程序的参数是在执行时通过寄存器或堆栈等方式传递的。

4.3 汇编程序设计

汇编语言程序设计的基本过程可分为以下几个步骤：

1）分析问题，明确要求分析问题就是深入实际，对所要解决的问题进行全面了解和分析。一个实际问题往往是比较复杂的，在深入分析的基础上，要善于抓住主要矛盾，剔除次要矛盾，抽取问题的本质。

明确要求就是明确用户的要求，依据给出的条件和数据，对需要进行哪些处理、输出什么样的结果，进行可行性分析。

2）建立数学模型。在分析问题和明确要求的基础上，要建立数学模型，将一个物理过程或工作状态用数学形式表达出来。

3）确定算法和处理方案。数学模型建立后，必须研究和确定算法。所谓算法，是指解决某些问题的计算方法，不同类型的问题有不同的计算方法。根据问题的特点，对计算方法进行优化。若没有现成方法可用，必须通过实践摸索，并总结出算法思想和规律性。

4）绘制流程图。流程图是程序算法的图形描述，它以图形的方式把解决问题的先后顺序和程序的逻辑结构直观地、形象地描述出来，使解题的思路清晰，有利于理解、阅读和编制程序，还有利于调试、修改程序和减少错误等。

5）编制程序。在编制程序时，应当先分配好存储空间和工作单元及 CPU 内部的寄存器，然后根据流程图和确定的算法逐条语句编写程序。

6）上机调试。程序编好后，必须上机调试，特别是对于复杂的问题，往往要分解成若干个子问题，分别由几个人编写，形成若干个程序模块，把它们组装在一起，才能形成总体程序。一般来说，总会有这样或那样的问题或错误，这些问题和错误在调试程序时通常都可以发现，然后进行修改，再调试，再修改，直到所有的问题解决为止。

7）试运行和分析结果。试运行和分析结果是为了检验程序是否达到了设计要求，是否满足用户提出的需求，所确定的设计方案是否可行。若没有达到设计要求，不满足用户的需求，就必须从分析问题开始检查修正原有的设计方案，直到符合设计要求和满足用户需求为止。

8）整理资料，投入运行。在试运行满足要求之后，应当系统地整理材料，有关资料要及时提交用户，以便正常投入运行。

任何程序语言都可以分为三种程序结构，分别是顺序结构、分支结构和循环结构。最简单的程序为顺序程序，CPU 按照顺序执行程序，但是这种程序的功能有限。

4.3.1　顺序结构程序设计

顺序结构是按语句实现的先后次序执行一系列的操作。顺序结构的程序一般是简单程序。这种程序也叫作直线程序。

【例 4-2】设内存 DATA 单元存放一个无符号字节数据，编制程序将其拆成两位十六进制数，并存入 HEX 和 HEX + 1 单元的低 4 位，HEX 存放高位十六进制数，HEX + 1 单元存放低位十六进制数。

分析：要将一个无符号数据拆成两个十六进制数据，只需要将 8 位的无符号数高 4 位和低 4 位分别截取出来，存储到相应存储区即可，拆分数据流程图如图 4-1 所示。

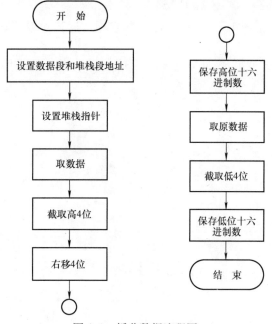

图 4-1　拆分数据流程图

```
SSEG  SEGMENT  STACK
STK  DB  20  DUP（0）
SSEG  ENDS              ;堆栈段定义
DSEG  SEGMENT
DATA  DB  0B5H
HEX  DB 0, 0
DSEG  ENDS             ;数据段定义
CSEG  SEGMENT
ASSUME  CS：CSEG, DS：DSEG, SS：SSEG
DISC：MOV  AX, DSEG
```

```
MOV   DS, AX              ;数据段段地址设置
MOV   AX, SSEG
MOV   SS, AX              ;堆栈段段地址设置
MOV   SP, LENGTH  STK    ;设置堆栈指针
MOV   AL, DATA            ;从 DADA 取数据到 AL
MOV   AH, AL              ;数据到 AH 缓存
AND   AL, 0F0H            ;屏蔽 AL 中数据低 4 位
MOV   CL, 04
SHR   AL, CL              ;AL 中数据右移 4 位
MOV   HEX, AL             ;高位十六进制数存入 HEX 单元
AND   AH, 0FH             ;屏蔽 AH 中数据高 4 位
MOV   HEX +1, AH          ;低位十六进制数据存入 HEX +1 单元
MOV   AX, 4C00H
INT   21H                ;返回 DOS 系统
CSEG  ENDS
END   DISC
```

【例 4-3】 编写程序实现 $5x^3 - 4x^2 + 3x + 2$ 的多项式运算，假设 x 的值已经事先存储于数据段中。

分析：首先将多项式变换成 $[(5x - 4)x + 3]x + 2$，然后再按照先括号内，后括号外的顺序进行程序设计。

```
DATA  SEGMENT
XX   DB 2
FF   DW  ?
DATA  EDNS
CODE  SEGMENT
   ASSUME  CS: CODE, DS: DATA
START: MOV  AX, DATA
       MOV  DS, AX
       LEA  SI, XX
       MOV  AL, [SI] ;取 x 的值存入 AL 中
       MOV  CL, AL ;x 值在 CL 中备份
       MOV  AH, 0 ;AH 清零
       MOV  BL, 5
       MUL  BL    ; 5x
       SUB  AX,4  ;5x - 4
       MUL  CX;  (5x - 4)x
       ADD  AX,3;(5x - 4)x + 3
       MUL  CX ;[(5x - 4)x + 3]x
       ADD  AX,2;[(5x - 4)x + 3]x + 2
       MOV  FF, AX ;结果存入内存
       MOV  AH, 4CH
     INT  21H
CODE  ENDS
END  START
```

4.3.2 分支结构程序设计

分支结构根据不同情况做出判断和选择，以便执行不同的程序段。分支的意思是在两个

不同的操作中选择其中的一个，如图 4-2a 所示。

在图 4-2b 所示的两个路径中，有一个是不执行任何操作的。图 4-2c 是多分支结构，它是在许多不同的操作中选择其中的一个，究竟选定哪一个操作是由测试表达式来决定的。图 4-2b 和图 4-2c 只不过是图 4-2a 的变形而已。

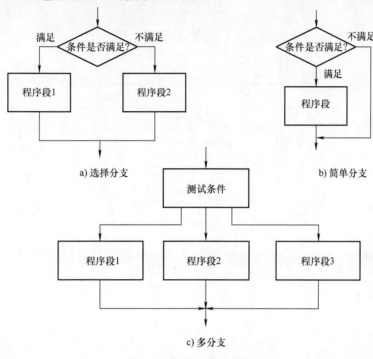

图 4-2　分支结构流程图

在很多实际问题中，都是根据不同的情况进行不同的处理。这种思想体现在程序设计中，就是根据不同条件而跳到不同的程序段去执行，这就构成了分支程序。在汇编语言程序设计中，跳转是通过条件转移指令来实现的。

在分支程序中，不论是两分支结构还是多分支结构，它们都有一个共同特点：运行方向是向前的，在某种确定条件下，只能执行两个或多个分支中的一个分支。

【例 4-4】写一个实现把一位十六进制数转化为对应 ASCII 码的程序。

分析：十六进制数与其对应的 ASCII 之间的关系见表 4-4。

表 4-4　十六进制数与 ASCII 码对应关系

0	1	2	3	…	B	C	D	E	F
30H	31H	32H	33H	…	42H	43H	44H	45H	46H

这种对应关系可以表示为一个分段函数：

$$Y = \begin{cases} X + 30H \,(0 \leq X \leq 9) \\ X + 37H \,(0AH \leq X \leq 0FH) \end{cases}$$

程序流程图如图 4-3 所示。

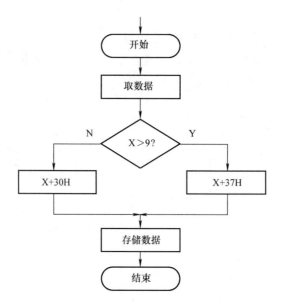

图 4-3　十六进制数转 ASCII 码流程图

```
DATA   SEGMENT
XX   DB B5H
ASCII   DB 0, 0
DATA   ENDS
CODE   SEGMENT
ASSUMECS: CODE, DS: DATA
START: MOV   AX, DATA
MOV   DS, AX
MOV   BX, OFFSET  XX        ; 获取数据地址
MOV   AL, [BX]              ; 取十六进制数
AND   AL, 0FH              ; 屏蔽高 4 位
CMP   AL, 9               ; 与 9 比较
JA   LAB1                 ; 大于 9 则加 37H
ADD   AL, 30H             ; 小于或等于 9 则加 30H
JMP   LAB2
LAB1: ADD   AL, 37H
LAB2: MOV   ASCII, AL       ; 存储转换结果
MOV   AH, 4CH
INT   21H
CODE   ENDS
END   START
```

例 4-4 还可以改成，判读一位十六进制数，如果该数为 0~9 之间的数字，则将其转换为 ASCII 码，如果不是则不转换。那么这道例题就变成了简单分支结构。读者可以自己试着编一下程序。

4.3.3　循环结构程序设计

循环结构是重复做一系列的操作，直到某个条件出现为止，如图 4-4 所示。

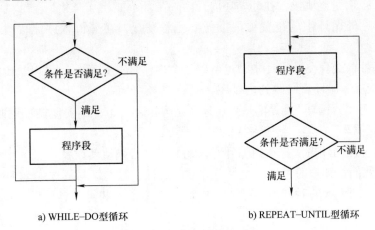

　　a) WHILE–DO型循环　　　　　　　　　b) REPEAT–UNTIL型循环

图 4-4　循环类型流程图

图 4-4a 是一种重复型结构，它表示如果某一条件一直成立，则重复做同一个操作或一系列操作，直到条件不成立时为止。它是先检查条件，再去执行操作。图 4-4b 所示这种循环结构，先执行操作，再去检查条件成立与否，因此，这种结构至少要执行这些操作一次。图 4-4b 所示循环结构是由图 4-4a 所示的循环结构演变而来，任何 REPEAT – UNTIL 型循环都可以用 WHILE – DO 型循环表示。

循环结构和分支结构一样，是应用极为广泛的基本程序结构之一。

1. 循环程序的四个部分

1）设置循环的初值。如设置循环次数的计数器，为使循环体正常工作而建立的初始状态等。

2）循环体。循环体是循环工作的主体部分，是为完成某种特定功能而设计的程序段。

3）修改部分。保证每次循环时相关信息（如计数器的值、操作数地址等）能发生有规律的变化，为下次循环做好准备。

4）循环控制部分。循环控制是循环程序设计的关键。每个循环程序必须选择一个恰当的循环控制条件来控制循环的运行和结束。如果循环不能工作运行，则不能完成特定功能；如果循环不能结束，则将陷入"死循环"。因此，合理地选择循环条件就成为循环程序设计的关键问题。有时循环次数是已知的，可使用循环次数计数器来控制；有时循环次数是未知的，则应根据具体情况设置控制循环结束的条件。

2. 循环程序设计

控制循环是循环程序设计的关键问题。控制循环的方法很多，常用的有：

1）用计数器控制（循环次数已知）。

2）按条件控制（循环次数未知）。

3）用开关变量控制（分支规律已知，计数次数或循环条件已知）。

4）用逻辑尺控制。

3. 循环的嵌套

多重循环又称为循环嵌套。在使用多重循环时，必须注意以下几点：

1）内循环必须完整地包含在外循环内，内外循环不能相互交叉。

2）内循环在外循环中的位置可根据需要任意设置，在分析程序流程时，要避免出现混乱。

3）内循环可以嵌套在外循环中，也可以几个内循环并列存在。可以从内循环直接跳到外循环，但不能从外循环直接跳到内循环。

4）防止出现"死循环"。无论是外循环还是内循环，千万不要使循环返回到初始部分，否则会出现"死循环"，这一点应当特别注意。

5）每次通过外循环再次进入内循环时，初始条件必须重新设置。

【例4-5】我们都知道时钟是一个循环计数的过程，试着编写程序实现1min等于60s的计数过程。先不考虑1s的时间值问题，完成1min计数后，将计数秒结果存在内存中为MIN的单元中。程序如下：

```
DATA    SEGMENT
MIN  DB?
DATA    ENDS
CODE    SEGMENT
ASSUMECS: CODE, DS: DATA
START: MOV   AX, DATA
MOV   DS, AX
MOV   AX, 0
MOV   CX, 60
LP1:   INC   AX        ；AX 作为秒计数值，自动加1
       LOOP LP1        ；控制循环次数
MOV   MIN, AX
MOV   AH, 4CH
INT   21H
CODE   ENDS
END    START
```

这是一个单一循环的程序，通过计数器来控制循环的次数。如果要实现秒-分-时的计数规律，实现一个小时的计数过程该如何设计程序呢？要求完成1h的计数过程，并将分钟的计数值存入内存中为MIN的存储区中。

```
DATA    SEGMENT
MIN  DB ?
DATA    ENDS
CODE    SEGMENT
ASSUMECS: CODE, DS: DATA
START: MOV   AX, DATA
MOV   DS, AX
MOV   AX, 0            ；AX 清零，用于秒计数
```

```
MOVBX, 0                    ; BX 清零，用于分钟计数
LP1:  INC  AX               ; 秒计数值加 1
      CMP AX, 60            ; 判断是否计完 60 次
      JNE  LP1              ; 否，则继续计数
      INC  BX              ; 是，则分钟数加 1
      CMP BX, 60            ; 判断是否计完 60 次
      JNE  LP1              ; 否，则继续计数
      MOV MIN, BX           ; 是，则存储数据
      MOV AH, 4CH
      INT  21H
CODE  ENDS
END    START
```

这是一个两重循环的程序，实现了循环嵌套。通过比较指令来控制循环，循环次数是已知的。请读者思考一下，如果要实现秒 – 分 – 时的计数过程，且要根据某一个开关量的状态来决定是 12h 计数还是 24h 计数，程序如何实现呢？

【例 4-6】 在 BUFF 为首地址的内存数据段中，存放了 100 个 8 位带符号数。要求统计其中正数、负数和零的个数，并分别将个数存入 PLUS、MINUS 和 ZERO 三个单元中。

```
DATA  SEGMENT
BUFFDB  2, –1, 0, 35, 12, 98, –24……–78, 121
PLUS   DB ?
MINUS  DB ?
ZERO   DB ?
DATA  ENDS
CODE  SEGMENT
ASSUMECS: CODE, DS: DATA
START: MOV  AX, DATA
       MOV  DS, AX
       XOR  AL, AL                  ; (AL) 清零
       MOV  PLUS, AL                ; PLUS 单元清零
       MOV  MINUS, AL               ; MINUS 单元清零
       MOV  ZERO, AL                ; ZERO 单元清零
       LEA  SI, BUFF                ; 数据块首地址→（SI）
MOV CX, 100                         ; 数据块长度→（CX）
CLD                                 ; 清标志位 DF
CHECK: LODSB                        ; 取一个数据到 AL
       OR  AL, AL                   ; 使数据影响标志位
       JS  X1                       ; 若为负，则转 X1
       JZ  X2                       ; 若为零，则转 X2
       INC  PLUS                    ; 否则为正，PLUS 单元加 1
       JMP  NEXT
X1: INC  MINUS                      ; MINUS 单元加 1
    JMP  NEXT
```

```
X2：    INC  ZERO           ；ZERO 单元加1
NEXT：LOOP  CHECK           ；（CX）减1，若（CX）不为零，则转CHECK
        MOV  AH，4CH
        INT  21H
CODE ENDS
END  START
```

【例4-7】给定一个16位二进制数，统计其中1的个数。

```
DATA  SEGMENT
NUMBER  DW  156AH
COUNT  DW  ？
DATA  ENDS
STACK  SEGMENT  STACK 'STACK'
     DB  100 DUP （?）
STACK  ENDS
CODE  SEGMENT
     ASSUME   CS：CODE, DS：DATA, SS：STACK
MAIN  PROC  FAR
     PUSH     DS
     MOV  AX， 0
     PUSH  AX
     MOV  AX, DATA
     MOV  DS, AX
     MOV  CX, 0
     MOV  AX, NUMBER
REPEAT：TEST  AX, 0FFFFH
     JZ  EXIT
     JNS   SHIFT
     INC    CX
SHIFT：SHL  AX, 1
     JMP   REPEAT
EXIT：MOV   COUNT, CX
     RET
MAIN ENDP
CODE  ENDS
END   MAIN
```

4.3.4 子程序设计

1. 子程序概念

如果在一个程序中多处需要用到同一段程序，或者说在一个程序中，需要多次执行某一连串的指令，那么可以把这一连串的指令抽取出来，写成一个相对独立的程序段。每当想要执行这段程序或这一连串的指令时，就调用这段程序，执行完这段程序后，再返回原来调用它的程序。这样每次执行这段程序时，就不必重写这一连串的指令了。

这样的程序段称为子程序或过程，而调用子程序的程序称为主程序或调用程序。

此外，使用子程序还有另一个主要理由。在本节一开始曾讲到"由上而下"的程序设计方法，在这个方法中，把整个问题划分成好几个模块，把每个模块再划分成更小的模块，直到每个模块的算法都描述得很清楚为止。能把一个大的问题划分成许多小的问题，而这些小的问题就构成了一个个相对独立的模块，它们可以单独编程、调试和纠错。这些独立的模块通常编写成子程序，而且可以被层次图中最高层的主程序调用。子程序结构是模块化程序设计的重要工具和手段。

2. 子程序的定义

子程序是用过程定义伪指令 PROC 和 ENDP 来定义的。有关伪指令 PROC 和 ENDP 已在前面介绍过了，这里只对其类型属性作一些说明，因为它是一个过程能否正确执行的保证。过程类型属性的确定原则：

1）调用程序和过程若在同一代码段中，则使用 NEAR 属性。

2）调用程序和过程若不在同一代码段中，则使用 FAR 属性。

3）主程序应定义为 FAR 属性。因为把程序的主过程看作 DOS 调用的一个子程序，而 DOS 对主过程的调用和返回都是 FAR 属性。

另外，过程定义允许嵌套，即在一个过程定义中允许包含多个过程定义。

3. 子程序的调用和返回

子程序的调用和返回由 CALL 和 RET 指令完成，子程序的正确调用和正确返回是正确执行子程序的保证。为了使子程序正确地执行，有两点应特别注意：

1）正确选择过程的属性。

2）正确使用堆栈。因为在调用程序中执行 CALL 指令时，将把断点地址压入堆栈，这个地址正是由子程序返回到调用程序的地址。当在子程序中执行 RET 指令时，便把这个返回地址由堆栈弹出（称为恢复断点），返回调用程序自此继续往下执行。若在子程序中不能正确地使用堆栈，而造成执行 RET 前堆栈指针 SP 并未指向进入子程序时的返回地址，则必然会导致运行出错。因此在子程序中使用堆栈要特别注意。

4. 寄存器的保护与恢复

在程序设计中，调用程序（或主程序）与子程序通常是独立编写的，因此它们所使用的一些寄存器和存储单元经常会发生冲突。如果调用程序在调用子程序以前的某些寄存器或存储单元的内容在从子程序返回到调用程序后还要使用，而子程序又恰好使用了这些寄存器或存储单元，则这些寄存器或存储单元的原有内容遭到了破坏，那就会使程序运行出错。为防止这种错误的发生，在进入子程序之前或之后，应该把子程序所使用的寄存器或存储单元的内容保存在堆栈中，而退出子程序之前再恢复原有的内容。在主、子程序间传送参数的寄存器不需要保护。

寄存器的保护有两种方法：

1）把需要保护和恢复的寄存器的内容，在调用程序中压入堆栈和弹出堆栈。这种方法有一个好处，就是在每次调用子程序时，只要把所关心的寄存器压入堆栈，返回后弹出即可。但缺点是，在调用程序中，使用压入和弹出堆栈的功能会使调用程序不容易理解，而且可能在调用程序其他地方使用某个寄存器时，却忘了把它压入堆栈内。

2）进入子程序后，首先把需要保护的寄存器的内容压入堆栈，而在返回调用程序前，再恢复这些寄存器的内容。这种方法是我们所推荐的。这种方法的好处是：首先，在调用程序中的任何地方都可调用子程序，而不会破坏任何寄存器的原有内容。其次，这种方法只需要写一次压入和弹出堆栈群即可。例如：

```
DUBT    PROC    NEAR
PUSH    AX
PUSH    BX
PUSH    CX
PUSH    DX
RET
DUBT    ENDP
```

注意：堆栈的工作方式是后进先出。

5. 调用程序与子程序之间的参数传递

调用程序在调用子程序时，往往需要向子程序传递一些参数；同样子程序运行后，也经常要把一些结果参数传回给调用程序。调用程序与子程序之间的这种信息传递称为参数传递。

参数传递有 3 种主要的方式：

1）通过寄存器传递参数。这种方式适合于传递参数较少的一些简单程序。

2）通过地址表传递参数地址。这种方式适合于参数较多的情况，但要求事先建立地址表，通过地址表传递参数的地址。地址表可以在内存中或外设端口中。

3）通过堆栈传递参数。为了利用堆栈传递参数，必须在主程序中任何调用子程序之前的地方，把这些参数压入堆栈，然后利用在子程序中的指令从堆栈弹出而取得参数。同样，要从子程序传递回调用程序的参数也被压入堆栈内，然后由主程序中的指令把这些参数从堆栈中取出。

利用堆栈传递参数有两个非常重要的问题：

① 当使用堆栈来传递参数时，要注意堆栈溢出（stack – overflow）。每当用堆栈传送参数时，应当非常清楚，已经把什么东西压入了堆栈内及在子程序中每个地方的堆栈指针是指向哪里，弄不好，会引起混乱和造成堆栈溢出。所谓堆栈溢出是指堆栈超出了为它开辟的存储空间。

② 8086/8088 有四种形式的 RET 指令。一般的近程 RET 指令能把返回地址由堆栈弹入到 IP，同时把堆栈指针加 2；一般的远程 RET 指令能由堆栈把返回的 IP 及 CS 值弹入到 IP 及 CS，同时把堆栈指针加 4。其他两种 RET 指令形式分别执行相同的功能，但是它们把一个在指令中指定的数字加入堆栈指针。如近程 RET 6 指令会从堆栈弹出一个字的内容到 IP 同时把堆栈指针加 2，然后再加 6 到堆栈指针。这是一种快速方式，可以让堆栈指针往下（地址增大方向）跳过一些参数。

6. 子程序的嵌套

一个子程序可以作为调用程序去调用其他子程序，这种结构称为子程序的嵌套。只要有足够的堆栈空间，嵌套的层次是不限制的。其嵌套的层数称为嵌套深度。当调用程序去调用子程序时，将产生断点，而子程序执行完后，返回到调用程序的断点处，使调用程序继续往下执行。因此，对于嵌套结构，断点的个数等于嵌套的深度，如图 4-5 所示。

图中嵌套结构的嵌套深度为 3，所以断点个数也为 3。由此可见，嵌套结构是层次结构。

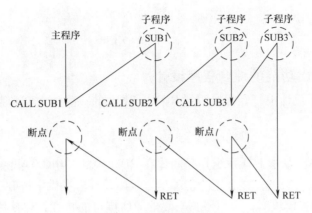

图 4-5　子程序嵌套示意图

【例 4-8】用子程序的形式实现冒泡排序程序。

```
DATA    SEGMENT
VAR  DB  34, -1, -10, -100, 27, 10, 47, 28, 50, 99
N   EQU  $－VAR
DATA  ENDS
CODE    SEGMENT
        ASSUME  CS：CODE, DS：DATA     ;说明代码段、数据段
START：MOV  AX, D
MOV  DS, AX
        MOV  CX, N－1                  ;设置 N－1 轮比较次数
MOV  DX, 1                           ;比较轮次计数，输入子程序
AGAIN：CALL SUBP                       ;调用子程序
        INC  DX                       ;比较次数加 1
        LOOP  AGAIN                    ;重复比较
        MOV  AH, 4CH
        INT  21H
SUBP    PROC
        PUSH  CX                       ;保护现场
        MOV  CX, N;
        SUB   CX, DX                   ;子程序中的比较次数计数
        MOV   SI, 0                    ;设置数据寻址首地址
RECMP: MOV  AL, VAR［SI］              ;取一个数据
        CMP   AL, VAR［SI＋1］          ;与下一个数据比较
        JLE  NOCH                      ;如果小于或等于，则不交换
        XCHG  AL, VAR［SI＋1］
        XCHG  AL, VAR［SI］            ;交换两个数据的存储位置
NOCH：INC  SI
        LOOP  RECMP                    ;控制循环次数
        POP  CX
        RET
```

```
SUBP   ENDP
CODE   ENDS
END   START
```

4.3.5 带输入输出功能的综合程序设计

在汇编语言程序设计中，经常要用到 ROM – BIOS 的一些软中断和系统功能调用来扩充汇编语言的功能。

1. 概述

1）ROM – BIOS（基本 I/O 系统）是固化在 ROM 中的一组 I/O 设备驱动程序，它为系统各主要部件提供设备级的控制，还为汇编语言程序设计者提供字符 I/O 操作。程序员在使用 ROM – BIOS 的功能模块时，可以不关心硬件 I/O 接口的特性，仅使用指令系统的软中断指令（INT n），这称为中断调用。

例如，将一个 ASCII 字符显示在屏幕的当前所在位置，可使用 ROM – BIOS 的中断类型号 10H，功能号为 0EH。程序段如下：

```
MOV   AL,"?"          ;要显示的字符送入 AL
MOV   AH, 0EH         ;功能号送入 AH
INT   10H             ;调用 10H 软中断
```

2）系统功能调用是微机的磁盘操作系统 DOS 为用户提供的一组例行子程序，因而又称为 DOS 系统功能的调用。这些子程序可分为以下三个主要方面：

① 磁盘的读/写及控制管理。

② 内存管理。

③ 基本输入/输出管理（如键盘、打印机、显示器、磁带管理等），另外还有时间、日期等子程序。

2. 系统功能调用方法

为了使用方便，已将所有子程序顺序编号。例如，基本输入/输出管理中的功能调用 1 号（键盘输入）、2 号（显示字符）、5 号（打印字符）、9 号（显示字符串）及 0A 号（接收键盘输入的字符串）。对于所有的功能调用，使用时一般需要经过以下三个步骤：

1）子程序的入口参数送相应的寄存器。

2）子程序编号送 AH。

3）发出中断请求：INT 21H（系统功能调用指令）。

例如，显示一个字符串："Goodmorning！"

JK   DB 'Goodmorning！$'

……

MOV DX, OFFSET JK

MOV AH, 9

INT   21H

有的子程序不需要入口参数，这时 1）可以略去。例如：

MOV   AH, 4CH

INT   21H

子程序调用结束后，一般都有出口参数，这些出口参数常放在寄存器中。通过出口参数，用户可以知道调用的成功与否。

4.3.6　DOS 系统功能调用

系统功能调用可以分组如下：

（1）0～0CH　传统的字符 I/O 管理，包括键盘、显示器、打印机、异步通信口的管理。

（2）0DH～24H　传统的文件管理，包括复位磁盘，选择磁盘，打开文件，关闭文件，查找目录项，删除文件，顺序读、写文件，建立文件，重新命名文件，查找驱动器分配表信息，随机读、写文件，查看文件长度等。

（3）25H～26H　传统的非设备系统调用，包括设置中断向量，建立新程序段。

（4）27H～29H　传统的文件管理，包括随机块读写，分析文件名。

（5）2AH～2EH　传统的非设备系统调用，读取、设置日期、时间等。

（6）2FH～38H　扩充的系统调用组，包括读取 DOS 版本号，中止进程，读取中断向量，读取磁盘空闲空间等。

（7）39H～3BH　目录组，包括建立目录，修改当前目录，删除目录项。

（8）3CH～46H　扩充的文件管理组，包括建立、打开、关闭文件，从文件或设备读取数据。在指定的目录里删除、移动、读、写文件，读取、修改文件属性，设备 I/O 控制，以及文件标记等。

（9）47H　目录组，取当前目录。

（10）48H～4BH　扩充的内存管理组，包括分配内存，释放已分配的内存，分配内存块，装入或执行程序等。

（11）4CH～4FH　扩充的系统管理组，包括中止进程，查询子进程的返回代码，查找第一个相匹配的文件，查找下一个相匹配的文件。

（12）50H～53H　扩充的系统调用，DOS 内部使用。

（13）54～62H　扩充的系统调用，包括读取校验状态，重新命名文件，设置读取日期和时间。

从 39H 以后的文件管理系统调用是为了处理树形目录结构而提供的。下面选择其中一部分常用的系统功能调用分别加以介绍，其余部分可参考有关的 DOS 资料。

1）带显示键盘输入（1 号调用）。1 号系统功能调用等待从标准输入设备输入一个字符，并送入寄存器 AL，不需要入口参数。例如：

```
MOV  AH, 1
INT  21H
```

执行上述指令，系统将扫描键盘，等待有键按下。一旦有键按下，就将键值（ASCII 码值）读入，先检查是否是 Ctrl – Break，若是，则退出命令执行；否则将键值送入 AL，同时将这个字符显示在屏幕上。

2）键盘输入但无显示（8 号调用）。8 号调用与 1 号调用类同，只是不在屏幕上显示输入的字符。

3）打印输出（5 号调用）。把 DL 中的字符输出到打印机。例如：

```
MOV   DL, A
MOV   AH, 5
INT   21H
```

4）直接从控制台输入/输出（6 号调用）。6 号调用可以从标准输入设备输入字符，也可以向屏幕上输出字符，并且不检查 Ctrl – Break。

当 DL = FFH 时，表示从键盘输入。若标志 ZF = 0，表示 AL 中为键入的字符值；若标志 ZF = 1，表示 AL 中不是键入的字符值，即尚无键按下。

当 DL ≠ FFH 时，表示向屏幕输出，DL 中为输出字符的 ASCII 码值。例如：

```
MOV   DL, 0FFH
MOV   AH, 6
1NT   21H
```

为从键盘输入字符。

```
MOV   DL, 24H
MOV   AH, 6
1NT   21H
```

将 24H 对应的字符$输出，即从屏幕上显示 "$"。

5）直接从控制台输入但不显示（7 号调用）。等待从标准输入设备输入字符，然后将其送入 AL。同 6 号调用一样，对字符不做检查。

6）输出字符串（9 号调用）。调用时，要求 DS：DX 必须指向内存中一个以 "$" 作为结束标志的字符串。字符串中每一个字符（不包括结束标志）都输出打印。例如：

```
DATA   SEGMENT
BUF   DB 'HOW   DO   YOU   DO？$'
DATA   ENDS
CODE   SEGMENT
……
MOV   AX, DATA
MOV   DS, AX
……
MOV   DX, OFFSET   BUF
MOV   AH, 9
INT   2Lh
……
CODE   ENDS
```

执行本程序，屏幕上将显示：HOW DO YOU DO？

7）输入字符串（0AH 号调用）。从键盘接收字符串到内存输入缓冲区，缓冲区内第 1 个字节单元指出缓冲区能容纳字节个数，不能为 0，第 2 个字节保留用作填写输入字符的实际个数。从第 3 个字节开始存放从键盘接收字符串。如果实际输入的字符少于定义的字符数，则缓冲区将空余的字节填零；如果实际输入的字符多于定义的字符数，则将后来输入的字符丢掉，且响铃。调用时，要求 DS：DX 必须指向缓冲区。

```
DATA    SEGMENT
BUFDB   50              ; 缓冲区长度
DB?                     ; 保留为填入实际输入的字符个数
DB  50  DUP (?)         ; 定义 50 个字节存储空间
DATA  ENDS
CODE  SEGMENT
……
MOV   AX, DATA
MOV   DS, AX
……
MOV   DX, OFFSET  BUF
MOV   AH, 10; 即 0AH 送 AH
INT   21H
CODE  ENDS
```

【例4-9】编写程序实现在屏幕上显示"Hello World!"。若在键盘上输入 y，则显示是"Wellcom!"；若输入的是 n，则显示"You are not our classmate!"

```
DATA   SEGMENT
STRING1  DB 'HELLO   WORLD ! ', 0DH, 0AH, '$'
STRING2  DB  0DH, 0AH, ' WELLCOM!', 0DH, 0AH, '$'
STRING3  DB  0DH, 0AH, 'YOU  ARE  NOT  OUR  CLASSMATE!', 0DH, 0AH, '$'
STRING4  DB  0DH, 0AH, 'GO AWAY!', '$' ; INPUT  DATA  SEGMENT  CODE  HERE
DATA  ENDS
CODE  SEGMENT
     ASSUME  CS: CODE, DS: DATA, SS: STACK
START: MOV  AX, DATA
       MOV  DS, AX
       LEA  DX, STRING1
       MOV  AH, 09H
       INT  21H
S:   MOV AH, 01H
     INT  21H
     CMP  AL, 'Y'
     JZ  LL1
     CMP  AL, 'N'
     JZ  LL2
     LEA  DX, STRING4
     MOV  AH, 09H
     INT  21H
     JMP  STOP
LL1: LEA  DX, STRING2
     MOV  AH, 09H
     INT  21H
```

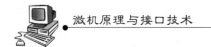

```
        JMP  S
LL2:    LEA  DX, STRING3
        MOV  AH, 09H
        INT  21H
        JMP  S; INPUT  CODE  SEGMENT  CODE  HERE
STOP:  MOV  AH, 4CH
        INT  21H
CODE   ENDS
END  START
```

4.4 源程序的汇编、连接与调试

汇编语言连接、调试流程图如图 4-6 所示。

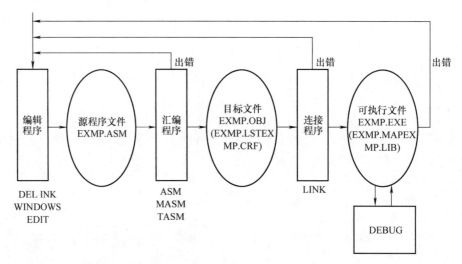

图 4-6 汇编语言连接、调试流程图

1. 运行汇编程序必备的条件

运行汇编程序必备的软件环境：DOS 操作系统、汇编系统。

汇编系统盘应包含文件：MASM 宏汇编程序文件、LINK 连接程序文件、CRFF 索引程序文件（也可不用）、EDIT 文本编辑程序（或 PE 等文本编辑程序）。

用户通过屏幕编辑程序键入源程序，检查无误，可将源程序存储到汇编系统盘上。该程序的扩展名为 .ASM。

2. 编写汇编源程序

用汇编语言编写的源程序必须是一个完整的源程序，才能经过宏汇编程序 MASM 的汇编，生成一个目标程序。为了完成汇编任务，汇编程序一般采用两遍扫描的方法：第一遍扫描源程序产生符号表、处理伪指令等；第二遍扫描产生机器指令代码、确定数据等。

（1）源程序的书写格式 当 CPU 访问内存时，是把存储器分成若干个段，通过 4 个段寄存器中存放的地址对内存储器进行访问，因此在编写源程序时必须按段的结构来编制程序。由于每个段的物理空间≤64KB，所以程序中各段可以分别为一个或几个。

（2）汇编程序中数据的提供方法

1）用数据定义伪指令提供数据。如果程序要求原始数据为一批数据，则用数据定义伪指令 DB、DW 和 DD 来提供较为方便。

2）用立即数的形式提供数据。当原始数据只有几个时，一般用立即数的方法来提供。当然，用立即数的方法只是将一个数据传送到通用寄存器中，它只是通过通用寄存器传送数据。

3）用编程的方法提供数据。假如原始数据是一组有规律的数据项，则用编程序的方法形成这一组数据，不用专门为这组数据分配存储单元，节省了存储空间。

4）用键盘提供数据。当原始数据为任意数据时，一般用键盘输入方法，调用 DOS 21H 中断。

（3）数据的输出方式

1）在显示器上显示一个字符。调用 02H 号功能调用号，发 21H 号中断，将要显示字符的 ASCII 码送入 DL，就可在显示器上显示该字符。

2）在打印机上输出一个字符。调用 05H 号功能调用号，发 21H 号中断，将要打印字符的 ASCII 码送入 DL，就可在打印机上打印出 DL 中的字符。

（4）返回 DOS 状态的方法　执行 .EXE 文件是在 DOS 状态下进行的。如果希望在执行完 .EXE 文件后正常返回 DOS 状态，一般用如下两种方法：采用 DOS 4CH 功能调用和采用返回（RET）断点的方法。

3. 执行宏汇编程序

将汇编语言源程序用宏汇编程序翻译（汇编）后，可以形成三个文件：一个是扩展名为 .OBJ 的目标文件，在该文件中，将源程序的操作码部分变为机器码，但地址操作数是可浮动的相对地址，而不是实际地址，因此需经 LINK 连接文件进行连接才能形成可执行文件。第二个文件是列表文件，扩展名为 .LST，它把源程序和目标程序列表，以供检查程序用。第三个文件是交叉索引文件，扩展为 .CRF，它是一个对源程序所用的各种符号进行前后对照的文件。其中目标文件是必须产生的，而其他两个文件在需要时给予命令就可产生，对连接和执行汇编程序无直接的关系。

（1）汇编过程　在 DOS 状态下，输入 MASM ↓ 则调入宏汇编程序。屏幕显示与操作如下：

masm ↓

Microsoft （R） Macro Assemble Version 5.00

Copyright （C） Microsoft Corp 1981 – 1985，1987，All right reserved.

Source filename [．ASM]：MYFILE ↓

Object filename [MYFILE．OBJ]：MYFILE ↓

Source listing [NUL．LST]：MYFILE ↓

Cross – reference [NUL．CRF]：MYFILE ↓

50678 + 410090 Bytes symbol space free

0 Warning Errors

0 Severe Errors

其中 MYFILE 为源程序名（MYFILE．ASM），方括号中是机器规定的默认文件名。如果用户认为方括号内的文件名就是要输入的文件名，则可只在画线部分输入回车符。如果不想要列表文件和交叉索引文件，则可在［NUL. LST］和［NUL. CRF］后不输入文件名只输入回车符。

当回答完上述四个询问后，汇编程序就对源程序进行汇编。在汇编过程中，如果发现源程序中有语法错误，则提示出错信息，指出是什么性质的错误和错误类型，最后列出错误的总数。之后可重新进入屏幕编辑状态，调入源程序（MYFILE. ASM）进行修改，修改完毕，再进行汇编，直到汇编通过为止。如果在汇编时不需要产生列表文件（. LST）和交叉索引文件（. CRF），调用汇编程序时可用分号结束。

如果需要产生 . OBJ 和 . LST 文件，不需要 . CRF 文件，则在分号前面加两个逗号即可。如果 4 个文件都需要，则简便的操作方法是在分号前用 3 个逗号。

（2）列表文件（. LST）　列表文件（. LST）是通过汇编程序（MASM）产生的，可以在 DOS 状态下用 TYPE 命令显示或打印该文件，以便分析调试源程序。如显示 D 盘上已存在的列表文件 MYFILE. LST，操作方法如下：

D > TYPE MYFILE. LST；

列表程序由三部分组成：

1）源程序和目标程序清单。列表程序同时列出源程序和对应的机器语言清单。列表程序的第一列给出每条指令所在行号；第二列给出从段的首地址开始的每条指令存放的偏移地址；接着是数字列，给出对应每条语句的机器码和对应于存放在栈段和数据段的值，在机器码加上"R"的指令表示：这条指令在连接时可能产生与列出来的偏移地址不同的地址，因为这些偏移地址可能与其他模块有关；最右边就是用汇编语言编写的源程序。

2）段信息汇总表。在段信息汇总表中列出该程序用了哪几个段，如代码段 CODE、数据段 DATA 和堆栈段 STACK；每个段所占存储空间的长度（字节数）；每个段的定位类型，包括 PAGE（页）、PARA（节）、WORD（字）和 BYTE（字节），它们表示此段的起始边界要求，即起始边界地址应分别可以被256、16、2 和 1 除尽。该列表清单中以 PARA 为 CODE 段、DATA 段和 STACK 段的起始边界地址。最后一列为段的组合类型，段的组合类型是告诉连接程序，本段与其他段的关系，组合类型有 NONE、PUBLIC、COMMOM、AT 表达式、STACK 和 MEMORY。

NONE：表示本段与其他段不发生逻辑关系，即每段都有自己的基本地址，是隐含组合类型。

STACK：表明连接程序首先要把本段与同名同类别的其他段相邻地连接在一起，然后为所有定义为栈段的连接在一起的段，定义一个共同的段基地址，即连接成一个物理段。在列表程序的源程序中只有一个栈段，在栈段定义中给出了组合类型为 STACK，因此在段信息汇总表中列出了该项。在本程序中它没有任何意义，因为没有其他栈段与它连接，只是为了说明这个问题而设置的。

3）符号汇总表。在列表程序中最后部分列出了符号汇总表，是指在源程序中用户定义的符号名、类型、值和所在段。当在源程序中存在某些语法错误时，列表文件可提示某条语句有哪些错误，出错提示显示在出错指令行的下面，因此用户可借助列表文件很快地找到错误行，以便调试。另外，由于列表文件给出了各条指令的偏移地址，核对程序时设置断点很方便。

（3）交叉索引文件（. CRF） 汇编后产生的交叉索引文件，扩展名为 . CRF。它列出了源程序中定义的符号（包括标号、变量等）和程序中引用这些符号的情况。

如果要查看这个符号表，必须使用 CREF. EXE 的文件。它根据 . CRF 文件建立一个扩展名为 . REF 的文件，而后再用 DOS 的 TYPE 命令显示，就可以看到这个符号使用情况表。具体操作方法如下：

D > CREF ↓

cref filename ［.CRF］：MYFILE ↓

list filename ［MYFILE. REF］：↓

D > TYPE MYFILE. REF ↓

4. 执行连接程序

用汇编语言编写的源程序经过汇编程序（MASM）汇编后产生了目标程序（. OBJ）。

该文件是将源程序操作码部分变成了机器码，但地址是可浮动的相对地址（逻辑地址），因此必须经过连接程序 LINK 连接后才能运行。连接程序 LINK 是把一个或多个独立的目标程序模块装配成一个可重定位的可执行文件，扩展名为 . EXE 文件。此外还可以产生一个内存映像文件，扩展名为 . MAP。

在 DOS 状态下，输入 LINK ↓（或 LINK MYFILE ↓）则系统调入 LINK 程序。屏幕显示操作如下：

D > LINK ↓

IBM Personal Computer Linker

Version 2. 00 （C） Copyright IBM Corp 1981，1982，1983

Object Modules ［.OBJ］：MYFILE ↓

Run File ［MYFILE. EXE］：MYFILE ↓

List File ［NUL. MAP］：MYFILE ↓

Libraries ［.LIB］：↓

其中 MYFILE 为源程序名，方括号内为机器默认文件名，当用户认为方括号中的文件名就是要输入的文件名时，可在冒号后面只输入回车符。其中，MAP 文件是否需要建立，由用户决定，需要则输入文件名，若不需要则直接输入回车符。最后一个询问是问是否在连接时用到库文件。对于连接汇编语言源程序的目标文件，通常是不需要的，因此直接按回车键。

与汇编程序一样，可以在连接时用分号结束后续询问。

5. 调试程序 DEBUG

在编写和运行汇编程序的过程中，会遇到一些错误和问题，需要对程序进行分析和调试，调试程序 DEBUG 就是专为汇编语言设计的一种调试工具。它在调试汇编语言程序时有很强的功能，能使程序设计者接触到机器内部，能观察和修改寄存器和存储单元中的内容，并能监视目标程序的执行情况，使用户真正接触到 CPU 内部，与计算机产生最紧密的工作联系。

（1）DEBUG 的进入 在操作系统（DOS）状态下，直接调入 DEBUG 程序，输入命令的格式如下：

D > DEBUG ［d：］［Path］［filename ［.ext］］［Parm1］［Parm2］

其中［ ］的内容为可选项，可以有也可以没有。

［d：］为驱动器号，指要调入 DEBUG 状态的可执行文件在哪个驱动器中，如 A：、B：、C：等。

［Path］为路径，指要调入 DEBUG 状态的可执行文件是在哪个目录下或子目录下。

［filename ［.ext］］，指要调入 DEBUG 状态下的可执行文件的文件名，该文件可以是通过编辑、汇编、连接后产生的可执行文件，也可以是在 DEBUG 状态下汇编的程序段，通过写盘命令 W 写入磁盘的文件。

［Parm1］［Parm2］为任选参数，是给定文件的说明参数。

在启动 DEBUG 时，如果输入 filename（文件名），则 DEBUG 程序把指定文件装入内存，用户可以通过 DEBUG 命令对指定文件进行修改、显示或执行。如果没有文件名，则以当前内存的内容工作，或者用命名命令或装入命令把需要的文件装入内存，然后再通过 DEBUG 命令进行修改、显示或执行。

当启动 DEBUG 程序后，屏幕上出现"—"，说明系统已进入 DEBUG 状态。

（2）DEBUG 的主要命令

1）DEBUG 命令的有关规定：

① DEBUG 命令都是一个英文字母，后面跟着一个或多个有关参数。多个操作参数之间用","或空格隔开。

② DEBUG 命令必须接着按 ENTER 键，命令才有效。

③ 参数中不论是地址还是数据，均用十六进制数表示，但十六进制数据后面不要用"H"。

④ 可以用 Ctrl 和 Break 键来停止一个命令的执行，返回到 DEBUG 的提示符"—"下。

⑤ 用 Ctrl + Num Lock 键中止正在上卷的输出行，再通过按任意键继续输出信息。

2）常用 DEBUG 命令：

用 Debug 的 R 命令查看、改变 CPU 寄存器的内容。

用 Debug 的 D 命令查看内存中的内容。

用 Debug 的 E 命令改写内存中的内容。

用 Debug 的 U 命令将内存中的机器指令翻译成汇编指令。

用 Debug 的 T 命令执行一条机器指令。

用 Debug 的 A 命令以汇编指令的格式在内存中写一条机器指令。

复习思考题

1. 8086 宏汇编有三种基本语句，不包括（   ）。

A. 宏指令语句　　　　B. 多字节语句　　　　C. 指令语句　　　　D. 伪指令语句

2. 标号和变量都不具有（   ）的属性。

A. 段属性　　　　　　B. 偏移属性　　　　　C. 操作属性　　　　D. 类型属性

3. 下列伪指令中不能用来定义变量的是（   ）。

A. BYTE　　　　　　 B. DB　　　　　　　　C. DD　　　　　　　D. DW

4. 在运算符 PTR 表达式中不能出现的类型是（   ）。

A. DB　　　　　　B. NEAR　　　　　　C. FAR　　　　　　D. WORD　　　E. BYTE

5. 汇编语言中变量名的有效长度为（　　）个字符。

A. 8　　　　　　　B. 15　　　　　　　C. 16　　　　　　　D. 31

6. 对于 8086 指令系统，汇编语言程序一个段的最大长度是（　　）KB。

A. 8　　　　　　　B. 16　　　　　　　C. 32　　　　　　　D. 64

7. 汇编语言中标识符的组成规则表述不正确的是（　　）。

A. 允许字符个数为 1～31 个　　　　　　B. 第 1 个字符不能是数字

C. 第 1 个字符可以是字母、"?"及下画线

D. 从第 2 个字符开始可以是任意字符

E. 允许采用系统专用的保留字

8. 进行子程序定义时，不是必须包含的内容是（　　）。

A. 表示子程序定义开始和结束的伪指令 PROC 和 ENDP

B. 子程序名

C. 一个或多个形式参数

D. 子程序体

9. 进行段定义时，不包含的内容有（　　）。

A. 表示段定义开始和结束的伪指令 SEGMENT 和 ENDS

B. 段名

C. 一个或多个可选参数

D. 段的属性

10. 宏汇编语句 BUF DB 5AH 中的 BUF 被约定称为（　　）。

A. 伪指令　　　　B. 操作符　　　　　　C. 变量名　　　　D. 标号

11. 伪指令语句 VAR DW 5 DUP（?）在存储器中分配（　　）个字节给变量。

A. 0　　　　　　　B. 5　　　　　　　　C. 10　　　　　　　D. 15

12. 伪指令语句 VAR EQU 5 在存储器中分配（　　）个字节给变量。

A. 0　　　　　　　B. 5　　　　　　　　C. 10　　　　　　　D. 15

13. 某数据段定义如下：

```
DATA    SEGMENT
        ORG   100H
VAR1    DB   20, 30, 'ABCD'
VAR2    DW   10  DUP（?）
DATA    ENDS
```

则执行指令语句 MOV　BX，OFFSET　VARI 后 BX =（　　）。

A. 20　　　　　　　B. 32　　　　　　　C. 'ABCD'　　　　D. 100H

14. 某数据段定义如下：

```
DATA    SEGMENT
VAR1    DB   20, 30
VAR2    DW   10  DUP（?）
VAR3    DB   'ABCD'
DATA    ENDS
```

则执行指令语句 MOV BX, SEG VARI 和 MOV CX, SEG VAR3 之后，BX 和 CX 两者关系为（　　）。

A. BX > CX   B. BX < CX   C. BX = CX   D. 不确定

15. 某数据段定义如下：

```
DATA   SEGMENT
       ORG  20H
DA1  DB  12H, 34H
DA2  EQU  5678H
DA3  DW  DAI
DAT  ENDS
```

则变量 DA3 的偏移量是（　　）。

A. 0020H   B. 0022H   C. 0024H   D. 0026H

16. 某数据段定义如下：

```
DATA  SECMEP  4T
       ORG  20H:
DA1  DB  12H, 34H
DA2  EQU  5678H
DA3  DW  DA1
DATA  ENDS
```

则 DA3 =（　　）。

A. 0020H   B. 1234H   C. 3412H   D. 0024H

17. 设某数据段定义为：

```
DATA   SEGMENT
DA1   DB   12H, 34H
DA2   DW   12H, 34H
DATA   ENDS
```

下面语句（　　）有语法错误。

A. DA1 DW DA1   B. MOV AL, BYTE PTR DA2 + 1
C. MOV AX, DA1 + 1   D. MOV AX, WORD PIR DA2 + 1

18. 某数据段定义如下：

```
DATA     SEGMENT
         ORG     50H
VARI     DB      5
VAR2     DW      20H
VAR3     DW      5 DUP（?）
COUNT    EQU     5
VAR4     DD      COUNT DUP（?）
DATA     ENDS
```

该数据段占用了（　　）字节单元。

A. 13   B. 28   C. 33   D. 50H

19. 语句 VAR6 DB 2 DUP（11H, 2 DUP（0），'AB'）表示内存存入的数据为

(　　)。

A. 02H, 11H, 02H, 00H, 41H, 42H

B. 11H, 00H, 00H, 41H, 42H, 11H, 00H, 00H, 41H, 42H

C. 11H, 02H, 00H, 41H, 42H, 11H, 02H, 00H, 41H, 42H

D. 11H, 00H, 00H, 42H, 4IH, 11H, 00H, 00H, 42H, 41H

20. 阅读下列程序段，其执行后 DX = (　　)。

```
      ORG   100H
DA1 DB    12H, 34H, 56H, 78H
DA2 EQU   $
DA3 DW    10H  DUP (1, 2, 3)
      MOV   DX, DA2
      ADD   DX, DA3 + 2
      ADD   DX, DA3 + 2
```

A. 36H   B. 59H   C. 0105H   D. 0106H

21. 下列指令作用完全相同的是 (　　)。

A. DATA1　EQU　2000H 和 DATA1 = 2000H

B. MOV　BX, DATA1 和 MOV　BX, OFFSET DATA1

C. ADD　AX, BX 和 ADD　AX, [BX]

D. LEA　BX, BUF 和 MOV　BX, OFFSET　BUF

22. 试阅读下列程序段，执行此程序段后的结果是 AL = (　　)。

```
SR    MACRO R1, R2, R3
      MOV   CL, R2
      R3    R1, CL
      MOV   AL, R1
      ENDM
DATA  SEGMENT
DA1 DB  01H
DA2 DB?
DATA  ENDS

      XOR   CL, CL
      MOV   BL, DA1
      SR    BL, 04H, SHL
      MOV   DA2, AL
```

A. 02H   B. 04H   C. 08H   D. 10H

23. 阅读下列程序段，执行指令之后各寄存器的内容是多少？

```
      ORG   0010H
DA1 DW    1234H
DA2 DB    'ABCD'
DA3 DW    5678H
      LEA   SI, DA1                      ; SI = _____
```

```
        MOV   DI, OFFSET DA2          ; DI = _____
        MOV   BX, DA3                 ; BX = _____
```

24. 试完成下面的程序段，使其实现利用 DOS 功能调用 INT 21H 的 1 号功能，从键盘输入字符，并保存到 STR 开始的存储区，当遇到回车符（0DH）时结束。提示：出口参数 AL 为键盘输入字符的 ASCII 码。

```
STR   DB   100 DUP（?）
      ……
        MOV   SI, OFFSET   STR
NEXT : _____
        INC 21H

        _____

        _____

        JE NEXT
        INC SI
```

25. 在横线上填上适当指令，使程序段实现将两个非压缩型 BCD 码 D1 和 D2，合成一个字节的压缩型 BCD 码。

```
DI    DB?
D2    DB?
D3    DB?
      ……
        MOV   AL, DI
        AND   AL, OFH
        MOV   AH, D2

        _____

        MOV   CL, 4

        _____

        MOV   D3, AL
```

26. 下列程序段是将字节数据变量 X1 的内容以二进制数形式从高位到低位逐位在屏幕上显示出来。试补充空白处的指令。提示：利用 INT 21H 的 2 号功能实现屏幕上显示 1 个字符，入口参数 DL = 要显示的字符的 ASCII 码。

```
X1   DB   ?
MOV   CX, 8
ADR: _____
MOV   DL, X1

_____

_____

MOV   AH, 02H
INT   21H
LOOP  ADR
```

27. 试填空完成下列程序，使之实现对内存中 DA1 + 1 处开始存放的一维数组求平均值，结果存入 DA2 单元。该数组元素个数存在 DA1 单元中。

```
DATA   SEGMENT
DA1   DB   10, 40, 65, 89, 100, 87, 90, 74, 81, 80, 95
DA2   DB?
DATA   ENDS
CODE   SEGMENT
ASSUME   CS： CODE, DS: DATA
START: MOV   AX, DATA
MOV   DS, AX
LEA   BX, DA1

————
MOV   CL, [BX]
INC   BX
LP0: ADD AL, [BX]
ADC   AH, 0

————
DEC   CL
JNZ   LP0
LEA   BX, DA1
MOV   CL, [BX]
DIV   CL

————
MOV   AH, 4CH
INT   21H
CODE   ENDS
END   START
```

28. 下面程序的功能是：求内存中一个字符串 STR1 的长度，存入内存 LEN 单元，并要求过滤去第一个非空格字符之前的所有空格后存入 STR2，字符串以"#"结束。

```
DATA   SEGMENT
LEN   DB   ?
STR1   DB   'QWERTYUIOP  ASDFGHJKL  ZXCVBNM#'
STR2   DB   50 DUP (0FFH)
DATA   ENDS
CODE   SEGMENT
ASSUME   CS: CODE, DS: DATA
START: MOV   AX, DATA
MOV   DS, AX
LEA   BX, STR1
LEA   SI, STR2
MOV   CL, 0
LP1:   MOV   AL, [BX]
       INC BX
```

```
        CMP AL, 20H
        _____

LP2    CMP AL, '#'
        _____

        MOV [ SI], AL
        INC SI
        INC CL
        MOV AL, [ BX]
        INC BX
        _____

DONE: MOV   LEN, CL
        MOV   AH, 4CH
        INT   21H
CODE ENDS
        END START
```

29. 下面程序功能是在内存缓冲区中存放了星期一至星期日的英文缩写，用 1 号 DOS 功能调用实现从键盘输入 0~7 中的一位数字，查出相应的英文缩写，并用 2 号 DOS 功能调用实现在屏幕上显示出来。试在空白处填上适当的指令，完善程序。

```
DATA   SEGMENT
WEEK   DB 'MON', 'TUE', 'WED', 'THU', 'FRT', 'SUN'
DATA   ENDS
CODE   SEGMENT
        ASSUME CS: CODE, DS: DATA
START: MOV AX, DATA
        MOV DS, AX
        MOV AH, _____
INT   21H                    ; 从键盘输入 1 数字
        SUB  AL, 30H
        MOV CL, 03H
        MUL  CL
        MOV  BL, AL
        MOV  BH, 0
MOV   CL, 3
LP1:  MOV   DL, _____
        MOV   AH, 02H
        INT   21H            ; 屏幕上显示 1 字符
        _____

DEC  CL
JNZ  LP1
MOV   AH, 4CH
INT   21H
CODE   ENDS
        END   START
```

30. 设 A、B 各为长度为 10 的字节数组，用串操作指令编写程序段，将 A、B 两数组中的内容相互交换。试将程序段填写完整。

```
DATA    SECMENT
    ORG  0010H
DA1 DB  1, 2, 3, 4, 5, 6, 7, 8, 9, OAH
    ORG  0020H
DA2  DB  OAH, 9, 8, 7, 6, 5, 4, 3, 2, 1
DATA  ENDS
CODE    SEGMENT
ASSUME  CS, CODE, DS：DATA
START：_____

    _____

LEA SI, DAI
LEA DI, DA2
MOV CX, 10
LPI：_____

    _____

    _____

    INC  SI
    INC  DI
    LOOP  LP1
    MOV    AH, 4CH
INT    21H
CODE  ENDS
    END  START
```

31. 下列程序段实现从键盘输入不多于 10 个的字符，查找其中是否有字符 '$'，若有则显示 "OK!"，否则显示 "NO!"。请完善程序。

```
DATA    SEGMENT
BUFF    DB  _____
OK      DB  0AH, 0DH,' OK'! $'
NO      DB  0AH, 0DH,' NO'! $'
LFC R    DB  0AH, 0DH
DATA    ENDS
CODE    SEGMENT
ASSUME  CS, CODE, DS：DATA
START：MOV  AX, DATA
    MOV  DS, AX
MOV  DX, OFFSET BUFF
MOV  AH, _____
    INT  21H
LEA    BX, BUFF + 1
MOV    CL, [BX]
```

```
LP0: INC    BX
     MOV    AL, [BX]
     CMP    AL, '$'
     JZ     LP1
     DEC    CL
     JNZ    LP0
     LEA    DX, NO
     LEA    DX, _____
     INT    21H
     JMP    LP - END
LP1: LEA    DX, (4)
     MOV    AH, 09H
     INT    21H
CODE ENDS
     END  START
```

32. 请将下面程序补充完整,使之具有比较两个字符串的功能。若相同,则 OK 单元置 1;否则,将 OK 单元置 0。字符串长度存在 LEN 单元中。

```
DATA SEGMENT
LEN DB   10
STR1   DB '1234567890'
STR2   DB '1234567890'
OK  DB   OFFH
DATA  ENDS
CODE    SEGMENT
    ASSUME  CS: CODE, DS: ATA
START: MOV  AX, DATA
       MOV _____, AX
       MOV _____, AX
       MOV  CL, LEN
       MOV  CH, 0
       MOV _____, OFFSET STR 1
       MOV _____, OFFSET STR 2
       CLD
       (5)      CMPSB
       JNZ      LP - N0
       MOV      OK, 1
       JMP      LP - END
LP NO: MOV   OK, 0
LP - END: MOV   AH, 4CH
       INT    21H
CODE  ENDS
      END   START
```

33. 试分析下列程序，说明程序功能。

```
DATA   SEGMENT
BUFF1  DW  05H
DB  20H, 0FEH, 45, 9AH, 81H
DATA ENDS
CODE SEGMENT
ASSUME  CS: CODE,  DS: DATA
START. : MOV  AX, SEG BUFF1
MOV  DS,   AX
MOV  SI,   OFFSET BUFF1
MOV  CX,   [SI]
ADD  SI, 2
XOR  AH, AH
LP1:    MOV  AL,  SI
TEST  AL, 01H
JNZ  LP2
CMP  AL, AH
JBE  LP2
MOV  AH, AL
LP2:    INC  S1
LOOP  LP1
MOV  BUFF2,   AH
BREAK:  MOV  AH, 4CH
INT  21 H
CODE   ENDS
END  START
```

34. 分析下面程序。试问程序运行后，BUF 中各字单元内容是什么？

```
DATA   SEGMENT
DW1    DW  1234H, 5678H
BUF    DW  2 DUP (O)
DATA   ENDS
CODE   SEGMENT
ASSUME  CS: CODE, DS: DATA
START  MOV  AX, SEG BUF
MOV  DS, AX
LEA  BX, DW1
MOV  S1, OFFSET  BUF
MOV  AX, CONT
MOV  [SI], AX
MOV  DX, 2 [BX]
SUB  DX, [BX]
MOV  2 [SI], DX
```

```
        MOV  AH, 4CH
        INT  21H
CODE  ENDS
END  START
```

35. 阅读下面的程序，并给程序加注释，写出程序所能实现的功能。

```
DSEG  SEGMENT
TEMP  DW  0

REST  DW  ?
DSEG  ENDS
CSEG  SEGMENT
    ASSUME  CS：CSEG,  DS：DSEG
START：  MOV AX  ,   DSEG
        MOV  DS  , AX
        MOV  CX  ,   50
        XOR  BX  ,   BX
NEXT：  INC  TEMP
        MOV  AX  ,   TEMP
        MOV  DL  ,   03H
        DIV  DL
        CMP  AH  , 0
        JNE  GOON
        ADD  BX  ,   TEMP
GOON：  LOOP  NEXT
        MOV  REST, BX
        MOV  AH  , 4CH
        INT  21H
CSEG  ENDS
    END  START
```

36. 分析下面程序，试说明程序功能，在程序执行后，Y = ？

```
DATA  SEGMENT
A  DB  40
B  DB  20
C  DB  30
Y DW  ?
DATA  ENDS
CODE  SEGMENT
ASSUME  CS：CODE, DS：DATA
START：MOV  AX, DATA
MOV  DS, AX
MOV  AL, A
MOV  BL, B
```

```
SUB   AL, BL
JNC   LP
MOV   AL, B
SUB   AL, A
LP: MUL   C
SHR   AX, l
MOV   Y, AX
MOV   AH, 4CH
lNT   21H
CODE   ENDS
END   START
```

37. 编制程序，实现从键盘输入不超过 20 个字符的字符串，求出非空格字符个数，并存入内存。

38. 编制程序，实现从键盘输入不超过 20 个字符的字符串，去掉字符串中空格，并在屏幕上显示出来。

39. 编制完整的宏汇编语言程序，实现在内存缓冲区中存放星期一至星期日的英文缩写，从键盘上输入 0~7 数字，在屏幕上显示相应的英文缩写。

40. 编程实现对内存中 DAl + 1 处开始存放的一维数组求平均值，结果存入 DA2 单元。该数组元素个数存放在 DAl 单元中。

41. 试编写完整的汇编语言程序，使之实现将一个内存字节单元的十六进制数，转换成非压缩型 BCD 码，保存在内存中，并在屏幕上显示出来。

42. 编制汇编语言程序，实现从键盘输入 0~255 之间的十进制数，将其转换成十六进制数，并在屏幕上显示出来。

43. 试编写完整的汇编语言程序，使之完成比较两个字符串。若相同，则 OK 单元置 1；否则，将 OK 单元置 0。字符串长度存放在 LEN 单元中。

44. 试编写完整的汇编语言程序，使之完成从键盘输入两个 5 个字符长度的字符串，交换顺序后在屏幕上显示出来。要求有提示符，且每个字符串占一行。

45. 设有两个带符号数 X 和 Y 分别存放在内存 BUF1 和 BUF2 两个字节单元中。如果两个数符号相同，则求（X - Y）；否则，求（X + Y）。把结果送入内存 SUM 字节单元。编写符合 MASM 要求的汇编语言源程序。

46. 从键盘输入一字符，若是 "ESC" 则退出程序；若是大写字母，转换成小写字母后在屏幕上显示出来，否则显示原字符。

47. 试编制符合 MASM 的汇编语言源程序，实现求取内存的 DATA 中 10 个无符号二进制单字节数中的最小值，并存入 MIN 单元。

48. 试编制符合 MASM 的汇编语言源程序，实现从键盘输入的 1 位十六进制数（即 0~F），试将其以二进制数形式在屏幕上显示出来。

49. 试编写符合 MASM 汇编语言格式的源程序，实现 $Z = 3X + 8Y$。其中 X 和 Y 分别为从键盘输入的 1 位十进制数。要求：有输入提示 "X = ?" 和 "Y = ?"，并将表达式及计算结果显示在屏幕上。

50. 编制汇编语言程序，实现 2 个两位十进制数相乘的乘法程序，被乘数和乘数均以

ASCII 码的形式存放在内存中，乘积存入内存。

51. 编制一个汇编语言程序，将内存中 ADR1 开始存放的 5 个字节的压缩型 BCD 码，拆成非压缩型 BCD 码，存入 ADR2 开始的字节单元中。

52. 若 ADRX 和 ADRY 都定义为字变量，并在 ADRX 数组中存放了 10 个 16 位无符号数。试编写程序段，将它们由小到大排列后存入 ADRY 中。

53. 假设某班 10 名学生的某门课程成绩存放在数据区中，请编制汇编语言程序，统计该成绩中低于 60 分的人数，60～90 分的人数，高于 90 分的人数，并显示在屏幕上。

第 5 章　存储器及其接口技术

要点提示：存储器是用以存储一系列二进制数码的器件。正是因为有了存储器，计算机才有了对信息的记忆功能，从而实现程序和数据信息的存储，使计算机能够自动高速地进行各种运算。存储器系统是微机系统中重要的子系统。本章介绍了存储器的基本概念，主要介绍了不同类型半导体存储器的工作原理与特点、典型半导体芯片的引脚功能及应用，并介绍了存储器的扩展技术。

基本要求：掌握随机存储器（RAM）和只读存储器（ROM）的基本结构、工作原理、外部特性重点掌握 CPU 存储器的连接。

5.1　半导体存储器

5.1.1　存储器的分类

计算机的存储器，从体系结构方面来划分（看其是设在主机内还是主机外），分为内部存储器和外部存储器两大类。

内部存储器（简称内存或主存）是计算机主机的组成部分之一，用来存储当前运行所需要的程序和数据。CPU 可以直接访问内存并与其交换信息。相对外部存储器（简称外存）而言，内存的容量小、存取速度快。外存刚好相反，外存用于存放当前不参加运行的程序和数据。CPU 不能对它直接访问，而必须通过配备专门的设备才能够对它进行读写（如磁盘驱动器等），这是它与内存之间的一个本质的区别。外存容量一般都很大，但存取速度相对比较慢。

存储器按照使用的存储介质不同，可分为半导体存储器、磁表面存储器（如磁盘存储器与磁带存储器）、光介质存储器；按存取方式的不同，可分为随机存储器、顺序存储器、半顺序存储器；按照信息是否可保存，可分为易失性存储器（随机存储器 RAM）和非易失性存储器（只读存储器 ROM）；按其在计算机系统中的作用不同，可分为主存储器、辅助存储器、缓冲存储器和控制存储器等。下面重点介绍用于构成内存的半导体存储器。

1. 随机存取存储器

随机存取存储器简称 RAM，也叫作读/写存储器。按其制造工艺可以分为双极型半导体 RAM 和金属氧化物半导体（MOS）RAM。

（1）双极型半导体 RAM　双极型半导体 RAM 的主要优点是存取时间短，通常为几纳秒到几十纳秒（ns）。与下面提到的 MOS 型 RAM 相比，其集成度低、功耗大，而且价格也较高。因此，双极型半导体 RAM 主要用于要求存取时间非常短的特殊应用场合。

（2）MOS 型 RAM　用 MOS 器件构成的 RAM 又可分为静态读/写存储器 SRAM（Static RAM）和动态读/写存储器 DRAM（Dynamic RAM）。

SRAM 的存储单元由双稳态触发器构成。双稳态触发器有两个稳定状态，可用来存储一位二进制信息。只要不掉电，其存储的信息可以始终稳定地存在，故称其为"静态"RAM。

SRAM 的主要特点是存取时间短（几十纳秒到几百纳秒），外部电路简单，便于使用。常见的 SRAM 芯片容量为 1～64KB。SRAM 的功耗比双极型半导体 RAM 低，价格也比较便宜。

DRAM 的存储单元用电容来存储信息，电路简单。但电容总有漏电的情况存在，时间长了存放的信息就会丢失或出现错误。因此需要对这些电容定时充电，这个过程称为"刷新"，即定时地将存储单元中的内容读出再写入。由于需要刷新，所以这种 RAM 称为"动态"RAM。DRAM 的存取速度与 SRAM 的存取速度差不多。其最大的特点是集成度非常高，目前 DRAM 芯片的容量已达几百兆比特，此外它的功耗低，价格比较便宜。

由于用 MOS 工艺制造的 RAM 集成度高，存取速度能满足各种类型微型机的要求，而且其价格也比较便宜，因此，现在微型计算机中的内存主要由 MOS 型 DRAM 组成。

（3）非易失性静态随机存储器 NVRAM（Non-Volatile RAM）   在静态随机存储器中集成可充电电池，可作为随机访问存储器使用。与静态存储器一样，在电源关闭后可长时间保持存储的数据不丢失。

2. 只读存储器

根据制造工艺不同，只读存储器分为 ROM、PROM、EPROM、E²PROM 几类。只读存储器在工作时只能读出，不能写入，掉电后不会丢失所存储的内容。

（1）掩模式只读存储器（ROM）   掩模式只读存储器是芯片制造厂根据只读存储器要存储的信息，对芯片图形通过二次光刻生产出来的，故称为掩模式只读存储器。其存储的内容固化在芯片内，用户可以读出，但不能改变。这种芯片存储的信息稳定，成本最低，适用于存放一些可批量生产的固定不变的程序或数据。

（2）可编程只读存储器（Programmable ROM，PROM）   如果用户要根据自己的需要来确定只读存储器中的存储内容，则可使用可编程只读存储器（PROM）。PROM 允许用户对其进行一次编程，即写入数据或程序。一旦编程之后，信息就永久性地固定下来。用户可以读出其内容，但是再也无法改变它的内容。

（3）可擦除的可编程只读存储器   上述两种芯片存放的信息只能读出而无法修改，这给许多方面的应用带来不便，因此又出现了两类可擦除的 ROM 芯片。这类芯片允许用户通过一定的方式多次写入数据或程序，也可根据需要修改和擦除其中所存储的内容，且写入的信息不会因为掉电而丢失。由于这些特性，可擦除的可编程只读存储器芯片在系统开发、科研等领域得到了广泛的应用。

可擦除的可编程只读存储器芯片因其擦除的方式不同可分为两类：一是通过紫外线照射（约 20min）来擦除，这种用紫外线擦除的 PROM 称为 EPROM；另外一种是通过加电压的方法（通常是加上一定的电压）来擦除，这种 PROM 称为 EEPROM（或 Electric Erasable Programmable ROM，E²PROM）。芯片内容擦除后仍可以重新对它进行编程，写入新的内容。擦除和重新编程都可以多次进行。但有一点要注意，尽管 EPROM 或 EEPROM 芯片既可读出所存储的内容也可以对其编程写入和擦除，但它们和 RAM 还是有本质区别的。首先它们不能够像 RAM 芯片那样随机快速地写入和修改，它们的写入需要一定的条件（这一点将在后面详细介绍）；另外，RAM 中的内容在掉电之后会丢失，而 EPROM 或 EEPROM 则不会，其保存的内容一般可保持几十年。

（4）闪速存储器（Flash Memory）   闪速存储器是新型的非易失性的存储器，在 EPROM 与 E²PROM 基础上发展起来的。它与 EPROM 一样，用单管来存储一位信息；它与 E²PROM 相同之处是用电来擦除，但是它只能擦除整个区域或整个器件。快速擦除读/写存储器于 1983 年推出，1988 年商品化。它兼有 ROM 和 RAM 两者的性能，又有 DRAM 一样的高密度。目前，其价格已低于 DRAM，芯片容量也已接近于 DRAM，是唯一具有大存储量、非易失性、低价格、可在线改写和高速读写特性的存储器。它是近年来发展最快、最有前途的存储器。

5.1.2 存储器的性能指标

衡量半导体存储器性能的主要指标有存储容量、存取时间、存储周期、功耗和可靠性等。

1. 存储容量

存储容量是存储器的一个重要指标。存储容量是指存储器所能存储二进制数码的数量，即所含存储单元的总数。存储器芯片的存储容量用"**存储单元个数 × 每个存储单元的位数**"来表示。例如，SRAM 芯片 6264 的容量为 8K × 8bit，即它有 8K 个存储单元（1K = 1024），每个单元存储 8 位（一个字节）二进制数据。DRAM 芯片 NMC41257 的容量为 256K × 1bit，即它有 256K 个存储单元，每个单元存储 1 位二进制数据。各半导体器件生产厂家为用户提供了许多种不同容量的存储器芯片，用户在构成计算机内存系统时，可以根据要求加以选用。当然，当计算机的内存确定后，选用容量大的芯片则可以少用几片，这样不仅使电路连接简单，而且功耗也可以降低。

主存的存储容量受地址线宽度的限制。基本存储单元是组成存储器的基础和核心，它用来存储 1 位二进制信息。在计算机中，人们通常将 1 个二进制位称为"位"（bit），将 8 位二进制位称为"字节"（Byte），而将计算机数据存储和传输的基本单位称为"字"（Word），将它所包含的二进制数的位数称为"字长"。如由 Pentium（586）等微处理器构成的计算机，它们的字长是 32 位，因而人们也习惯地把这种计算机称为 32 位机。存放一个机器字的存储单元，通常称为字存储单元，相应的存储单元地址称为字地址。而存放一个字节的存储单元，称为字节存储单元，相应的地址称为字节地址。如果计算机中可编址的最小单位是字存储单元，则该计算机称为按字编址的计算机。如果计算机中可编址的最小单位是字节，则该计算机称为按字节编址的计算机。一个机器字可以包含数个字节，所以一个存储单元也可以包含数个能够单独编址的字节地址。多数计算机是按照字节来进行编址的，即每个地址对应一个字节，这样做一是便于与外设交换信息，二是便于对字符进行处理。随着存储器容量不断扩大，人们采用了更大的单位：千字节（KB，1024B）、兆字节（MB，1024KB）、千兆字节（GB，1024MB）及兆兆字节（TB，1024GB）。显然，存储容量是反映存储能力的指标。

2. 存取时间和存取周期

存取时间又称为存储器访问时间，即启动一次存储器操作（读或写）到完成该操作所需要的时间。具体地讲，也就是从一次读操作命令发出到该操作完成，将数据读入数据缓冲寄存器为止所经历的时间，即为存储器存取时间。CPU 在读/写存储器时，其读写时间必须大于存储器芯片的额定存取时间。如果不能满足这一点，微型机则无法正常工作。

存取周期是连续启动两次独立的存储器操作所需间隔的最小时间。通常，存储周期略大于存取时间，其时间单位为 ns（纳秒）。通常手册上给出存取时间的上限值，称为最大存取时间。显然，存取时间和存储周期是反映主存工作速度的重要指标。

3. 可靠性

可靠性是指存储器对电子磁场的抗干扰性和对温度变化的抗干扰性，一般用平均无故障时间来表示。计算机要正确地运行，必然要求存储器系统具有很高的可靠性。内存发生的任何错误都会使计算机不能正常工作，而存储器的可靠性直接与构成它的芯片有关。目前所用的半导体存储器芯片的平均故障间隔时间（MTBF）为 $5 \times 10^6 \sim 1 \times 10^8$ h。

4. 功耗

功耗通常是指每个存储单元消耗功率的大小，单位为微瓦/位（μW/bit）或者毫瓦/位（mW/bit）。使用功耗低的存储器芯片构成存储系统，不仅可以减少对电源容量的要求，而且还可以提高存储系统的可靠性。

5. 集成度

集成度是指在一块存储芯片内，能集成多少个基本存储电路。每个基本存储电路存放一位二进制信息，所以集成度常用位/片来表示。

6. 性能/价格比

性能/价格比（简称性价比）是衡量存储器经济性能好坏的综合指标，它关系到存储器的实用价值。其中性能包括前述的各项指标，而价格是指存储单元本身和外围电路的总价格。

7. 其他指标

体积小、质量轻、价格低、使用灵活是微型计算机的主要特点及优点，所以存储器的体积大小、功耗、工作温度范围、成本高低等也成为人们关注的性能指标。

5.1.3 RAM 存储器

RAM 即随机存取存储器，也叫作读/写存储器。RAM 主要用来存放当前运行的程序、各种输入/输出数据、中间运算结果及堆栈等，其存储的内容既可随时读出，也可随时写入和修改。RAM 的缺点是数据的易失性，即一旦掉电，所存的数据全部丢失。在这一节里，将先介绍存储器单元的工作原理，再从应用的角度出发，以几种常用的典型芯片为例，详细介绍两类 MOS 型读/写存储器 SRAM 和 DRAM 的特点、外部特性以及它们的应用。

RAM 存储单元是存储器的核心部分。按工作方式不同，可分为静态和动态两类，按所用元器件类型又可分为双极型和 MOS 型两种，因此存储单元电路形式多种多样。

1. SRAM（静态随机存储器）

（1）静态存储单元的工作原理　基本的六管 NMOS 静态存储单元如图 5-1 所示，由 6 只 NMOS 晶体管（VT1 ~ VT6）组成。VT1 与 VT2 构成一个反相器，VT3 与 VT4 构成另一个反相器，两个反相器的输入与输出交叉连接，构成基本触发器，作为数据存储单元。X 是行选线，Y 是列选线，D

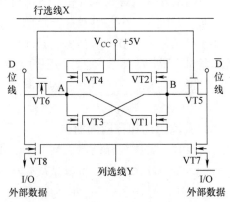

图 5-1　六管 NMOS 静态存储单元

是位线。当 VT1 导通、VT3 截止时，A 为 0 状态，B 为 1 状态；VT3 导通、VT1 截止，A 为 1 状态，B 为 0 状态。所以，可用 A 点电平的高低来表示"1"和"0"两种信息。

VT5、VT6 是门控管，由 X 线控制其导通或截止，它们用来控制触发器输出端与位线之间的连接状态。VT7、VT8 也是门控管，其导通与截止受 Y 线控制，它们是用来控制位线与数据线之间连接状态的，工作情况与 VT5、VT6 类似。但并不是每个存储单元都需要这两只管子，而是一列存储单元用两只。所以，只有当存储单元所在的行、列对应的 X、Y 线均为1 时，A、B 两点才与 D、$\overline{D}$ 分别连通，从而可以进行读/写操作。这种情况称为选中状态。

　　以写操作为例，介绍一下基本的静态存储单元工作原理。写操作时，如果要写入"1"，则在 D 线上加上高电平，在 $\overline{D}$ 线上加上低电平，行、列对应的 X、Y 线均为1 时，通过导通的 VT5、VT6、VT7、VT8 四个晶体管，把高、低电平分别加在 A、B 点，即 A = "1"，B = "0"，使 VT1 截止，VT3 导通。当输入信号和地址选择信号（即行、列选通信号）消失以后，即行、列对应的 X、Y 线均为 0 时，VT5、VT6、VT7、VT8 全都截止，VT1 和 VT3 就保持被强迫写入的状态不变，从而将"1"写入存储电路。此时，各种干扰信号不能进入 VT1 和 VT3。所以，只要不掉电，写入的信息不会丢失。写入"0"的操作与此类似，只是在 D 线上加上低电平，在 $\overline{D}$ 线上加上高电平即可。

　　（2）典型的 SRAM 芯片　SRAM 的使用十分方便，在微型计算机领域有着极其广泛的应用。常用的 SRAM 芯片有 2114（1K×4bit）、6116（2K×8bit）、6164（8K×8bit）、61256（32K×8bit）、62512（64K×8bit）等。下面就以典型的 SRAM 芯片 6264 为例，说明它的外部特性及工作过程。

　　1）16264 存储芯片的引线及其功能：6264 芯片是一个 8K×8bit 的 CMOS SRAM 芯片，其内部组成如图 5-2 所示，主要包括 512×16×8 的存储矩阵、行/列地址译码器以及数据输入/输出控制逻辑电路。地址线 13 位，其中 $A_3 \sim A_{12}$ 用于行地址译码，$A_0 \sim A_2$ 和 A_{10} 用于列地址译码。

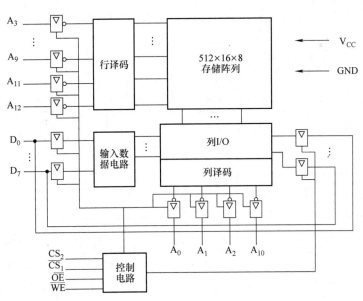

图 5-2　6264 芯片的内部组成

　　6264 芯片的引脚排列如图 5-3 所示。它共有 28 条引出线，包括 13 根地址线、8 根数据线、4 根控制信号线及其他引线，它们的含意分别为：

$A_0 \sim A_{12}$，13 根地址信号线。一个存储芯片上地址线的多少决定了该芯片有多少个存储单元。13 根地址信号线上的地址信号编码最大为 2^{13}，即 8192（8K）个。也就是说，芯片的 13 根地址线上的信号经过芯片的内部译码，可以决定选中 6264 芯片上 8K 个存储单元中的哪一个。在与系统连接时，这 13 根地址线通常接到系统地址总线的低 13 位上，以便 CPU 能够寻址芯片上的各个单元。

$D_0 \sim D_7$ 为 8 根双向数据线。对 SRAM 芯片来讲，数据线的根数决定了芯片上每个存储单元的二进制位数。8 根数据线说明 6264 芯片的每个存储单元中可存储 8 位二进制数，即每个存储单元有 8 位。使用时，这 8 根数据线与系统的数据总线相连。当 CPU 存取芯片上的某个存储单元时，读出和写入的数据都通过这 8 根数据线传送。

$\overline{CS_1}$ 和 CS_2 为片选信号线。当 $\overline{CS_1}$ 为低电平、CS_2 为高电平时，该芯片被选中，CPU 才可以对它进行读/写。不同类型的芯片，其片选信号的数量不一定相同，但要选中该芯片，必须所有的片选信号同时有效才行。事实上，一个微机系统的内存空间是由若干块存储器芯片组成的，某块芯片映射到内存空间的哪一个位置（即处于哪一个地址范围）上，是由高位地址信号决定的。系统的高位地址信号和控制信号通过译码产生选片信号，将芯片映射到所需要的地址范围上。6264 有 13 根地址线（$A_0 \sim A_{12}$），8086/8088 CPU 则有 20 根地址线，所以这里的高位地址信号就是 $A_{13} \sim A_{19}$。有关地址译码的内容将在存储器与 CPU 连接章节进行介绍。

$\overline{OE}$ 为输出允许信号。只有当 $\overline{OE}$ 为低电平时，CPU 才能够从芯片中读出数据。

$\overline{WE}$ 为写允许信号。当 $\overline{WE}$ 为低电平时，允许数据写入芯片；而当 $\overline{WE}=1$，$\overline{OE}=0$ 时，允许数据从该芯片读出。

表 5-1 给出了以上 4 个控制信号的功能。

其他引线：V_{CC} 为 +5V 电源，GND 是接地端，NC 表示空端。

图 5-3 给出 6264 芯片引脚排列：

引脚		
NC — 1		28 — $V_{CC}(+5V)$
A_{12} — 2		27 — $\overline{WE}$
A_7 — 3		26 — CS_2
A_6 — 4		25 — A_8
A_5 — 5		24 — A_9
A_4 — 6	6264	23 — A_{11}
A_3 — 7		22 — $\overline{OE}$
A_2 — 8		21 — A_{10}
A_1 — 9		20 — $\overline{CS_1}$
A_0 — 10		19 — D_7
D_0 — 11		18 — D_6
D_1 — 12		17 — D_5
D_2 — 13		16 — D_4
GND — 14		15 — D_3

图 5-3　6264 芯片引脚排列

表 5-1　6264 芯片工作状态真值表

$\overline{WE}$	$\overline{CS_1}$	CS_2	$\overline{OE}$	$D_0 \sim D_7$
0	0	1	×	写入
1	0	1	0	读出
×	1	1	×	三态
×	1	0	×	高阻

2）6264 芯片的工作过程：写入数据的过程，首先把要写入单元的地址送到芯片的地址线 $A_0 \sim A_{12}$ 上；要写入的数据送到数据线上；然后使 $\overline{CS_1}$、CS_2 同时有效（$\overline{CS_1}=0$，$CS_2=1$）；再在 $\overline{WE}$ 端加上有效的低电平，$\overline{OE}$ 端状态可以任意。这样，数据就可以写入指定的存储单元中。

读出数据的过程与写操作不同的是，要使 $\overline{OE}=0$，$\overline{WE}=1$。这样选中的存储单元内容，就可以从 6264 的数据线读出。

CPU 的取指令周期和对存储器读写都有固定的时序，因此对存储器的存取速度有一定的要求。当对存储器进行读操作时，CPU 发出地址信号和读命令后，存储器必须在读允许信号有效期内，将选中单元的内容送到数据总线上。同样，在进行写操作时，存储器也必须在写脉冲有效期间，将数据写入指定的存储单元；否则，就会出现读写错误。

　　如果现有可选择的存储器的存取速度太慢，不能满足上述要求，就需要设计者采取适当的措施来解决这一问题。最简单的解决办法就是降低 CPU 的时钟频率，即延长时钟周期 TCLK；但这样做会降低系统的运行速度。另一种方法是利用 CPU 上的 READY 信号，使 CPU 在对慢速存储器操作时插入一个或几个等待周期 T_w，以等待存储器操作的完成。当然，随着技术的发展，现有存储器芯片的存取时间低达几个纳秒，基本能够满足使用。因此这个问题在一般的微型机中已很少遇到；但在自行开发的系统中，对此应给予足够的重视。

2. DRAM（动态随机存储器）

　　（1）四管动态 MOS 存储单元（DRAM）的工作原理　　DRAM 的存储单元有两种结构，即四管存储单元和单管存储单元。四管存储单元的缺点是元器件多，占用芯片面积大，故集成度较低，但外围电路较简单，使用简单。单管电路的元器件数量少，集成度高，但外围电路比较复杂。这里仅简单介绍一下四管存储单元的存储原理。动态 MOS 存储单元存储信息的原理，是利用 MOS 管栅极电容具有暂时存储信息的作用。由于漏电流的存在，栅极电容上存储的电荷不可能长久保持不变，因此为了及时补充漏掉的电荷，避免存储信息丢失，需要定时地给栅极电容补充电荷，通常把这种操作称为刷新或再生。

　　图 5-4 所示为四管动态 MOS 存储单元电路。VT1 和 VT2 交叉连接，信息（电荷）存储在 C_1、C_2 上。C_1、C_2 上的电压控制 VT1、VT2 的导通或截止。当 C_1 充有电荷（电压大于 VT1 的开启电压），C_2 没有电荷（电压小于 VT2 的开启电压）时，VT1 导通、VT2 截止，称此时存储单元为 0 状态；当 C_2 充有电荷，C_1 没有电荷时，VT2 导通、VT1 截止，称此时存储单元为 1 状态。VT3 和 VT4 是门控管，控制存储单元与位线的连接。VT7 和 VT8 组成对位线的预充电电路，并且为列中所有存储单元所共用。在访问存储器开始时，VT7 和 VT8 栅极上加"预充"脉冲，VT7、VT8 导通，位线 D 和 $\overline{D}$ 被接到电源 V_{DD} 而变为高电平。当预充脉冲消失后，VT7、VT8 截止，位线与电源 V_{DD} 断开，但由于位线上分布电容 C_D 和 $\overline{C_D}$ 的作用，可使位线上的高电平保持一段时间。

　　在位线保持为高电平期间，当进行读操作时，X 线变为高电平，VT3 和 VT4 导通。若存储单元原来为 0 态，即 VT1 导通、VT2 截止，A 点为低电平，B 点为高电平，此时 C_D 通过导通的 VT3 和 VT1 放电，使位线 D 变为低电平；而由于 VT2 截止，虽然此时 VT4 导通，位线 $\overline{D}$ 仍保持为高电平，这样就把存储单元的状态读到位线 D 和 $\overline{D}$ 上。如果此时 Y 线也为高电平，则 D、$\overline{D}$ 的信号将通过数据线被送至 RAM 的输出端。位线的预充电电路起什么作用呢？在 VT3、VT4 导通期间，如果位线没有事先进行预充电，那么位线 D 的高电平只能靠 C_1 通过 VT4 对 C_D 充电建立，这样 C_1 上将要损失掉一部分电荷。由于位线上连接的元件较多，C_D 甚至比

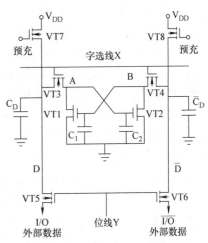

图 5-4　四管动态 MOS 存储单元电路

C_1 还要大，这就有可能在读一次后便破坏了 B 的高电平，使存储的信息丢失。采用了预充电电路后，由于位线 D 的电位比 B 点的电位还要高一些，所以在读出时，C_1 上的电荷不但不会损失，反而还会通过 VT4 对 C_1 再充电，使 C_1 上的电荷得到补充，即进行一次刷新。当进行写操作时，RAM 的数据输入端通过数据线、位线控制存储单元改变状态，把信息存入其中。

动态 RAM 是利用电容 C 上积累的电荷来存储信息的。当电容 C 有电荷时，为逻辑"1"，没有电荷时，为逻辑"0"。但由于任何电容都存在漏电，因此，当电容 C 存有电荷时，过一段时间由于电容的放电过程导致电荷流失，信息也就丢失。因此，需要周期性地对电容进行充电，以补充泄漏的电荷，通常把这种补充电荷的过程叫作刷新或再生。随着器件工作温度的增高，放电速度会变快。刷新时间间隔一般要求在 1~100ms。工作温度为 70℃时，典型的刷新时间间隔为 2ms，因此 2ms 内必须对存储的信息刷新一遍。尽管对各个基本存储电路在读出或写入时都进行了刷新，但对存储器中各单元的访问具有随机性，无法保证一个存储器中的每一个存储单元都能在 2ms 内进行一次刷新，所以需要系统地对存储器进行定时刷新。

DRAM 集成度高、价格低，在微型计算机中使用极其广泛。构成微机内存的内存条几乎都是由 DRAM 组成的。

（2）典型的 DRAM 芯片　典型的 DRAM 芯片有 2164/4164（64K×1bit）、21256/41256（256K×1bit）、42100（1M×1bit）、41464（64K×4bit）和 414256（256K×4bit）。下面以典型的 DRAM 芯片 Intel 2164A（64KB×1bit）为例，介绍一下动态存储器的内部结构和引脚功能。

Intel 2164A 芯片的存储容量为 64K×1bit，采用单管动态基本存储电路，每个单元只有一位数据，其内部结构组成如图 5-5 所示。2164A 芯片的存储体本应构成一个 256×256 的存储矩阵，为提高工作速度（需减少行列线上的分布电容），将存储矩阵分为 4 个 128×128 矩阵，每个 128×128 矩阵配有 128 个读出放大器，各有一套 I/O 控制电路。Intel 2164A 的容量为 64K×1bit，即片内共有 64K（65536）个地址单元，每个地址单元存放 1 位数据。需要 16 条地址线，地址线分为两部分：行地址线与列地址线。芯片的地址引线只要 8 条，内部设有地址锁存器，利用多路开关，由行地址选通信号变低$\overline{RAS}$（Row Address Strobe），把先出现的 8 位地址，送至行地址锁存器；由随后出现的列地址选通信号$\overline{CAS}$（Column Address Strobe）把后出现的 8 位地址送至列地址锁存器。这 8 条地址线也用于刷新（刷新时地址计数，实现一行一行地刷新）。64K 容量本需 16 位地址，但芯片引脚与排列（见图 5-6）只有 8 根地址线，$A_0~A_7$ 需分时复用。在行地址选通信号$\overline{RAS}$控制下，先将 8 位行地址送入行地址锁存器，锁存器提供 8 位行地址 $RA_7~RA_0$，译码后产生两组行地址选择线，每组 128 根。然后在列地址选通信号$\overline{CAS}$控制下将 8 位列地址送入列地址锁存器，锁存器提供 8 位列地址 $CA_7~CA_0$，译码后产生两组列地址选择线，每组 128 根。行地址 $RA_7~RA_0$ 与列地址 $CA_7~CA_0$选择 4 个 128×128 矩阵之一。因此，16 位地址是分成两次送入芯片的，对于某一地址码，只有一个 128×128 矩阵和它的 I/O 控制电路被选中。$A_0~A_7$ 这 8 根地址线还用于在刷新时提供行地址，因为刷新是一行一行地进行的。

Intel 2164A 的读/写操作由$\overline{WE}$信号来控制。读操作时，$\overline{WE}$为高电平，选中单元的内容经三态输出缓冲器从 D_{OUT}引脚输出；写操作时，$\overline{WE}$为低电平，D_{IN}引脚上的信息经数据输

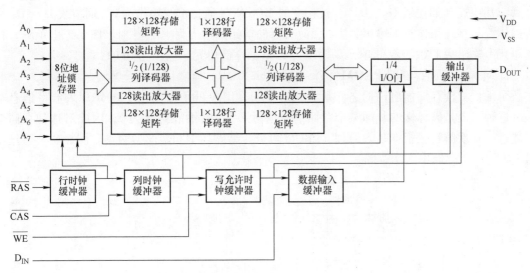

图 5-5　Intel 2164A 芯片的内部结构组成

入缓冲器写入选中单元 Intel 2164A 没有片选信号，实际上用行地址和列地址选通信号$\overline{RAS}$和$\overline{CAS}$作为片选信号。可见，片选信号已分解为行选信号与列选信号两部分。

图 5-6　2164 外部
引脚排列

5.1.4　ROM 存储器

只读存储器 ROM（Read – Only Memory）是一种非易失性的半导体存储器件。在一般工作状态下，ROM 内容只能读出，不能写入。只读存储器 ROM 常用于存储数字系统及计算机中不需改写的数据，例如数据转换表及计算机操作系统程序等。ROM 存储的数据不会因断电而消失，即具有非易失性。对可编程的 ROM 芯片，可用特殊方法将信息写入。该过程被称为"编程"。对可擦除的 ROM 芯片，可采用特殊方法将原来信息擦除，以便再次编程。本节将先介绍存储器单元的工作原理，再从应用的角度出发，以几种常用的典型芯片为例，介绍只读存储器 ROM 的工作原理、特点、外部特性以及它们的应用。

1. 掩模式只读存储器 MROM（Mask ROM）

掩模式只读存储器 MROM 中储存的信息是在芯片制造过程中就固化好了的，用户只能选用而无法修改原有存储信息，故又称为固定只读存储器 MROM。通常，用户可将自己设计好的信息委托生产厂家在生产芯片时进行固化，但要根据用户信息制作专用的掩模模具。MROM 采用二次光刻掩模工艺制成，首先要制作一个掩模板，然后根据用户程序通过掩模板曝光，在硅片上刻出图形。制作掩模板工艺较复杂，生产周期长，因此生产第一片 MROM 的费用很大，而复制同样的 ROM 就很便宜了，所以适合于大批量生产，不适用于科学研究。MROM 有双极型、MOS 型等几种电路形式。

图 5-7 所示为一个简单的 4×4 位 MOS 管 ROM，采用单译码结构，两位地址线 A_1、A_0 经过译码器译码后有 4 种状态，输出 4 条选择线，分别选中 4 个存储单元，每个单元存储有 4 位输出。在此矩阵中，行和列的交点处有晶体管连接表示存储"0"信息；没有连接晶体管表示存储"1"信息。若地址线 $A_1 A_0 = 00$，则选中 0 号单元，即字线 0 为高电平，若有晶

体管与其相连（如位线 D_2、D_0），其相应的 MOS 管导通，位线输出为 0，而位线 D_3、D_1 没有晶体管与字线相连，则输出为 1。因此，存储单元 0 输出为 1010。对于图 5-7 中矩阵，存储单元 1 输出为 1101，存储单元 2 输出为 0101，存储单元 3 输出为 0110。

2. 可编程只读存储器 PROM（Programmable ROM）

可编程只读存储器出厂时各单元内容全为 0，用户可用专门的 PROM 写入器将信息写入。这种写入是破坏性的，即某个存储位一旦写入 1，就不能再变为 0，因此对这种存储器只能进行一次编程。根据写入原理，PROM 可分为结破坏型和熔丝型两类。图 5-8 是熔丝型 PROM 的一个存储单元示意图。

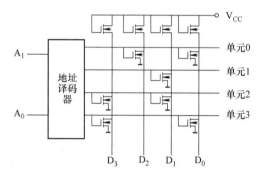

图 5-7　MOS 管只读存储器结构　　　　图 5-8　熔丝型 PROM 的一个存储单元示意图

基本存储电路由 1 个晶体管和 1 根熔丝组成，可存储 1 位信息。出厂时，每根熔丝都与位线相连，存储的都是"0"信息。如果用户在使用前根据程序的需要，利用编程写入器对选中的基本存储电路通以 20～50mA 的电流，将熔丝烧断，则该存储单元将存储信息"1"。由于熔丝烧断后无法再接通，因而 PROM 只能一次编程写入，编程后就不能再修改。

写入时，按给定地址译码后，译码器的输出端选通字线，根据要写入信息的不同，在位线上加上不同的电位。若 D_i 位要写"0"，则对应位线 D_i 悬空（或接上较大电阻）而使流经被选中基本存储电路的电流很小，不足以烧断熔丝，则该 D_i 位的状态仍然保持"0"状态；若要写"1"，则位线 D_i 位加上负电位（2V），瞬间通过被选基本存储电路的电流很大，致使熔丝烧断，即 D_i 位的状态改写为"1"。在正常只读状态工作时，加到字线上的是比较低的脉冲电位，但足以开通存储单元中的晶体管。这样，被选中单元的信息就一并读出了。是"0"，则对应位线有电流；是"1"，则对应位线无电流。在只读状态，工作电流将会很小，不会造成熔丝烧断，即不会破坏原来存储的信息。

3. 可擦除可编程只读存储器

PROM 虽然可供用户进行一次编程，但仍有局限性。为了便于研究工作，实验各种 ROM 程序方案，可擦除可再编程只读存储器在实际中得到了广泛应用。这种存储器利用编程器写入信息，此后便可作为只读存储器来使用。

目前，根据擦除芯片内已有信息的方法不同，可擦除可编程只读存储器可分为两种类型：紫外线可擦除可编程只读存储器（EPROM）和电可擦除可编程只读存储器（EEPROM 或 E^2PROM）。

（1）紫外线可擦除可编程只读存储器 EPROM　EPROM 可以反复（通常多于 100 次）擦除原来写入的内容，更新写入新信息的只读存储器。EPROM 成本较高，可靠性不如掩模式 ROM 和 PROM，但由于它能多次改写，使用灵活，所以常用于产品研制开发阶段。初期的 EPROM 元件用的是浮栅雪崩注入 MOS，记为 FAMOS。它的集成度低，用户使用不方便，速度慢，因此很快被性能和结构更好的叠栅注入 MOS 即 SIMOS 取代。SIMOS 管结构如图 5-9a 所示。它属于 NMOS。与普通 NMOS 不同的是有两个栅极，一个是控制栅 CG，另一个是浮栅 FG。FG 在 CG 的下面，被绝缘材料 SiO_2 包围，与四周绝缘。

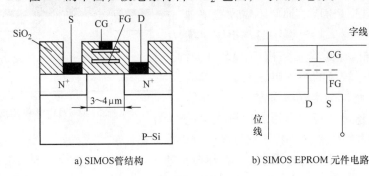

a) SIMOS管结构　　　　　　b) SIMOS EPROM 元件电路

图 5-9　浮栅 MOSEPROM 存储原理

单个 SIMOS 管构成一个 EPROM 存储元件，SIMOS EPROM 元件电路如图 5-9b 所示。CG 连接的线 W 称为字线，读出和编程时作选址用。漏极 D 与位线 D 连接，读出或编程时用作输出、输入信息。源极 S 接 V_{SS}（接地）。当 FG 上没有电子驻留时，CG 开启电压为正常值 V_{CC}，若字线 W 线上加高电平，源极和漏极之间也加高电平，SIMOS 形成沟道并导通，称此状态为"1"态。当 FG 上有电子驻留时，CG 开启电压升高超过 V_{CC}，这时若字线 W 线上加高电平，源极和漏极之间仍加高电平，SIMOS 不导通，称此状态为"0"态。人们就是利用 SIMOS 管 FG 上有无电子驻留来存储信息的。因 FG 上电子被绝缘材料包围，不获得足够能量很难跑掉，所以可以长期保存信息，即使断电也不丢失。

SIMOS EPROM 芯片出厂时 FG 上是没有电子的，即都是"1"信息。对它编程，就是在 CG 和漏极 D 都加高电压，向某些元件的 FG 注入一定数量的电子，把它们写为"0"。EPROM 封装方法与一般集成电路不同，需要有一个能通过紫外线的石英窗口。擦除时，将芯片放入擦除器的小盒中，用紫外线灯照射约 20min 后，若再读出各单元内容均为 FFH，则说明原存储信息已被全部擦除，恢复到出厂状态。写好信息的 EPROM 为了防止因光线长期照射而引起的信息破坏，常用遮光胶纸贴于石英窗口上。EPROM 的擦除是对整个芯片进行的，不能只擦除某个单元或者某个位，擦除时间较长，并且擦/写均需离线操作，使用起来不方便，因此，能够在线擦写的 E^2PROM 芯片近年来得到广泛应用。

（2）电可擦除可编程只读存储器 EEPROM　EEPROM（Electrically Erasable PROM），也称为 E^2PROM，是一种采用金属氮氧化硅（MMOS）工艺生产的可擦除可编程只读存储器。擦除时只需加高压对指定单元产生电流，形成"电子隧道"，将该单元信息擦除，其他未通电流的单元内容保持不变。E^2PROM 具有对单个存储单元在线擦除与编程的能力，而且芯片封装简单，对硬件线路没有特殊要求，操作简便，信息存储时间长，因此，E^2PROM 给需要经常修改程序和参数的应用领域带来了极大的方便。但与 EPROM 相比，E^2PROM 具有集成度低、存取速度较慢、完成程序在线改写需要较复杂的设备、重复改写的次数有限制（因氧化层被磨损）缺点。其主要优点是能在应用系统中进行在线读写，并在断电情况下保存

的数据信息不丢失。E^2PROM 的另外一个优点是，擦除时可以按字节分别进行（不像
EPROM 擦除时要把整个芯片的内容通过紫外光
照射全变为 1），也可以全片擦除；E^2PROM 的
擦除不需紫外光的照射，写入时也不需要专门
的编程设备，因而使用上比 EPROM 方便。采
用 +5V 电擦除的 E^2PROM，通常不需设置单独
的擦除操作，可在写入的过程中自动擦除。增
加了一个控制栅极，其单元结构如图 5-10 所
示。在擦数据时，较高的编程电压施加在源极
上，控制栅极接地，在此电场的作用下，浮置
栅极上的电子就越过二氧化硅形成的氧化层进

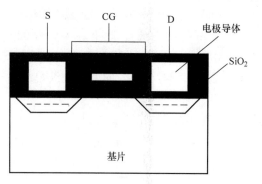

图 5-10　MMOS 单元结构

入源区，被外加电源中和掉。数据擦写操作分为擦除操作和写入操作两步，也就是说，在写
入数据之前需要将原有数据擦除，使各存储单元处于"1"态，然后在下一个写周期中将数
据写入。数据擦除过程分为字节擦除和全片擦除两种，有些操作允许信号 $\overline{WE}$ 的宽度控制。
在字擦除时，$\overline{WE}$ 的宽度为 10ms；在全片擦除时，$\overline{WE}$ 的宽度达到 20ms。因此，对一个存储
单元修改需要两个连续的写周期。擦写时需要采用 21V 电压，为此而设置的升压电路一般
集成在芯片内部，外部只需要提供单一的 5V 电源即可。

4. 典型的 EPROM 芯片

典型的 EPROM 芯片有 2716（$2K \times 8bit$）、2732（$4K \times 8bit$）、2764（$8K \times 8bit$）、27128
（$16K \times 8bit$）、27256（$32K \times 8bit$）、27512（$64K \times 8bit$）、27010（$1M \times 8bit$）。下面以 Intel
2764 为例，对 EPROM 的性能和工作方式作简单介绍。

（1）引脚排列及其功能　Intel 2764 的外部引脚排列如
图 5-11 所示。这是一块 $8K \times 8bit$ 的 EPROM 芯片，它的引
线与前边介绍的 SRAM 芯片 6264 是兼容的，这给使用者带
来很大方便。因为在软件调试过程中，程序经常需要修改，
此时可将程序先放在芯片 6264 中，读写修改都很方便。调
试成功后，将程序固化在芯片 2764 中。由于它与芯片 6264
的引脚兼容，所以可以把芯片 2764 直接插在原芯片 6264
的插座上，这样程序就不会由于断电而丢失。

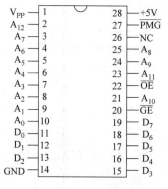

图 5-11　Intel 2764 的
外部引脚排列

芯片 2764 的各引脚含义如下：

$A_0 \sim A_{12}$：13 根地址输入线，用于寻址片内的 8K 个存
储单元。

$D_0 \sim D_7$：8 根双向数据线，正常工作时为数据输出线，编程时为数据输入线。

$\overline{CE}$：选片信号，低电平有效。当 $\overline{CE} = 0$ 时，表示选中此芯片。

$\overline{OE}$：输出允许信号，低电平有效。当 $\overline{OE} = 0$ 时，芯片中的数据可由 $D_0 \sim D_7$ 端输出。

$\overline{PGM}$：编程脉冲输入端。对 EPROM 编程时，在该端加上编程脉冲。读操作时 $\overline{PGM} = 1$。

V_{PP}：编程电压输入端。编程时应在该端加上编程高电压。不同的芯片对 V_{PP} 的值要求
的不一样，可以是 +12.5V、+15V、+21V、+25V 等。

（2）芯片 2764 的工作过程　芯片 2764 可以工作在读出、编程写入和擦除 3 种方式下。

1）数据读出：这是芯片 2764 的基本工作方式，用于读出芯片 2764 中存储的内容。其工作过程与 RAM 芯片非常类似：先把要读出的存储单元地址送到 $A_0 \sim A_{12}$ 地址线上，然后使 $\overline{CE} = 0$，就可在芯片的 $D_0 \sim D_7$ 上读出需要的数据；在读方式下，编程脉冲输入端 PGM 及编程电压 V_{PP} 端都接在 +5V 电源 V_{CC} 上。

2）EPROM 的编程写入：对 EPROM 芯片的编程可以有两种方式，一种是标准编程，另一种是快速编程，标准编程是每给出一个编程负脉冲就写入一个字节的数据。具体的方法是：V_{CC} 接 +5V，V_{PP} 加上芯片要求的高电压；在地址线 $A_0 \sim A_{12}$ 上给出要编程存储单元的地址，然后使 CE = 0、CE = 1，并在数据线上给出要写入的数据。上述信号稳定后，在 $\overline{PGM}$ 端加上（50±5）ms 的负脉冲，就可将一个字节的数据写入相应的地址单元中。不断重复这个过程，就可将要写的数据逐一写入对应的存储单元中。如果其他信号状态不变，只是在每写入一个单元的数据后将 OE 变低，则可以立即对刚写入的数据进行校验。当然，也可以写完所有单元后再统一进行校验。若检查出写入数据有错，则必须全部擦除，再重新开始上述的编程写入过程。早期的 EPROM 采用的都是标准编程方法。这种方法有两个严重的缺点：一是编程脉冲太宽（50ms）而使编程时间太长，对于容量较大的 EPROM，其编程的时间将长得令人难以接受。例如，对 256KB 的 EPROM，其编程时间长达 3.5h 以上。二是不够安全，编程脉冲太宽会使芯片功耗过大而损坏 EPROM。快速编程与标准编程的工作过程是一样的，只是编程脉冲要窄得多。

3）擦除：EPROM 的一个重要优点是可以擦除重写，而且允许擦除的次数超过上万次。一片新的或擦除干净的 EPROM 芯片，其每一个存储单元的内容都是 FFH。要对一个使用过的 EPROM 进行编程，首先应将其放到专门的擦除器上进行擦除操作。擦除器利用紫外线光照射 EPROM 的窗口，一般经过 15 ~ 20min 即可擦除干净。擦除完毕后可读一下 EPROM 的每个单元，若其内容均为 FFH，就认为擦除干净了。

5. 典型的 EEPROM 芯片

下面以一个典型的 EEPROM 芯片 NMC98C64A（以下简称为 89C64A）为例，介绍 EEPROM 的工作过程和应用。

（1）芯片 NMC98C64A 的引脚及其功能　芯片 NMC98C64A 为 8K × 8bit 的 EEPROM，其外部引脚排列如图 5-12 所示。

$A_0 \sim A_{12}$ 为地址线，用于选择片内的 8K 个存储单元。

$D_0 \sim D_7$ 为 8 条数据线。

$\overline{CE}$ 为选片信号，低电平有效。当 $\overline{CE} = 0$ 时，选中该芯片。

$\overline{OE}$ 为输出允许信号。当 $\overline{CE} = 0$、$\overline{OE} = 0$、$\overline{WE} = 1$ 时，可将选中的地址单元的数据读出。这与芯片 6264 很相似。

$\overline{WE}$ 是写允许信号。当 $\overline{CE} = 0$、$\overline{OE} = 1$、$\overline{WE} = 0$ 时，可以将数据写入指定的存储单元。

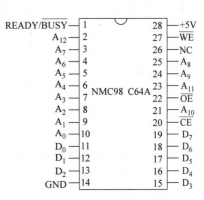

图 5-12　芯片 NMC98C64A 的
外部引脚排列

$\overline{READY}/BUSY$是状态输出端。芯片 NMC98C64A 正在执行编程写入时，此引脚为低电平；写完后，此引脚变为高电平。因为正在写入当前数据时，芯片 NMC98C64A 不接收 CPU 送来的下一个数据，所以 CPU 可以通过检查此引脚的状态来判断写操作是否结束。

（2）芯片 NMC98C64A 的工作过程　芯片 NMC98C64A 的工作过程同样也包括 3 部分，即数据读出、数据写入和擦除。

1）数据读出：从 EEPROM 读出数据的过程与从 EPROM 及 RAM 中读出数据的过程是一样的。当$\overline{CE}=0$、$\overline{OE}=0$、$\overline{WE}=1$时，只要满足芯片所要求的读出时序关系，则可从选中的存储单元中将数据读出。

2）数据写入：将数据写入芯片 NMC98C64A 有两种方式。

① 字节写入方式：就是一次写入一个字节的数据。但写完一个字节之后，并不能立刻写下一个字节，而是要等到$\overline{READY}/BUSY$端的状态由低电平变为高电平后，才能开始下一个字节的写入。这是 EEPROM 芯片与 RAM 芯片在数据写入上的一个很重要的区别。不同的芯片写入一个字节所需的时间略有不同，一般是几毫秒到几十毫秒。芯片 NMC98C64A 需要的时间一般为 5ms，最大是 10ms。在对 EEPROM 编程时，可以通过查询$\overline{READY}/BUSY$引脚的状态来判断是否写完一个字节，也可利用该引脚的状态产生中断来通知 CPU 已写完一个字节。对于没有$\overline{READY}/BUSY$信号的芯片，则可用软件或硬件定时的方式（定时时间应大于或等于芯片的写入时间），以保证数据的可靠写入。当然，这种方法虽然在原理上比较简单，但会降低 CPU 的效率。

② 自动页写入方式：页编程的基本思想是一次写完一页，而不是只写一个字节。每写完一页判断一次$\overline{READY}/BUSY$端的状态。在芯片 NMC98C64A 中，一页数据为 1~32 个字节，要求这些数据在内存中是连续排列的。芯片 NMC98C64A 的高位地址线 A_{12}~A_5 用来决定访问哪一页数据，低位地址 A_4~A_0 用来决定寻址一页内所包含的 32 个字节，因此将 A_{12}~A_5 称为页地址。

其写入的过程是：利用软件首先向 EEPROM 98C64A 写入页的一个数据，并在此后的 300s 内连续写入本页的其他数据，再利用查询或中断检查$\overline{READY}/BUSY$端的状态是否已变为高电平。若变为高电平，则表示这一页的数据已写结束。然后接着开始写下一页，直到将数据全部写完。

3）擦除：擦除和写入是同一种操作，只不过擦除总是向单元中写入"FFH"而已。EEPROM 的特点是一次既可擦除一个字节，也可以擦除整个芯片的内容。如果需要擦除一个字节，其过程与写入一个字节的过程完全相同，写入数据 FFH，就等于擦除了这个单元的内容。若希望一次将芯片所有单元的内容全部擦除干净，可利用 EEPROM 的片擦除功能，即在 D_0~D_7 上加上 FFH，使$\overline{CE}=0$、$\overline{WE}=0$，并在$\overline{OE}$引脚上加上 +15V 电压，使这种状态保持 10ms，就可将芯片所有单元擦除干净。EEPROM 98C64A 有写保护电路，加电和断电不会影响芯片的内容。写入的内容一般可保存 10 年以上，每一个存储单元允许擦除/编程上万次。

5.1.5 快速擦除与读写存储器（FLASH）

尽管 EEPROM 能够在线编程，而且可以自动页写入，EEPROM 的擦除不需紫外光的照射，写入时也不需要专门的编程设备，因而使用上比 EPROM 方便。但即便如此，其编程时间相对 RAM 而言还是太长，特别是对大容量的芯片更是如此。人们希望有一种写入速度类似于 RAM，掉电后存储内容又不丢失的存储器。为此，一种新型的称为闪存（Flash Memory）快速擦除读写存储器被研制出来。

1. Flash Memory 存储单元的结构和工作原理

Flash Memory 是在 EPROM 与 EEPROM 基础上发展起来的，它与 EPROM 一样，用单管来存储一位信息，与 EEPROM 相同之处是用电来擦除。但是，它只能擦除一个区域或整个器件，快速擦除读写存储单元结构如图 5-13 所示。在源极上加高电压 V_{PP}，控制栅极接地，在电场作用下，浮置栅上的电子越过氧化层后进入源极区而全部消失，实现一个区域擦除或全部擦除。闪存的编程速度快，掉电后存储内容又不丢失，从而得到很广泛的应用。

2. 典型的闪存芯片 TMS28F040（512K × 8bit）

下面以芯片 TMS28F040 为例简单介绍闪存的工作原理和应用。

（1）芯片 TMS28F040 的引脚及其功能　芯片 TMS28F040 的外部引脚排列如图 5-14 所示。$A_0 \sim A_{18}$ 为 19 条地址线，用于选择片内的 512K 个存储单元。$DQ_0 \sim DQ_7$ 为 8 条数据线。因为它共有 19 根地址线和 8 根数据线，说明该芯片的容量为 512K × 8bit，芯片 TMS28F040 芯片将其 512KB 的容量分成 16 个 32KB 的块，每一块均可独立进行擦除。$\overline{E}$ 是芯片写允许信号，在它的下降沿锁存选中单元的地址，用上升沿锁存写入的数据。$\overline{G}$ 为输出允许信号，低电平有效。

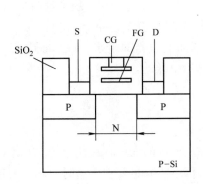

图 5-13　Flash Memory 存储单元结构

图 5-14　芯片 TMS28F040 的引脚排列

（2）芯片 TMS28F040 的工作过程　芯片 TMS28F040 与普通 EEPROM 芯片一样也有 3 种工作方式，即读出、编程写入和擦除。但也有所不同，TMS28F040 是通过向内部状态寄存器写入命令的方法来控制芯片的工作方式，对芯片所有的操作必须要先往状态寄存器中写入命令。另外，TMS28F040 的许多功能需要根据状态寄存器的状态来决定。要知道芯片当前的工作状态，只需写入命令 70H，就可读出状态寄存器各位的状态了。状态寄存器各位的状态及意义见表 5-2。

1）读出操作：读出操作包括读出芯片中某个单元的内容、读出内部状态寄存器的内容以及读出芯片内部的厂家及器件标记 3 种情况。如果要读出某个存储单元的内容，则在初始加电以后或在写入命令 00H（或 FFH）之后，芯片就处于只读存储单元的状态。这时就和读取 SRAM 或 EPROM 芯片一样，很容易读出指定的地址单元中的数据。此时的 V_{PP}（编程高电压端）可与 V_{CC}（+5V）相连。

表 5-2　TMS28F040 状态寄存器各位的状态及意义

位	高电平（1）	低电平（0）	意义
SR_7（D_7）	准备好	忙	写命令
SR_6（D_6）	擦除挂起	正在擦除/已完成	擦除挂起
SR_5（D_5）	块或片擦除错误	片或块擦除成功	擦除
SR_4（D_4）	字节编程错误	字节编程成功	编程状态
SR_3（D_3）	V_{PP}太低，操作失败	V_{PP}合适	监测 V_{PP}
$SR_2 \sim SR_0$			保留未用

2）编程写入：编程方式包括对芯片单元的写入和对其内部每个 32KB 块的软件保护。软件保护是用命令使芯片的某一块或某些块规定为写保护，也可置整片为写保护状态，这样可以使被保护的块不被写入的新内容给擦除。比如，向状态寄存器写入命令 0FH，再送上要保护块的地址，就可置规定的块为写保护。若写入命令 FFH，就置全片为写保护状态。

3）擦除：芯片 TMS28F040 既可以每次擦除一个字节，也可以一次擦除整个芯片，或根据需要只擦除片内某些块，并可在擦除过程中使擦除挂起和恢复擦除。对字节的擦除，实际上就是在字节编程过程中，写入数据的同时就等于擦除了原单元的内容。对整片擦除，擦除的标志是擦除后各单元的内容均为 FFH。整片擦除最快只需 2.6s。但受保护的内容不被擦除，也允许对芯片 TMS28F040 的某一块或某些块进行擦除，每 32KB 为一块，块地址由$A_{15} \sim A_{18}$来决定。在擦除时，只要给出该块的任意一个地址（实际上只关心 $A_{15} \sim A_{18}$）即可。

芯片 TMS28F040 在使用中，要求在其引线控制端加上适当的电平，以保证芯片正常工作。不同工作类型的芯片 TMS28F040，其工作条件是不一样的。

5.2　存储器与系统的连接

任何存储芯片的存储容量都是有限的。要构成一定容量的内存，往往单个芯片不能满足字长或存储单元个数的要求，甚至字长和存储单元数都不能满足要求。这时，就需要用多个存储芯片进行组合，以满足对存储容量的需求，这种组合就称为存储器的扩展。存储器扩展时，要解决的问题主要包括位扩展、字扩展和字位扩展。

5.2.1　存储容量的位扩展

当给定的存储器芯片每个单元的位数与系统需要的内存单元字长不相等时采用的方法，称为存储容量的位扩展。一块实际的存储芯片，每个存储单元的位数（即字长）往往与实际内存单元字长并不相等。存储芯片可以是 1 位、4 位或 8 位的，如 DRAM 芯片 Intel 2164 存储单元为 64K×1bit，SRAM 芯片 Intel 2114 存储单元为 1K×4bit，Intel 6264 芯片存储单元则为 8K×8bit。而计算机中内存一般是按字节来进行组织的，若要使用 Intel 2164、Intel 2114 和 Intel 6264 这样的存储芯片来构成内存，单个存储芯片字长就不能满足要求，这时就需要进行位扩展，以满足字长的要求。位扩展构成的存储器系统的每个单元中的内容被存储在不同的存储器芯片上。例如：用两片 4K×4bit 的存储器芯片经过位扩展构成 4K×8bit 的存储器，其连接方法如图 5-15 所示。4K×8bit 的存储器中，每个单元内的 8 位二进制数被分别存储在两个芯片上，即一个芯片存储该单元内容的高 4 位，另一个芯片存储该单元内容的低 4 位。可以看出，位扩展保持总的地址单元数（存储单元个数）不变，但每个单元中的位数增加了。

由于存储器的字数与存储器芯片的字数一致，$4K = 2^{12}$，故只需 12 根地址线（$A_{11} \sim A_0$）对各芯片内的存储单元寻址，每一芯片只有 4 位数据，所以需要两片这样的芯片，将它们的数据线分别接到数据总线（$D_7 \sim D_4$）和（$D_3 \sim D_0$）的相应位上。在此连接方法中，每一条

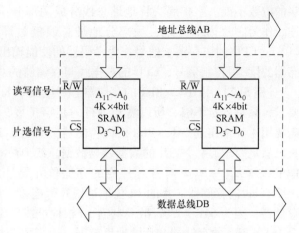

图 5-15　$4K \times 4bit$ 扩展至 $4K \times 8bit$

地址线有两个负载，每一条数据线有一个负载。在位扩展法中，所有芯片都应同时被选中，CPU 的访存请求信号（MREQ）与各芯片 $\overline{CS}$ 片选端相连作为存储器芯片的片选输入控制信号，CPU 的读写控制信号作为存储器芯片的 $R/\overline{W}$ 控制信号。位扩展存储器工作时，各芯片同时进行相同操作。在此例中，若地址线 $A_{11} \sim A_0$ 上的信号为全 0，即选中了存储器 0 号单元，则该单元的 8 位信息是由这两个芯片 0 号单元的 4 位信息共同构成的。

可以看出，位扩展的电路连接方法是：将每个存储芯片的地址线、选片信号线和读/写信号线全部与 CPU 的相应地址线、请求信号线、读/写控制信号 $R/\overline{W}$ 线进行连接，而将它们的数据线分别连接至数据总线的不同位线上。

【例 5-1】 用 Intel 2164 芯片构成容量为 64KB 的存储器。

解： 因为 Intel 2164 是 $64K \times 1bit$ 的芯片，其存储单元数也是 64K，已满足要求。$64K = 2^{16}$，故只需 16 根地址线（$A_{15} \sim A_0$）对各芯片内的存储单元寻址。Intel 2164 芯片字长不够，每一块芯片只有 1 位数据，所以需要 8 片这样的芯片，将它们的数据线分别与 CPU 数据总线 $D_7 \sim D_0$ 的相应位相连，将每个存储芯片的地址线、选片信号线和读/写信号线全部与 CPU 的相应地址线、请求信号线、读/写控制信号线进行连接，线路连接如图

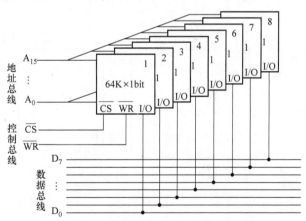

图 5-16　8 片 Intel 2164 扩宽为 64KB 存储容量

5-16 所示。这样就用 8 片 Intel 2164 芯片进行位扩展构成了容量为 64KB 的存储器。

5.2.2　存储器容量的字扩展

当存储芯片上每个存储单元的字长已满足要求，但存储单元的个数不够，需要增加的是存储单元的数量，就称为存储容量的字扩展。CPU 能够访存的地址空间是很大的，1 片存储器芯片的字数往往小于 CPU 的地址空间。这时用字扩展法可以增加存储器的字数，而每个

字的位数不变。字扩展法将地址总线分成两部分：一部分地址总线直接与各存储器地址相连，作为芯片内部寻址；一部分地址总线经过译码器译码送到存储器的片选输入端 CE（CS）。CPU 的访存请求信号作为译码器的使能输出控制信号。CPU 的读/写控制信号作为存储器的读/写控制信号，CPU 的数据线与存储器的对应数据线相连。

【例 5-2】用 $16K \times 8bit$ 的存储器芯片组成 $64K \times 8bit$ 的内存储器。在这里，字长已满足要求，只是容量不够，所以需要进行的是字扩展，显然，对现有的 $16K \times 8bit$ 芯片存储器，需要用 4 片来实现 $64K \times 8bit$ 的内存储器，如图 5-17 所示。因为 $16K \times 8bit$ 的存储器芯片字长已满足要求，4 个芯片的数据线与数据总线 $D_7 \sim D_0$ 并连。因为 $16K = 2^{14}$，故只需要 14 根地址线（$A_{13} \sim A_0$）对各芯片内的存储单元寻址，让地址总线低位地址 $A_{13} \sim A_0$ 与 4 个 $16K \times 8bit$ 的存储器芯片的 14 位地址线并行连接，用于进行片内寻址；对于 $64K \times 8bit$ 的内存储器，因为 $64K = 2^{16}$，故总共需 16 根地址线（$A_{15} \sim A_0$）对内存储单元寻址。为了区分 4 个 $16K \times 8bit$ 的存储器芯片的地址范围，还需要两根（$16 - 14 = 2$）高位地址总线 A_{15}、A_{14} 经过一个 $2 - 4$ 译码器译出 4 根片选信号线，分别和 4 个 $16K \times 8bit$ 的存储器芯片的片选端相连。各芯片的地址范围见表 5-3。

可以看出，字扩展的连接方式是将各芯片的地址线、数据线、读/写控制信号线与 CPU 的相应地址总线、数据总线、读/写控制信号线相连，而由片选信号来区分各片地址。也就是将 CPU 低位地址总线与各芯片地址线相连，用以选择片内的某个单元；用高位地址线经译码器产生若干不同片选信号，连接到各芯片的片选端，以确定各芯片在整个存储空间中所属的地址范围。

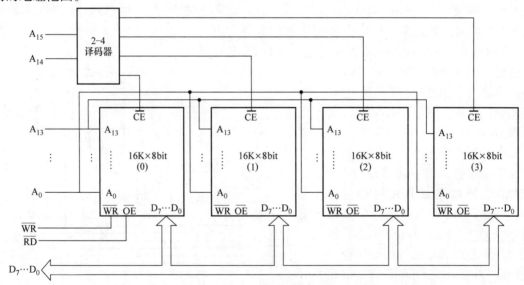

图 5-17　4 片 $16K \times 8bit$ 芯片扩展为 64KB 存储器容量

表 5-3　地址分配表

地址片号	$A_{15} A_{14}$	$A_{13} A_{12} A_{11} \cdots A_1 A_0$	说　　明
0	00	000$\cdots$00	最低地址（0000H）
	00	111$\cdots$11	最高地址（3FFFH）

(续)

地址片号	$A_{15} A_{14}$	$A_{13} A_{12} A_{11} \cdots A_1 A_0$	说　明
1	01	000···00	最低地址（4000H）
	01	111···11	最高地址（7FFFH）
2	10	000···00	最低地址（8000H）
	10	111···11	最高地址（BFFFH）
3	11	000···00	最低地址（C000H）
	11	111···11	最高地址（FFFFH）

【例 5-3】 用 $64K \times 8bit$ 的 SRAM 芯片构成容量为 128KB 的存储器。

解： 这里现有的芯片容量为 64KB，构成容量为 128KB 的存储器需要 128KB/64KB = 2 片。$64K \times 8bit$ 的 SRAM 存储器芯片字长已满足要求，2 个 $64K \times 8bit$ 芯片的数据线与 CPU 数据总线 $D_7 \sim D_0$ 并行连接；因为 $64K = 2^{16}$，故需 16 根地址线（$A_{15} \sim A_0$）对各芯片内的存储单元寻址，CPU 地址总线低位地址 $A_{15} \sim A_0$ 与各芯片的 16 位地址线连接，用于进行片内寻址；对于 128KB 的存储器，因为 $128K = 2^{17}$，故总共需 17 根地址线（$A_{16} \sim A_0$）对内存储单元寻址。为了区分 2 个 $64K \times 8bit$ 的存储器芯片的地址范围，还需要一根（17 – 16 = 1）高位地址线 A_{16}，因为片选信号低电平有效，用 1 根地址线不经过门电路不能产生 2 个有效的低电平，所以这里用 2 根地址线 A_{17}、A_{16} 经过 74LS138 译码器译出 4 根片选信号线，74LS138 译码器最高位输入端 C = 0，A_{17}、A_{16} 分别接 74LS138 译码器输入端 B 和 A。这样 74LS138 译码器输入端 CBA 的输入码是 000B、001B、010B 或 011B；74LS138 译码器就只能对 0、1、2 或 3 进行译码。让 74LS138 译码器的输出 Y_0、Y_1 分别和两个 $64K \times 8bit$ 的存储器芯片的片选端相连，线路连接如图 5-18 所示。各芯片的地址范围见表 5-4。图 5-18 中两片

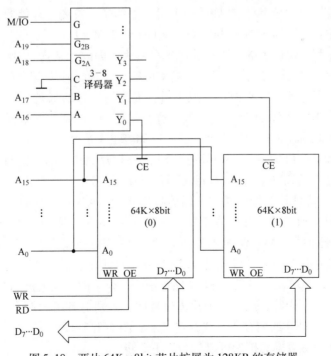

图 5-18　两片 $64K \times 8bit$ 芯片扩展为 128KB 的存储器

芯片的地址范围分别为：00000H~0FFFFH 和 10000H~1FFFFH。如果让 74LS138 译码器的输出 Y_2、Y_3 分别和两个 64K×8bit 的存储器芯片的片选端$\overline{\text{CE}}$相连，图 5-18 中两片芯片的地址范围分别为多少呢？

表 5-4 各芯片的地址范围

片号	$A_{17}A_{16}$	$A_{15}A_{14}A_{13}\cdots A_1A_0$	说 明
1	00	000···00	最低地址（00000H）
	00	111···11	最高地址（0FFFFH）
2	01	000···00	最低地址（10000H）
	01	111···11	最高地址（1FFFFH）
1	10	000···00	最低地址（20000H）
	10	111···11	最高地址（2FFFFH）
2	11	000···00	最低地址（30000H）
	11	111···11	最高地址（3FFFFH）

5.2.3 字/位扩展

在构成一个实际的存储器时，往往需要同时进行位扩展和字扩展才能满足存储容量的需求。扩展时需要的芯片数量可以这样计算：要构成一个容量为 $M×N$ 位的存储器，若使用 $l×k$ 位的芯片（$l<M$，$k<N$），则构成这个存储器需要（M/l）×（N/k）个这样的存储器芯片。M/l 和 N/k 一定要能整除。连接时可将这些芯片分成 M/l 个组，每组内有 N/k 个芯片，N/k 个芯片组内采用位扩展法，M/l 个组间采用字扩展法。字/位扩展法则是上述两种扩展法的组合。

微机中内存的构成就是字/位扩展的一个很好的例子。首先，存储器芯片生产厂制造出一个个单独的存储芯片，如 32M×1bit、64M×1bit、128M×1bit 等；然后，内存条生产厂将若干个存储器芯片利用位扩展的方法组装成内存模块（即内存条），如用 8 片 128M×1bit 的芯片组成 128MB 的内存条；最后，用户根据实际需要，购买若干个内存条插到主板上构成自己的内存系统，即进行了字扩展。一般来讲，最终用户做的都是字扩展（即增加内存地址单元）的工作。进行字/位扩展时，一般先进行位扩展，构成字长满足要求的内存条，然后再用若干个这样的内存条进行字扩展，使总存储容量满足要求。

【例 5-4】用 2114（1K×4B）RAM 芯片构成 4KB 存储器，需要同时进行位扩展和字扩展才能满足存储容量的需求。由于 2114 是 1K×4B 的芯片，所以首先要进行位扩展。用（8/4）2 片 2114 组成 1KB 的内存模块，然后再用 4 组（4/1）这样的模块进行字扩展便构成了 4KB 的存储器。所需的芯片数为（4/1）×（8/4）=8 片。因为 2114 有 1K 个存储单元，只需要 10 位地址信号线（A_9~A_0）对每组芯片进行片内寻址，同组芯片应被同时选中，故同组芯片的片选端并联在一起。要寻址 4KB 个内存单元至少需要 12 位地址信号线（2^{12}=4K）。而 2114 有 1K 个单元，只需要 10 位地址信号，余下的 2 位地址用 2-4 译码器对两位高位地址（A_{11}~A_{10}）译码，产生 4 个片选信号线，分别与各组内两个 2114 芯片的片选端相连，用于区分 4 个 1KB 的内存条，线路连接示意图如图 5-19 所示。

综上所述，存储器容量的扩展可以分为以下 3 步：

第 1 步，选择合适的芯片个数（M/l）×（N/k）。

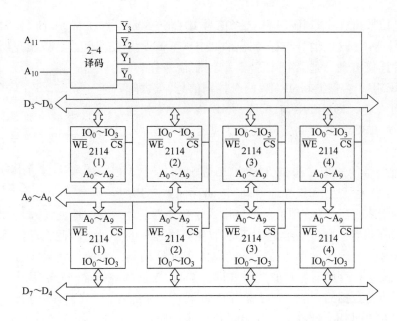

图 5-19　8 片 2114（1K×4bit）RAM 芯片构成 4KB 存储器

第 2 步，根据要求将 N/k 个芯片"多片并连"进行位扩展，设计出满足字长要求的"内存条"。

第 3 步，再对"内存条"M/l 组进行字扩展，构成符合要求的存储器。

5.2.4　存储器与 CPU 的连接

在微机中，CPU 对存储器进行读/写操作首先要由地址总线给出地址信号，然后发出读/写信号，最后才能在数据总线上进行数据的读/写操作。所以 CPU 与存储器连接时，数据总线、地址总线和控制总线都要连接。图 5-20 所示为 CPU 与存储器连接示意图。

图 5-20　CPU 与存储器连接示意图

1. 存储器与 CPU 连接时应注意的问题

（1）CPU 总线时序与存储器的读写时序　选择存储器芯片要尽可能满足 CPU 取指令和读写存储器的时序要求，高速 CPU 与低速存储器间的速度可能不匹配，需在 CPU 访问存储器的周期内插入等待脉冲 Tw。因此，一般选高速存储器，避免需要在 CPU 有关时序中插入 Tw，降低 CPU 速度，增加 $\overline{\text{WAIT}}$ 信号产生电路。

（2）CPU 总线的负载能力　系统总线一般能带一至几个 TTL 负载。系统总线需驱动隔离时，数据总线要双向驱动（8286，74LS245），地址总线与控制总线则单向驱动（8282，74LS244），驱动器的输出连至存储器或其他电路。

（3）存储器结构的选定　8086/8088 CPU 的数据总线 DB 分别为 8 位/16 位，而存储器的数据线一般为 8 位，8088 CPU 的 8 位数据总线可直接与单个 8 位数据线的存储器相连（即单体结构），而 8086 CPU 的 16 位数据总线需与两个 8 位数据线的存储器相连（即 2 体结构）。CPU 与存储器连接时，存储器是单体结构还是 2 体结构需选定。

（4）控制信号的连接　8088/8086 CPU 在与存储器交换信息时，CPU 的控制总线 CB 主要由 3 个控制信号组成，即 IO 与 M 选择信号 IO/$\overline{\text{M}}$（8088 为 IO/$\overline{\text{M}}$，8086 为 M/$\overline{\text{IO}}$）、读信号$\overline{\text{RD}}$和写信号 $\overline{\text{WR}}$。这些信号与存储器要求的$\overline{\text{OE}}$写$\overline{\text{WE}}$两个信号相连，以实现所需的控制功能。为了两者连接方便，通常把 CPU 3 个控制信号先转换为存储器读$\overline{\text{MEMR}}$、存储器写$\overline{\text{MEMW}}$两个控制信号，这样两者控制信号可对连，即$\overline{\text{MEMR}}$与$\overline{\text{OE}}$连，$\overline{\text{MEMW}}$与$\overline{\text{WE}}$相连。图 5-21 所示为 CPU 3 个控制信号转换为 2 个控制信号的电路。

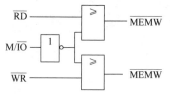

图 5-21　控制信号转换电路

（5）地址信号的连接　8086/8088 CPU 的地址总线 AB 分别为 20 位（最大可达 1MB 寻址空间），而存储器芯片的地址线一般少于 20 位（CPU 地址总线宽度大于存储器芯片两者的地址线数），即 8086/8088 CPU 可达到的存储器总容量一般远大于单个存储器芯片的容量，因此，存储系统常需利用多个存储器芯片扩充容量。存储器空间的划分和地址编码是靠地址线来实现的。CPU 对存储器操作时，先进行存储器芯片的选择（即片选），再从选中的存储器芯片中根据地址译码选择存储单元进行数据的存取。对于多片存储器芯片构成的存储器，其地址编码的原则是：

1）AB 高位地址用于选择某一存储器芯片（片选）。

2）AB 低位地址用于选中芯片的内部地址单元选址。

例如，对于多片 6264 与 8086/8088 相连的存储器，$A_0 \sim A_{12}$ 用于某个 6264 片内选址，而 $A_{13} \sim A_{19}$ 用于选择不同的 6264。

存储器芯片的全部地址线应与 AB 的低位地址总线相连寻址，这部分地址的译码是在存储芯片内完成的，它被称为片内译码（或称为片内寻址）；此外，还需要利用存储芯片的片选端 CS 对多个存储芯片（组）进行寻址，这个寻址方法主要通过将存储芯片的片选端与 AB 的高位地址线相关联来实现，这种地址扩展的方法称为片外译码（或称为片外寻址，也称为字扩充）。

（6）存储器的地址分配　内存通常分为 RAM 和 ROM 两大部分，而 RAM 又分为系统区（即机器的监控程序或操作系统占用的区域）和用户区，用户区又要分成数据区和程序区，ROM 的分配也类似，所以内存的地址分配是一个重要的问题。内存的地址分配步骤为：

1）确定需要的存储系统容量。

2）存储容量在整个存储空间的位置。

3）选用存储器芯片的类型和数量。

4）划分 RAM、ROM 区，地址分配，画出地址分配图。

8086 单处理器系统连接实例如图 5-22 所示。

（7）DRAM 在系统中的连接　微机系统大多采用 DRAM 芯片构成主存。由于在使用中既要做到能够正确读写，又能在规定的时间内对它进行刷新。因此，微机中 DRAM 的连接和控制电路比 SRAM 复杂得多。DRAM 芯片在与 CPU 连接时需考虑两个问题：一个是刷新问题，需加定时刷新电路；另一个是地址信号输入问题。

由于 DRAM 芯片集成度高，存储容量大，引脚数量不够，所以地址输入一般采用两路复用锁存方式，即把地址信号分为两组共用几根地址输入线，分两次把它们送入芯片内部锁存起来。这两组地址信号的输入由行地址 RAS 选通信号和列地址选通信号 CAS 控制。在 DRAM 芯片中，没有设专门的片选线，可用行地址 RAS 选通信号和列地址选通信号 CAS 兼

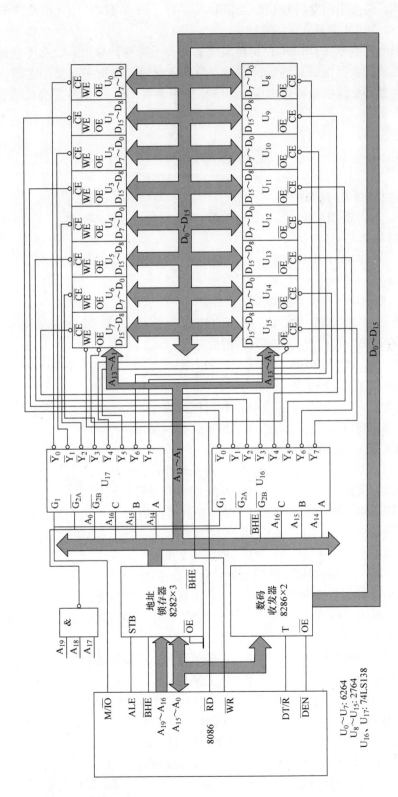

图 5-22　8086 单处理器系统连接实例

作片选信号。因此，需要采用专门的 CPU 与 DRAM 芯片之间的接口芯片（也就是 DRAM 控制器）实现 CPU 和 DRAM 两者之间的连接。

目前已生产出不同型号的 DRAM 控制器集成芯片，不同的计算机系统有不同的 DRAM 控制器。DRAM 控制器主要由刷新地址计数器、刷新定时器、地址多路复用电路、仲裁电路、控制信号发生器和总线收发器等组成。DRAM 控制器将 CPU 的信号变换成适合 DRAM 芯片的信号。

复习思考题

1. 下面为磁性材料的存储器是（　　）。

A. ROM　　　　　B. RAM　　　　C. CD – ROM　　　　D. 硬盘

2. 易失性存储器是（　　）。

A. RAM　　　　　B. PROM　　　　C. EPROM　　　　D. E^{2}PROM

E. Flash Memory

3. 下列只读存储器中，可紫外线擦除数据的是（　　）。

A. PROM　　　　　B. EPROM　　　　C. E^{2}PROM　　　　D. Flash Memory

4. 下列只读存储器中，仅能一次写入数据的是（　　）。

A. PROM　　　　　B. EPROM　　　　C. E^{2}PROM　　　　D. Flash Memory

5. 关于 SRAM 叙述不正确的是（　　）。

A. 相对集成度低　　　　　　　　B. 相对速度快

C. 不需要外部刷新电路　　　　　D. 地址线行列复用

6. 关于 DRAM 叙述不正确的是（　　）。

A. 相对集成度高　　　　　　　　B. 不需要外部刷新电路

C. 是可读写读存储器　　　　　　D. 地址线行列复用

7. SRAM 与 DRAM 比较，下面叙述中不是 SRAM 特点的为（　　）。

A. 相对速度快　　　　　　　　　B. 相对应用简单

C. 相对价格高　　　　　　　　　D. 相对集成度高

8. 80x86 系统中，下面对存储器的叙述中错误的是（　　）。

A. 内存储器由半导体器件构成　　B. 当前正在执行的指令应放在内存中

C. 字节是内存的基本编址单位　　D. 一次读写操作仅能访问一个存储器单元

9. 存储字长是指（　　）。

A. 存储单元中二进制代码组合　　B. 存储单元中二进制代码个数

C. 存储单元的个数　　　　　　　D. 以上都是

10. 起始地址从 0000H 开始的存储器系统中，10KB RAM 的寻址范围为（　　）。

A. 0000H ~ 03FFH　　　　　　　B. 0000H ~ 1FFFH

C. 0000H ~ 27FFH　　　　　　　D. 0000H ~ 3FFFH

11. 256KB 的 SRAM 有 8 条数据线，有（　　）地址线。

A. 8 条　　　　　B. 18 条　　　　C. 20 条　　　　D. 256 条

12. 若 CPU 具有 64GB 的寻址能力，则 CPU 的地址总线应有（　　）。

A. 64 条　　　　　B. 36 条　　　　　C. 32 条　　　　　D. 24 条

13. 起始地址为 1000H 的 16KB SRAM，其末地址为（　　　）。

A. 1FFFH　　　　B. 2FFFH　　　　C. 3FFFH　　　　D. 4FFFH

14. 构成 128MB 的存储空间需要 16M×4bit 的 RAM 芯片（　　　）片。

A. 16　　　　　　B. 32　　　　　　C. 64　　　　　　D. 128

15. 用存储器芯片 6264（8K×8bit）组成 64KB 存储空间，需要（　　　）片。

A. 2　　　　　　B. 4　　　　　　C. 8　　　　　　D. 16

16. 某存储器芯片的存储单元数为 8K，该存储器芯片的片内寻址地址应为（　　　）。

A. $A_0 \sim A_{10}$　　　B. $A_0 \sim A_{11}$　　　C. $A_0 \sim A_{12}$　　　D. $A_0 \sim A_{13}$

17. 在部分译码电路中，若 CPU 的地址线 $A_{12} \sim A_{15}$ 未参加译码，则每个存储器单元的重复地址有（　　　）个。

A. 1　　　　　　B. 4　　　　　　C. 8　　　　　　D. 16

18. 用 1 片 3－8 译码器和多片 8K×8bit SRAM 可最大构成容量为（　　　）的存储系统。

A. 8KB　　　　　B. 16KB　　　　　C. 32KB　　　　　D. 64KB

19. 为什么存储器芯片一般没有 3KB、5KB、6KB、7KB 的存储容量？

20. 简述 SRAM 存储器与 DRAM 存储器的异同。

21. 简述半导体存储器芯片的主要技术指标。

22. 当前计算机采用三级存储体系结构：Cache、主存和外存。简述 Cache、主存和外存各自的特点，以及 CPU 与 Cache、主存和外存的关系。

23. 简述存储器与寄存器的异同。

24. 已知存储范围为 00000H ~ 67FFFH，且每一个单元存放 1B，问其存储容量是多少？

25. 分析图 5-23 所示电路，试说明该电路中存储器芯片所占有的地址范围。

26. 设有一个具有 13 位地址和 8 位字长的存储器，试问：

1）存储器能存储多少字节信息？

2）如果 CPU 采用 8088，译码电路采用全译码方式，则片内地址为哪些？片选地址为哪些？

3）试画出起始地址为 2C000H 的译码电路。

4）如果存储器由 1K×4bit RAM 芯片组成，则共计需要多少片？

27. 图 5-24 给出了一个存储器接口电路原理图，试问：

1）存储芯片和存储区的容量各是多少？

2）0# 和 1# 存储芯片所占地址范围是多少？

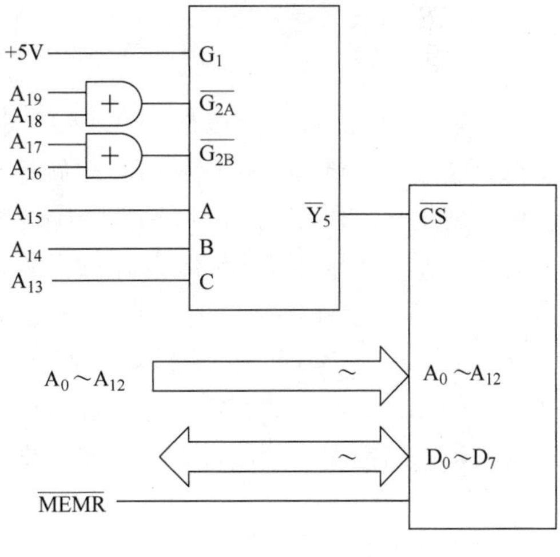

28. 某 CPU 具有 20 位地址线，图 5-25 为 CPU 与存储器的连接电路原理图，试问每个

图 5-23　习题 25 电路

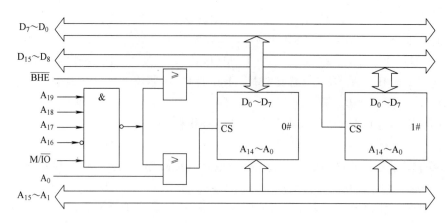

图 5-24　存储器接口电路原理

存储单元占有多少地址？ROM、RAM 的存储容量是多少？ROM、RAM 的存储地址范围是多少？

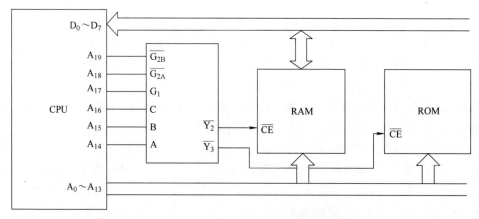

图 5-25　CPU 与存储器的连接电路原理

29. 某 8088 系统工作在最小工作方式，用 2764 EPROM 构成起始地址为 F0000H 的 8K×8bit 存储区。试画出存储器接口电路原理图，并指明存储器所占用的地址范围。

30. 试用全译码方式将 2716 芯片（地址线 11 条，数据线 8 条）连接成具有 8K×8bit 容量的存储器。要求用 74LSl38 芯片做译码器，并使存储空间由 48000H 开始而且连续。试画出 CPU 与存储器连接接口电路原理图（CPU 为 8088 最小工作模式）。

31. 试以 8088 为 CPU 的系统设计存储器系统，要求用 64K×8bit 的 ROM 芯片组成起始地址为 0 的 128K×8bit 存储空间，用 128K×8bit 的 RAM 芯片构成起始地址为 20000H 的 512K×8bit 存储空间，画出该存储系统的电路原理图。

第6章 中断技术

要点提示：本章主要介绍中断和中断源，中断处理过程，8086 的中断系统，以及典型的可编程中断控制器 8259A 的结构、功能和应用。

基本要求：掌握中断和中断源，中断处理过程，8086 的中断系统，以及典型的可编程中断控制器 8259A 的结构、功能和应用。

6.1 中断概述

中断技术是现代微机技术中一项非常重要的技术。熟悉 Windows 的人都知道，在系统设置中，几乎每一个硬件都涉及一些 IRQ 号。这些 IRQ 号是什么意思呢？IRQ（Interrupt Request）——中断请求号。那么什么是计算机中断呢？

6.1.1 中断的概念

计算机中断，顾名思义，就是计算机由于遇到一些紧急情况，中断现在的工作，转而处理紧急情况，处理完紧急情况以后再回到以前执行的工作继续执行。不过，这只是狭义的计算机中断的概念。为了更加方便地理解中断这个概念，打个比方：假设你在上网，突然你的朋友要你去踢足球，这就是中断请求。然后你对他喊道："我就来！等一等！"这就是中断响应。接着你就和他踢足球去了，这就是中断处理。踢完足球以后，你再回到你的计算机前面接着上网，这就叫作中断返回。从以上可以看出，中断分为 4 个步骤：中断请求→中断响应→中断处理→中断返回。

中断是 CPU 在执行当前程序的过程中，当出现某些异常事件或某种外部请求时，CPU 暂时停止正在执行的程序（即中断），转去执行外围设备服务的程序。当外围设备服务的程序执行完后，CPU 再返回暂时停止正在执行的程序处（即断点），继续执行原来的程序。这种中断就是人们通常所说的外部中断。但是随着计算机体系结构不断更新换代和应用技术的日益提高，中断技术发展的速度也是非常迅速的，中断的概念也随之延伸，中断的应用范围也随之扩大。除了传统的外围部件引起的硬件中断外，又出现了内部的软件中断概念。

外部中断和内部软件中断就构成了一个完整的中断系统。发出中断请求的来源非常多，不管是由外部事件引起的外部中断，还是由软件执行过程而引发的内部软件中断，凡是能够提出中断请求的设备或异常故障，均被称为中断源。

6.1.2 中断源

引起中断的原因或发出中断请求的来源，称为中断源。中断源有以下几种：

（1）外设中断源　一般有键盘、打印机、磁盘、磁带等，工作中要求 CPU 为它服务时，会向 CPU 发送中断请求。

（2）故障中断源　当系统出现某些故障时（如存储器出错、运算溢出等），相关部件会向 CPU 发出中断请求，以便使 CPU 转去执行故障处理程序来解决故障。

（3）软件中断源 在程序中向 CPU 发出中断指令（8086 为 INT 指令），可迫使 CPU 转去执行某个特定的中断服务程序，而中断服务程序执行完后，CPU 又回到原程序中继续执行 INT 指令后面的指令。

（4）为调试而设置的中断源 系统提供的单步中断和断点中断，可以使被调试程序在执行一条指令或执行到某个特定位置处时，自动产生中断，从而便于程序员检查中间结果，寻找错误所在。

6.1.3 中断类型

根据中断源是来自 CPU 内部还是外部，通常将所有中断源分为两类——外部中断源和内部中断源，对应的中断称为外部中断或内部中断。

1. 外部中断源和外部中断

外部中断源即硬件中断源，来自 CPU 外部。8086 CPU 提供了两个引脚来接收外部中断源的中断请求信号：可屏蔽中断请求引脚和不可屏蔽中断请求引脚。

通过可屏蔽中断请求引脚输入的中断请求信号称为可屏蔽中断请求。对于这种中断请求，CPU 可响应，也可不响应，具体取决于标志寄存器中 IF 标志位的状态。通过不可屏蔽中断请求引脚输入的中断请求信号称为不可屏蔽中断请求。对这种中断请求，CPU 必须响应。

2. 内部中断源和内部中断

内部中断源是来自 CPU 内部的中断事件，这些事件都是特定事件，一旦发生，CPU 即调用预定的中断服务程序去处理。内部中断主要有以下几种情况：

（1）除法错误 当执行除法指令时，如果除数为 0 或商数超过了最大值，则 CPU 会自动产生类型为 0 的除法错误中断。

（2）软件中断 执行软件中断指令时，会产生软件中断。8086 系统中，设置了 3 条中断指令，分别是：

1）中断指令 INTn：用户可以用 INTn 指令来产生一个类型为 n 的中断，以便让 CPU 执行 n 号中断的中断服务程序。

2）断点中断 INT3：执行断点指令 INT3，将引起类型为 3 的断点中断。这是调试程序专用的中断。

3）溢出中断 INTO：如果标志寄存器中溢出标志位 OF 为 1，则在执行了 INTO 指令后，产生类型为 4 的溢出中断。

（3）单步中断 当标志寄存器的标志位 TF 置 1 时，8086 CPU 处于单步工作方式。CPU 每执行完一条指令，自动产生类型为 1 的单步中断，直到将 TF 置 0 为止。

单步中断和断点中断一般仅在调试程序时使用。调试程序通过为系统提供这两种中断的中断服务程序的方式，在发生断点或单步中断后获得 CPU 控制权，从而可以检查被调试程序（中断前 CPU 运行的程序）之状态。

为了解决多个中断同时申请时响应的先后顺序问题，系统将所有的中断划分为四级，0 级为最高，依次降低。各级情况如下：

0 级——除单步中断以外的所有内部中断。

1 级——不可屏蔽中断。

2 级——可屏蔽中断。

3 级——单步中断。

不同级别的中断同时申请时，CPU 根据级别高低依次决定响应顺序。

6.1.4 中断类型号

由于系统中存在许多中断源，当中断发生时，CPU 就要进行中断源的判断。只有知道了中断源，CPU 才能调用相应的中断服务程序来为其服务。为了标记中断源，人们给系统中的每个中断源指定了一个唯一的编号，称为中断类型号。CPU 对中断源的识别就是获取当前中断源的中断类型号，在 8086 系统中的实现如下：

1）可屏蔽中断（硬件中断）：所有通过可屏蔽中断请求引脚向 CPU 发送的中断请求，都必须由中断控制器 8259A 管理。CPU 在准备响应其中断请求时，会给 8259A 发出一个中断响应信号，8259A 收到这一信号后，会将发出中断申请外设的中断类型号通过系统数据总线发送给 CPU。

2）软件中断：在中断指令 INTn 中，参数 n 即为中断类型号。

3）除上面两种情况外，其余中断都是固定类型号，主要是内部中断，如除法错误（类型 0）、单步中断（类型 1）、断点中断 INT3（类型 3）、溢出中断 INTO（类型 4）等。外部中断中不可屏蔽中断的类型号也是固定的（类型 2）。

8086/8088 系统中，中断类型号范围为 0 ~ FFH，即最多有 256 个中断源。

6.1.5 中断向量表

CPU 在响应中断时，要执行该中断源对应的中断服务程序，那么 CPU 如何知道这段程序在哪儿呢？答案是 CPU 通过查找中断向量表来得知。中断服务程序的地址叫作中断向量，将全部中断向量集中在一张表中，即中断向量表。中断向量表的位置固定在内存的最低 1K 字节中，即 00000H ~ 003FFH 处。这张表中存放着所有中断服务程序的入口地址，而且根据中断类型号从小到大依次排列，每一个中断服务程序的入口地址在表中占 4 个字节：前两个字节为偏移量，后两个字节为段基址。因系统中共有 256 个中断源，而每个中断服务程序入口地址又占 4 个字节，故中断向量表共占 1024 个字节，如图 6-1 所示。

为了加深和巩固对中断向量和中断向量表的理解，请看下面的思考题：

1. 中断向量表中的什么地址用于类型 3 的中断？

答：中断向量表中 0000CH ~ 0000FH 用于类型 3 的中断。

2. 设类型 2 的中断服务程序的起始地址为 0485：0016H，它在中断向量表中如何存放？

答：
物理地址	内容
00008H	16H
00009H	00H
0000AH	85H
0000BH	04H

3. 若中断向量表中地址为 0040H 中存放 240BH，0042H 单元里存放的是 D169H，试问：

1）这些单元对应的中断类型是什么？

2）该中断服务程序的起始地址是什么？

答：1）10H；2）D169H：240BH。

00000H	0 号中断服务程序的偏移量（低字节）
	0 号中断服务程序的偏移量（高字节）
00002H	0 号中断服务程序的段基址（低字节）
	0 号中断服务程序的段基址（高字节）
00004H	1 号中断服务程序的偏移量（低字节）
	1 号中断服务程序的偏移量（高字节）
00006H	1 号中断服务程序的段基址（低字节）
	1 号中断服务程序的段基址（高字节）
	...
	...
	...
003FCH	255 号中断服务程序的偏移量（低字节）
003FDH	255 号中断服务程序的偏移量（高字节）
003FEH	255 号中断服务程序的段基址（低字节）
003FFH	255 号中断服务程序的段基址（高字节）
	...
	...
	...
	...
XXXXXH	0 号中断服务程序代码
	...

图 6-1　中断向量表结构

6.1.6　中断优先级

在实际系统中，常常遇到多个中断源同时请求中断的情况，这时 CPU 必须确定首先为哪一个中断源服务，以及服务的次序。解决的方法是用中断优先排队的处理方法，即根据中断源要求的轻重缓急，排好中断处理的优先次序——优先级（priority），又称为优先权。先响应优先级最高的中断请求。有的微处理器有两条或更多的中断请求线，而且已经安排好中断的优先级，但有的微处理器只有一条中断请求线。凡是遇到中断源的数目多于 CPU 中断请求线的情况时，就需要采取适当的方法来解决中断优先级的问题。

另外，当 CPU 正在处理中断时，也要能响应优先级更高的中断请求，而屏蔽掉同级或较低级的中断请求，即所谓多重中断的问题。

通常，解决中断优先级的方法有以下几种：

1）软件查询确定中断优先级。

2）硬件查询确定优先级。

3）中断优先级编码电路。

6.2　8086 CPU 的中断处理过程

虽然不同类型的计算机系统中中断系统有所不同，但实现中断的过程是相同的。中断的处理过程一般有以下几步：中断请求、中断响应、中断处理和中断返回。

6.2.1 中断请求

中断处理的第一步是中断源发出中断请求。这一过程随中断源类型的不同而出现不同的特点，具体如下：

1. 外部中断源的中断请求

当外部设备要求 CPU 为它服务时，需要发一个中断请求信号给 CPU 进行中断请求。

8086 CPU 有两根外部中断请求引脚 INTR 和 NMI 供外设向其发送中断请求信号用。这两根引脚的区别在于 CPU 响应中断的条件不同。

CPU 在执行完每条指令后，都要检测中断请求输入引脚，看是否有外设的中断请求信号。根据优先级，CPU 先检查 NMI 引脚再检查 INTR 引脚。

INTR 引脚上的中断请求称为可屏蔽中断请求，CPU 是否响应这种请求取决于标志寄存器 IF 标志位的值。IF = 1 为允许中断，CPU 可以响应 INTR 上的中断请求；IF = 0 为禁止中断，CPU 将不理会 INTR 上的中断请求。

由于外部中断源有很多，而 CPU 的可屏蔽中断请求引脚只有一根，这就产生了如何使得多个中断源合理共用一根中断请求引脚的问题。解决这个问题的方法是引入 8259A 中断控制器，由它先对多路外部中断请求进行排队，根据预先设定的优先级决定在有中断请求冲突时，允许哪一个中断源向 CPU 发送中断请求。

NMI 引脚上的中断请求称为不可屏蔽中断请求（或非屏蔽中断请求），这种中断请求 CPU 必须响应，它不能被 IF 标志位所禁止。不可屏蔽中断请求通常用于处理应急事件。在计算机中，RAM 奇偶校验错、I/O 通道校验错和协处理器 8087 运算错等都能产生不可屏蔽中断请求。

2. 内部中断源的中断请求

CPU 的中断源除了外部硬件中断源外，还有内部中断源。内部中断请求不需要使用 CPU 的引脚，它由 CPU 在下列两种情况下自动触发：其一是在系统运行程序时，内部某些特殊事件发生（如除数为 0、运算溢出或单步跟踪及断点设置等）；其二是 CPU 执行了软件中断指令 INT n，例如 INT 21H。所有的内部中断都是不可屏蔽的，即 CPU 总是响应（不受 IF 限制）。

8086 的中断系统结构如图 6-2 所示。

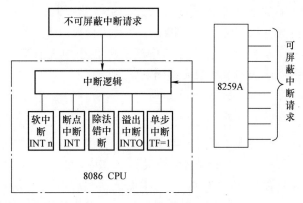

图 6-2 8086 的中断系统结构

6.2.2 中断响应

CPU 接受了中断源的中断请求后，便进入了中断处理的第二步：中断响应。这一过程也随中断源类型的不同而出现不同的特点，具体如下：

1. 可屏蔽外部中断请求的中断响应

可屏蔽外部中断请求中断响应的特点是：

1）由于外设（实际上是中断控制器 8259A，本处为求简单，统称为外设）不知道自己的中断请求能否被响应，所以 CPU 必须发信号（用$\overline{INTA}$引脚）通知其中断请求已被响应。

2）由于多个外设共用一根可屏蔽中断请求引脚，CPU 必须从中断控制器处取得中断请求外设的标识——中断类型号。

当 CPU 检测到外设有中断请求（即 INTR 为高电平）时，CPU 又处于允许中断状态，CPU 就进入中断响应周期。在中断响应周期中，CPU 自动完成如下操作：

1）连续发出两个中断响应信号$\overline{INTA}$，完成一个中断响应周期。

2）关中断，即将 IF 标志位置 0，以避免在中断过程中或进入中断服务程序后，再次被其他可屏蔽中断源中断。

3）保护处理机的现行状态，即保护现场。包括将断点地址（即下一条要取出指令的段基址和偏移量，在 CS 和 IP 内）及标志寄存器 FLAGS 内容压入堆栈。

4）在中断响应周期的第二个总线周期中，中断控制器已将发出中断请求外设的中断类型号送到了系统数据总线上。CPU 读取此中断类型号，并根据此中断类型号查找中断向量表，找到中断服务程序的入口地址，将入口地址中的段基址及偏移量分别装入 CS 及 IP，一旦装入完毕，中断服务程序就开始执行。

2. 不可屏蔽外部中断请求的中断响应

NMI 上中断请求的响应过程要简单一些。只要 NMI 上有中断请求信号（由低向高的正跳变，两个以上时钟周期），CPU 就会自动产生类型号为 2 的中断，并准备转入相应的中断服务程序。与可屏蔽中断请求的响应过程相比，它省略了第 1 步及第 4 步中的从数据线上读中断类型号，其余步骤相同。

NMI 上中断请求的优先级比 INTR 上中断请求的优先级高，故这两个引脚上同时有中断请求时，CPU 先响应 NMI 上的中断请求。

3. 内部中断的中断响应

内部中断是由 CPU 内部特定事件或程序中使用 INT 指令触发，若由事件触发，则中断类型号是固定的；若由 INT 指令触发，则 INT 指令后的参数即为中断类型号。故中断发生时 CPU 已得到中断类型号，从而准备转入相应中断服务程序中去。除不用检测 NMI 引脚外，其余与不可屏蔽外部中断请求的中断响应相同。

6.2.3　中断处理

中断处理的过程就是 CPU 运行中断服务程序的过程，这一步骤对所有中断源都一样。所谓中断服务程序，就是为实现中断源所期望达到的功能而编写的处理程序。中断服务程序一般由 4 部分组成：保护现场、中断服务、恢复现场和中断返回。保护现场是因为有些寄存器可能在主程序被打断时存放有用的内容，为了保证返回后不破坏主程序在断点处的状态，应将有关寄存器的内容压入堆栈保存。中断服务是整个中断服务程序的核心，其代码完成与外设的数据交换。恢复现场是指中断服务程序完成后，把原先压入堆栈的寄存器内容再弹回到 CPU 相应的寄存器中。有了保护现场和恢复现场的操作，就可保证在返回断点后，正确无误地继续执行原先被中断的程序。中断服务程序的最后部分是一条中断返回指令 IRET。

6.2.4　中断返回

在中断服务程序的最后，应安排一条中断返回指令 IRET。该指令实现如下功能：

1）从栈顶弹出一个字→IP。

2）再从栈顶弹出一个字→CS。

3）再从栈顶弹出一个字→FLAGS。

IRET 指令执行完后，CS、IP 恢复为原中断前的值，CPU 从断点处继续执行原程序。

6.3　可编程中断控制器 8259A

由于 8086 CPU 可屏蔽中断请求引脚只有一条，而外部硬件中断源有多个，为了使多个外部中断源能共享这一条中断请求引脚，必须解决如下几个问题：

1）解决多个外部中断请求信号与 INTR 引脚的连接问题。

2）CPU 如何识别是哪一个中断源发送的中断请求问题。

3）由于一次只能有一个外设发送中断请求，当多个中断源同时申请中断时，如何确定请求发送顺序问题。中断控制器 8259A 就是为这个目的而设计的，它一端与多个外设的中断请求信号相连接，一端与 CPU 的 INTR 引脚相连接，所有外设的可屏蔽中断请求都受其管理，通过编程可设置各中断源的优先级、中断向量码等信息。

8259A 能与 8080/8085、8086/8088 等多种微处理器芯片组成中断控制系统。它有 8 个外部中断请求输入引脚，可直接管理 8 级中断。若系统中中断源多于 8 个，8259A 还可以实行两级级联工作，最多可用 9 片 8259A 级联管理 64 级中断。

6.3.1　8259A 的结构与引脚

1. 8259A 的内部结构

8259A 的功能比较多，控制字也比较复杂，这给初学者学习带来了一定的难度。为彻底掌握 8259A 的一些编程概念，有必要先对 8259A 的内部结构及其工作原理作一了解。8259A 内部结构如图 6-3 所示，由 8 个部分组成。

（1）数据总线缓冲器　这是一个 8 位双向三态缓冲器，是 8259A 与系统数据总线的接口。8259A 通过数据总线缓冲器接收微处理器发来的各种命令控制字，读取有关寄存器的状态；8259A 也通过数据总线缓冲器向微处理器送出中断类型码等。

（2）读/写控制逻辑　该部件接收来自 CPU 的读/写命令，配合片选信号$\overline{\text{CS}}$、读信号$\overline{\text{RD}}$、写信号$\overline{\text{WR}}$和地址线 A_0 共同实现控制，完成规定的操作。

（3）级联缓冲器/比较器　8259A 既可工作于单片方式，也可工作于多片级联方式。这个部件在级联方式下用于标识主从设备，在缓冲方式下控制收发器的数据传送方向。

（4）中断请求寄存器 IRR　该寄存器是一个 8 位寄存器，用来锁存外部设备送来的 $IR_7 \sim IR_0$ 中断请求信号。每位对应着 8259A 的 8 个外部中断请求输入端 $IR_7 \sim IR_0$ 中的一位。当 $IR_7 \sim IR_0$ 中某引脚上有中断请求信号时，IRR 对应位置 1；当该中断请求被响应时，该位复位。

（5）中断屏蔽寄存器 IMR　该寄存器是一个 8 位寄存器，用于设置中断请求的屏蔽信号。每位对应着 8259A 的 8 个外部中断请求输入端 $IR_7 \sim IR_0$ 中的一位。如果用软件将 IMR

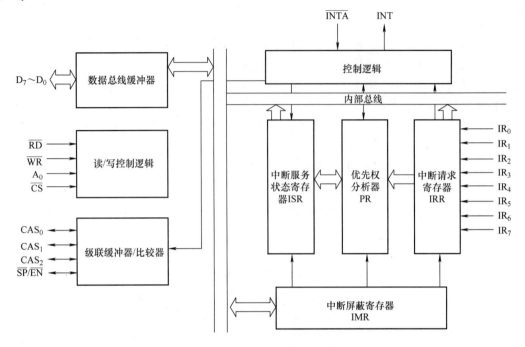

图 6-3　8259A 内部结构

的某位置"1"，则其对应引脚上的中断请求将被 8259A 屏蔽，即使对应 IR_i 引脚上有中断请求信号输入也不会在 8259A 上产生中断请求输出；反之，若屏蔽位置"0"，则不屏蔽，即产生中断请求。各个屏蔽位是相互独立的，某位被置 1 不会影响其他未被屏蔽引脚的中断请求工作。

（6）中断服务状态寄存器 ISR　该寄存器是一个 8 位寄存器，用于记录当前正在被服务的所有中断级，包括尚未服务完而中途被更高优先级打断的中断级。每位对应着 8259A 的 8 个外部中断请求输入端 $IR_7 \sim IR_0$ 中的一位。若某个引脚上的中断请求被响应，则 ISR 中对应位被置 1，以示这一中断源正在被服务。这一位何时被置 0 取决于中断结束方式（见后述）。例如，若 IRR 的 IR_2 获得中断请求允许，则 ISR 中的 D_2 位置位，表明 IR_2 正处于被服务之中。ISR 的置位也允许嵌套，即如果已有 ISR 的某位置位，但 IRR 中又送来优先级更高的中断请求，经判优后，相应的 ISR 位仍可置位，形成多重中断。

（7）优先权分析器 PR　优先权分析器用于识别和管理各中断请求信号的优先级别。当在 IR 输入端有几个中断请求信号同时出现时，通过 IRR 送到 PR（只有 IRR 中置 1 且 IMR 中对应位置 0 的位才能进入 PR）。PR 检查中断服务寄存器 ISR 的状态，判别有无优先级更高的中断正在被服务，若无，则将中断请求寄存器 IRR 中优先级最高的中断请求送入中断服务寄存器 ISR，并通过控制逻辑向 CPU 发出中断请求信号 INT，并且将 ISR 中的相应位置"1"，用来表明该中断正在被服务；若中断请求的中断优先级等于或低于正在服务中的中断优先级，则 PR 不提出中断请求，同样不将 ISR 的相应位置位。

（8）控制逻辑　控制逻辑是 8259A 全部功能的控制核心。它包括一组初始化命令字寄存器 $ICW_1 \sim ICW_4$ 和一组操作命令字寄存器 $OCW_1 \sim OCW_4$，以及有关的控制电路。初始化命令字在系统初始化时设定，工作过程中一般保持不变。操作命令字在工作过程中根据需要设定。控制逻辑电路按照编程设定的工作方式管理 8259A 的全部工作。

2. 8259A 的引脚

8259A 为 28 脚双列直插式封装，外部引脚排列如图 6-4 所示。各引脚的定义及功能如下：

$\overline{CS}$：片选信号，输入，低电平有效。

$\overline{RD}$：读信号，输入，低电平有效。

$\overline{WR}$：写信号，输入，低电平有效。

$CAS_2 \sim CAS_0$：三根双向的级联线。

A_0：地址线，输入，用于内部端口选择。

V_{CC}：+5V 电源，输入。

GND：地，输入。

$\overline{SP}/\overline{EN}$：主从设备设定/缓冲器读/写控制，双向双功能。

$IR_7 \sim IR_0$：外设向 8259A 发出的中断请求输入信号。

$D_7 \sim D_0$：双向数据线，接 CPU 的 $D_7 \sim D_0$。

INT：8259A 中断请求输出信号，输出，高电平有

效。该引脚连接到 CPU 的 INTR 引脚上，用于向 CPU 发中断请求。

$\overline{INTA}$：中断响应输入信号，低电平有效。此引脚连接到 CPU 的 $\overline{INTA}$ 引脚上，用来接收 CPU 发来的中断响应信号。

对部分引脚功能说明如下：

1）A_0：端口选择引脚，用于指示 8259A 的哪个端口被访问。8259A 需要两个连续端口地址，把 $A_0 = 0$ 所对应的端口称为"偶端口"，另一个称为"奇端口"。对于 8088 系统，将 8259A 的 $D_7 \sim D_0$ 与 CPU 的 $D_7 \sim D_0$ 相连接，8259A 的 A_0 与 CPU 的 A_0 相连接，即可满足 8259A 的地址要求。对于 8086 系统，数据线为 16 根，一般也是将 8259A 的 $D_7 \sim D_0$ 与 CPU 的 $D_7 \sim D_0$ 相连接，但要 CPU 的 A_1 与 8259A 的 A_0 相连接，将 CPU 的 $A_0 = 0$ 作为 8259A 的片选条件之一。这样，将 8086 的两个连续的偶地址（$A_1 A_0 = 00$，$A_1 A_0 = 10$）转换为 8259A 的一个偶地址和一个奇地址，从而满足了 8259A 的地址要求。

2）$CAS_2 \sim CAS_0$：双向级联总线，8259A 单片工作时不用这些引脚。当级联工作时，主片 8259A 的 $CAS_2 \sim CAS_0$ 与从片 8259A 的 $CAS_2 \sim CAS_0$ 相连接，构成如图 6-5 所示结构。作为主片时，这三根引脚为输出；作为从片时，为输入。图 6-5 中，设从片 1 与从片 2 同时对主片提出中断请求，而主片将从片 1 的中断请求发往 CPU 的 $\overline{INTR}$ 引脚。当 CPU 响应该中断请求后，发来第一个 $\overline{INTA}$ 脉冲，从片 1 和从片 2 均能收到这一信号，但不能确定是谁的中断请求被响应。由于从片 1 接在主片的 IR_0 引脚上，故主片在 $CAS_2 \sim CAS_0$ 放上"000"，表示接在 IR_0 引脚上的从片的请求被响应，从片 1 知道自己的 INT 引脚接在主片的 IR_0 输入端（详见初始化命令字 ICW3），故收到"000"后知道自己的中断请求被响应，它将在第二个 $\overline{INTA}$ 脉冲到来后将发出中断请求的外设的中断类型码放到系统数据线上供 CPU 读取。

3）$\overline{SP}/\overline{EN}$：主从定义/缓冲器方向。这是一根双功能引脚，当 8259A 工作在缓冲方式时，它是输出引脚，用来控制收发器的传送方向。当 8259A 工作在非缓冲方式时，它是输入引脚，用以指明该片是主片还是从片，$\overline{SP}/\overline{EN} = 1$，该片为主片；$\overline{SP}/\overline{EN} = 0$，该片为

图 6-4　8259A 外部引脚排列

	8259A	
$\overline{CS}$ — 1		28 — V_{CC}
$\overline{WR}$ — 2		27 — A_0
$\overline{RD}$ — 3		26 — $\overline{INTA}$
D_7 — 4		25 — IR_7
D_6 — 5		24 — IR_6
D_5 — 6		23 — IR_5
D_4 — 7		22 — IR_4
D_3 — 8		21 — IR_3
D_2 — 9		20 — IR_2
D_1 — 10		19 — IR_1
D_0 — 11		18 — IR_0
CAS_0 — 12		17 — INT
CAS_1 — 13		16 — $\overline{SP}/\overline{EN}$
GND — 14		15 — CAS_2

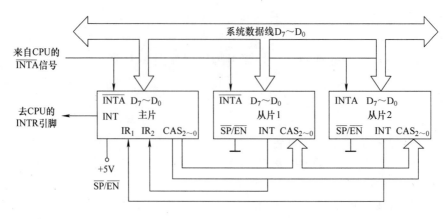

图 6-5　8259A 级联结构

从片。

6.3.2　8259A 中断响应时序

下面以 8259A 单片方式为例，结合 CPU 的动作，说明中断的基本过程，以便更好地理解 8259A 的功能。

1）当 $IR_7 \sim IR_0$ 中有一个或几个中断源变成高电平时，使相应的 IRR 位置位。

2）8259A 对 IRR 和 IMR 提供的情况进行分析处理。当请求的中断源未被 IMR 屏蔽时，如果这个中断请求是唯一的，或请求的中断比正在处理的中断优先级高，就从 INT 端输出一个高电平，向 CPU 发出中断请求。

3）CPU 在每个指令的最后一个时钟周期检查 INT 输入端的状态。当 IF 为"1"且无其他高优先级的中断（如 NMI）时，就响应这个中断，CPU 进入两个中断响应（$\overline{INTA}$）周期。

4）在 CPU 第一个 $\overline{INTA}$ 周期中，8259A 接收第一个 $\overline{INTA}$ 信号时，将 ISR 中当前请求中断中优先级最高的相应位置位，而对应的 IRR 位则复位为"0"。

5）在 CPU 第二个 $\overline{INTA}$ 周期中，8259A 收到第二个 $\overline{INTA}$ 信号时，送出中断类型号。整个过程的中断响应周期时序如图 6-6 所示。

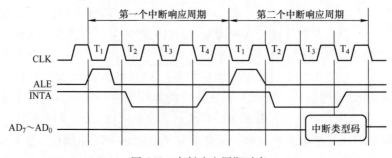

图 6-6　中断响应周期时序

6.3.3　8259A 的命令字

8259A 的各种功能都要通过编程设置来实现，8259A 提供了 4 个初始化命令字 ICW1 ~ ICW4 和 3 个操作命令字 OCW1 ~ OCW3 供程序员访问。初始化命令字的特点是：应在一开始初始化 8259A 时使用，只能使用一次；一旦发出就不能改变，且 4 个命令字有固定的写入顺序，一般将其放在主程序的开头。操作命令字用来设置可在程序中动态改变的功能，可多次使用，也没有固定的使用顺序。

8259A 的所有初始化命令字和操作命令字均为 1 个字节，有的需要写入奇地址，有的需要写入偶地址，详见各个字的说明。

PC/XT 中，8259A 所占的端口地址为 20H、21H。

1. 初始化命令字

初始化命令字必须按 ICW1 ~ ICW4 的顺序依次写入，但若其中某个（ICW3 或 ICW4）不需要，则不用写入，而直接写入下一个命令字。

（1）初始化命令字 ICW1　ICW1 必须写入 8259A 的偶地址端口，即 $A_0 = 0$。

A_0	D_7	D_6	D_5	D_4	D_3	D_2	D_1	D_0
0	×	×	×	1	LTIM	ADI	SNGL	IC_4

各位的控制功能为：

D_0：IC_4，用以决定初始化过程中是否需要设置 ICW4。若 $IC_4 = 0$，则不要写入 ICW4；若 $IC_4 = 1$，则需要写入 ICW4。对于 8086/8088 系统来说，ICW4 必须有，所以该位必须为"1"。

D_1：SNGL，用来设定 8259A 是单片使用还是多片级联使用。如系统中只有一片 8259A，则使 SNGL = 1，且在初始化过程中，不用设置命令字 ICW3。反之，若采用级联方式，则使 SNGL = 0，且在命令字 ICW1、ICW2 之后必须设置 ICW3 命令字。

D_2：ADI，在 8080/8085CPU 方式下工作时，设定中断向量的地址间隔大小。在 8086/8088 系统中这一位无效。

D_3：LTIM，用来设定中断请求输入信号 IR_i 的触发方式。若 LTIM = 0，设定为边沿触发方式，即在 IR_i 输入端检测到由低到高的正跳变时，且正电平保持到第一个 INTA 到来之后，8259A 就认为有中断请求。若 LTIM = 1，设定为电平触发方式，只要在 IR_i 输入端上检测到一个高电平，且在第一个 $\overline{INTA}$ 脉冲到来之后维持高电平，就认为有中断请求，并使 IRR 相应位置位。在电平触发方式下，外设应在 IRR 复位前或 CPU 再允许下一次中断进入之前，撤销这个高电平，否则有可能出现一次高电平引起两次中断的现象。

D_4：标志位，$D_4 = 1$ 表示当前写入的是 ICW1 初始化命令字。

$D_5 \sim D_7$：$D_5 \sim D_7$ 是 8080/8085 系统中断向量地址的 $A_5 \sim A_7$ 位。在 8086/8088 系统中，这 3 位不用。

无论何时，当微处理器向 8259A 送入一条 $A_0 = 0$、$D_4 = 1$ 的命令时，该命令被译码为 ICW1。它启动 8259A 的初始化过程，相当于 RESET 信号的作用，自动完成下列操作：清除中断屏蔽寄存器 IMR，设置以 IR_0 为最高优先级、依次递减，以 IR_7 为最低优先级的全嵌套方式，固定中断优先权排序。

（2）初始化命令字 ICW2　ICW2 必须写入奇地址端口。

A_0	D_7	D_6	D_5	D_4	D_3	D_2	D_1	D_0
1	T_7	T_6	T_5	T_4	T_3	0	0	0

该命令字用以设置 8259A 在第二个中断响应周期时提供给 CPU 的中断类型码。在 8086/

8088 系统中，中断类型码为 8 位，其前 5 位由 ICW2 的高 5 位 $T_7 \sim T_3$ 决定，后 3 位由 8259A 自动确定。对于 $IR_7 \sim IR_0$ 上的中断请求，最低 3 位依次为 000 ~ 111。

（3）初始化命令字 ICW3　ICW3 必须写入奇地址端口。

本命令字用于级联方式下的主/从片设置。只有 ICW1 的 SNGL = 0，即系统中 8259A 使用级联方式工作时，才需要使用 ICW3。对于主片或从片，ICW3 的格式和含义是不相同的，所以，主片/从片的命令字 ICW3 要分别写入。

1）对于主片，ICW3 的格式和各位含义如下：

A_0		D_7	D_6	D_5	D_4	D_3	D_2	D_1	D_0
1		IR_7	IR_6	IR_5	IR_4	IR_3	IR_2	IR_1	IR_0

在级联方式下，从片的中断请求输出（INT 引脚）作为主片的一个外设对待，接在主片的一个中断请求输入端 IR_i 上（见图 6-5）。那么，主片 8259A 如何知道哪一个中断请求输入端是一从片 8259A 而不是外设呢？通过设置主片的 ICW3 实现此功能。ICW3 的 $D_7 \sim D_0$ 与 8 个中断请求输入引脚 $IR_7 \sim IR_0$ 一一对应。ICW3 的某位为 1，则对应的中断请求输入引脚是从片 8259A；某位为 0，则对应的中断请求输入引脚是外设。

2）对于从片，ICW3 的格式和各位含义如下：

A_0		D_7	D_6	D_5	D_4	D_3	D_2	D_1	D_0
1		0	0	0	0	0	ID_2	ID_1	ID_0

$ID_0 \sim ID_2$ 三位从片标志位可有 8 种编码，表示从片的中断请求输出被连到主控制器的哪一个中断请求输入端 IR_i 上。

（4）初始化命令字 ICW4　ICW4 必须写入奇地址。

A_0		D_7	D_6	D_5	D_4	D_3	D_2	D_1	D_0
1		0	0	0	SFNM	BUF	M/S	AEOT	uPM

只有当 ICW1 中的 $IC_4 = 1$ 时，才要设置 ICW4。其各位含义为：

D_0：uPM，CPU 类型选择，用来指出 8259A 是在 16 位机系统中使用，还是在 8 位机系统中使用。若 uPM = 1，则 8259A 用于 8086/8088 系统；若 uPM = 0，则 8259A 用于 8080/8085 系统。

D_1：AEOI，用于选择 8259A 的中断结束方式。当 AEOI = 1 时，设置中断结束方式为自动结束方式；当 AEOI = 0 时，8259A 工作在非自动结束方式。

D_2：M/S，用来规定 8259A 在缓冲方式下，本片是主片还是从片，即该位只有在缓冲方式（BUF = 1）时才有效。当 BUF = 1，且 M/S = 1 时，此 8259 为主片；当 BUF = 1，但 M/S = 0 时，此 8259 为从片。而 8259A 在非缓冲方式下（BUF = 0）工作时，M/S 位不起作用，此时的主、从方式由 $\overline{SP}/\overline{EN}$ 端的输入电平决定。

D_3：BUF，用来设置 8259A 是否在缓冲方式下工作。若 BUF = 1，则 8259A 在缓冲方式下工作；若 BUF = 0，则 8259A 在非缓冲方式下工作。

D_4：SFNM，用来设定 8259A 的中断嵌套方式。若 SFNM = 1，则 8259A 设置为特殊全嵌套方式；若 SFNM = 0，则 8259A 设置为一般全嵌套方式。

2. 操作命令字

8259A 初始化后，就进入了工作状态，此后便可使用操作命令字改变其工作方式。操作命令字可以在主程序中使用，也可以在中断服务程序中使用。

（1）操作命令字 OCW1　OCW1 必须写入 8259A 的奇地址端口。

A_0		D_7	D_6	D_5	D_4	D_3	D_2	D_1	D_0
1		M_7	M_6	M_5	M_4	M_3	M_2	M_1	M_0

OCW1 是中断屏蔽操作字，其内容直接置入中断屏蔽寄存器 IMR 中。$M_7 \sim M_0$ 分别对应 $IR_7 \sim IR_0$ 上的中断请求，如某位置 1，则相应的 IR_i 输入被屏蔽，但不影响其他中断请求输入引脚；若某位置 0，则相应中断请求允许。

（2）操作命令字 OCW2　OCW2 必须写入偶地址。

A_0		D_7	D_6	D_5	D_4	D_3	D_2	D_1	D_0
0		R	SL	EOI	0	0	L_2	L_1	L_0

OCW2 是中断结束方式和优先级循环方式操作命令字。命令字的 $D_4 D_3 = 00$ 作为 OCW2 的标志位，其余各位含义如下：

D_7：R 位，作为优先级循环控制位。R = 1 为循环优先级，R = 0 为固定优先级。

D_6：SL 位，指明 $L_2 \sim L_0$ 是否有效。SL = 1 时，$L_2 \sim L_0$ 有效；SL = 0 时，$L_2 \sim L_0$ 无效。

D_5：EOI（中断结束命令）位。EOI = 1，表示这是一个中断结束命令，8259A 收到此操作字后必须将 ISR 中的相应位置 0；EOI = 0，表示这是一个优先级的设置命令，而不是中断结束命令。这 3 位组合形成的操作功能见表 6-1。

表 6-1　OCW2 的操作功能

R	SL	EOI	操 作 命 令
0	0	1	正常 EOI 中断结束命令，用于 8259A 采用普通 EOI 方式时的中断服务程序中，通知 8259A 将 ISR 中优先级最高的置 1 位置 0
0	1	1	特殊 EOI 中断结束命令，用于 8259A 采用特殊 EOI 方式时的中断服务程序中，命令中的 $L_2 \sim L_0$ 指出了要将 ISR 中的哪一位置 0
1	0	1	正常 EOI 时循环命令，用于 8259A 采用普通 EOI 方式时的中断服务程序中，通知 8259A 将 ISR 中优先级最高的置 1 位置 0，且将其优先级置为最低，其下一级为最高，其余依次循环
1	0	0	自动 EOI 时循环置位命令，在 8259A 工作于自动 EOI 方式时用于设置优先级循环，使刚服务完的中断优先级置为最低，其下级置为最高，其余依次循环
0	0	0	自动 EOI 时循环复位命令，在 8259A 工作于自动 EOI 方式时用于取消优先级循环方式，恢复固定优先级
1	1	1	特殊 EOI 时循环命令，用于 8259A 采用特殊 EOI 方式时的中断服务程序中。命令中的 $L_2 \sim L_0$ 指出了要将 ISR 中的哪一位置 0，且将其优先级置为最低，其下一级为最高，其余依次循环
1	1	0	优先级设定命令：设置 8259A 工作于优先级循环方式，将 $L_2 \sim L_0$ 指定位的优先级置为最低，其下一级为最高，其余依次循环
0	1	0	无意义

（3）操作命令字 OCW3　OCW3 必须写入 8259A 的偶地址端口。

A_0		D_7	D_6	D_5	D_4	D_3	D_2	D_1	D_0
0		×	ESMM	SMM	0	1	P	RR	RLS

OCW3 的功能有 3 个：一是用来设置和撤销特殊屏蔽方式；二是读取 8259A 的内部寄存器 ISR 或 IRR 的内容；三是设置中断查询方式。命令字的 $D_4D_3 = 01$ 作为标志位，其余各位组合实现如下功能：

1）读寄存器命令。

D_1：RR，读寄存器命令位。RR = 1 时，允许读 IRR 或 ISR；RR = 0 时，禁止读这两个寄存器。

D_0：RIS，读 IRR 或 ISR 的选择位。显然，这一位只有当 RR = 1 时才有意义。当 RIS = 1 时，下次读正在服务寄存器 ISR；当 RIS = 0 时，下次读中断请求寄存器 IRR。

读这两个寄存器内容的步骤是相同的，即先写入 OCW3 确定要读哪个寄存器，然后再对 OCW3 读一次（即对同一端口地址写一次，读一次），就得到指定寄存器内容了。

中断屏蔽寄存器 IMR 内容的读出比较简单，直接从 OCW1 地址（即奇地址）读出即可。

2）查询。

D_2：P 位，8259A 的中断查询设置位。当 IF = 1 时，CPU 不接受可屏蔽中断请求，但若此时 CPU 还是想知道有哪个中断源处于中断申请状态，可通过对 8259A 进行查询获得。当 P = 1 时，8259A 被设置为中断查询方式工作；当 P = 0 时，表示 8259A 未被设置为中断查询方式。查询时，CPU 先向 8259A 偶地址写入一个查询字 OCW3 = 0CH，随后再用 IN 指令读偶地址。读出数据的格式为：

D_7	D_6	D_5	D_4	D_3	D_2	D_1	D_0
IR	×	×	×	×	W_2	W_1	W_0

IR 位表示有无中断请求。IR = 1，表示有请求，此时 $W_2 \sim W_0$ 就是当前中断请求的最高优先级的编码；I = 0，表示无中断请求。

3）中断屏蔽。

D_6D_5：ESMM、SMM，特殊屏蔽允许位。这两位组合含义如下：ESMM，SMM = 11：将 8259A 设置为特殊屏蔽方式，该方式下只屏蔽本级中断请求，开放高级或低级的中断请求。ESMM，SMM = 10：撤销特殊屏蔽方式，恢复原来的优先级控制。ESMM，SMM = 0 ×：无效。

以上详细介绍了 8259A 的所有控制字，下面再说一下 8259A 对控制字的识别问题。7 个控制字中，写入偶地址的有 3 个——ICW1、OCW2、OCW3，写入奇地址的有 4 个——ICW2、ICW3、ICW4、OCW1。写入偶地址的 3 个控制字均有标志位，8259A 可据此识别。写入奇地址的 4 个控制字中，ICW2、ICW3、ICW4 必须紧随 ICW1 依次写入，故不必设单独的识别标志。这样，初始化结束后奇地址处只有 OCW1 一个控制字写入，故它也不必再设标志位。

6.3.4 8259A 的编程及其在 8086 微型计算机中的应用

1. 8259A 的初始化顺序

8259A 初始化命令字的使用有严格的顺序，如图 6-7 所示。

某 8086/8088 系统中有一片 8259A，中断请求信号为电平触发，中断类型码为 50H ~ 57H，中断优先级采用一般全嵌套方式，中断结束方式为普通 EOI 方式，与系统连接方式为非缓冲方式，8259A 的端口地址为 F000H 和 F001H。试写出初始化程序：

```
MOV   DX, 0F000H      ; 设置 8259A 的偶地址
MOV   AL, 1BH         ; 设置 ICW1
OUT   DX, AL
MOV   DX, 0F001H      ; 设置 8259A 的奇地址
MOV   AL, 50H         ; 设置 ICW2, 中断类型号基值
OUT   DX, AL
MOV   AL, 01H         ; 设置 ICW4
OUT   DX, AL
```

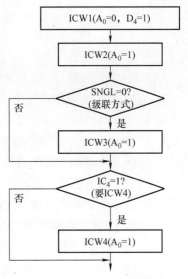

图 6-7   8259A 的初始化顺序

2. 8259A 在 8086 微机中的应用

PC/XT 系统中，8259A 的使用方法如下：单片使用，中断请求信号边沿触发，固定优先级，中断类型号范围为 08H ~ 0FH，非自动 EOI 方式，端口地址为 20H 和 21H，硬件连接及 8 级中断源的情况如图 6-8 所示。试写出初始化程序。

初始化程序为：

```
MOV   AL, 13H ; 写 ICW1：边沿触发、单片、需要 ICW4
OUT   20H, AL
MOV   AL, 08H ; 写 ICW2：中断类型号高 5 位
OUT   21H, AL
MOV   AL, 01H ; 写 ICW4：一般嵌套, 8086/8088 CPU
OUT   21H, AL ; 非自动结束
```

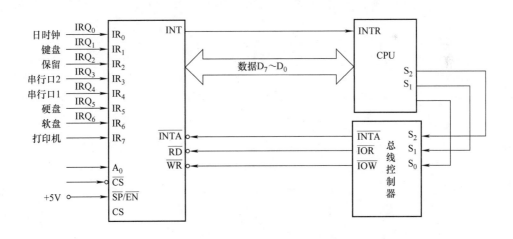

图 6-8   PC/XT 中 8259A 硬件连接及 8 级中断源的情况

本章首先介绍了中断技术的概念，中断源，中断类型，中断向量表，中断优先级，中断嵌套，以便对中断技术有一个整体的把握；然后介绍了 8086CPU 的中断处理过程，可编程中断控制器 8259A，8086 微处理器的中断接口技术，以便对中断技术的实际应用有一个全面的掌握。

复习思考题

1. 8086/8088 CPU 有哪几种中断？

2. 简要说明 8086/8088 中断的特点。

3. 简述 8086/8088 可屏蔽中断的响应过程。

4. 何为中断向量表？它有何作用？位于内存的什么位置？

5. 30H 号中断的中断服务程序地址存放在中断向量表的什么位置处？

6. 8259A 中断控制器的作用是什么？

7. 简述多个中断源、单一中断请求线的中断处理过程。

8. 8259A 的中断自动结束方式与非自动结束方式对中断服务程序的编写有何影响？

9. 某 8259A 初始化时，ICW1 = 1BH，ICW2 = 30H，ICW4 = 01H，试说明 8259A 的工作情况。

第7章　微型计算机的I/O接口技术

要点提示：本章主要介绍 I/O 接口电路的基本概念、基本功能，可编程定时器/计数器 8253、可编程并行接口芯片 8255 电路的功能及其应用。

基本要求：掌握 I/O 接口电路的基本概念、基本功能，以及可编程定时器/计数器 8253、可编程并行接口芯片 8255 电路功能，并能根据不同应用、不同的外部设备，正确地选择接口电路，以组成特定的微机应用系统。

7.1　I/O 接口的概念与功能

组成微机最核心的硬件是 CPU 和存储器，最基本的语言是汇编语言，但是还必须配上各种外围设备进行人机交互，才能使微机进行工作。把外围设备同微机连接起来实现数据传送的电路称为 I/O 接口电路。

7.1.1　概述

计算机通过外围设备同外部世界通信或交换数据，称为"输入/输出"。在微机系统中，常用的外围设备有键盘、显示器、软/硬盘驱动器、鼠标、打印机、扫描仪、绘图仪、调制解调器（MODEM）、网络适配器。随着计算机性能的不断提高，输入/输出设备也更加复杂多样，如影视、音频识别系统等。当计算机用于监测与过程控制中时，还需要模-数转换器（ADC）和数-模转换器（DAC），以及 I/O 通道中一些专用设备。当要把这些外设与主机相连时，就需要配上相应的电路。通常把这种介于主机和外设之间的一种缓冲电路称为 I/O 接口电路（interface）。CPU 与外设之间交换数据的框图如图 7-1 所示。对于主机，接口提供外部设备的工作状态和数据；对于外部设备，接口电路寄存了主机发送给外部设备的命令和数据，使主机和外部设备之间协调一致地工作。

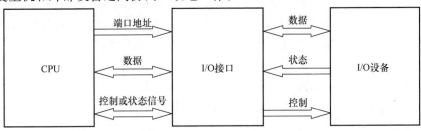

图 7-1　CPU 与外设之间交换数据框图

7.1.2　I/O 接口电路的基本功能

主机与外部设备之间交换数据为什么需要通过接口电路？接口电路应具备哪些功能才能实现数据传送呢？下面进行具体介绍。

1. 对输入/输出数据进行缓冲、隔离和锁存

外设品种繁多，其工作原理、工作速度、信息格式、驱动方式都有差异。它不能直接和

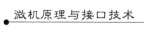

CPU 总线相连，要借助于接口电路使外设与总线隔离，起缓冲、暂存数据的作用。在众多外设中，在某一时段仅允许被 CPU 选中的设备通过接口享用总线与 CPU 交换信息，而没有选中的设备由于接口的隔离作用不能享用总线。

对输入接口，其内部都有起缓冲和隔离作用的三态门电路，只有当 CPU 选中此接口，三态门选通时，才允许选定的输入设备将数据送至系统数据总线；而其他没有被选中的输入设备，此时相应的接口三态门"关闭"，从而达到与数据总线隔离的目的。

对于输出设备，由于 CPU 输出的数据仅在输出指令周期中的短暂时间内存在于数据总线上，故需在接口电路中设置数据锁存器，暂时锁存 CPU 送至外设的数据，以便使工作速度慢的外设有足够的时间准备接收数据及进行相应的数据处理，从而解决了主机的"快"和外设的"慢"之间的矛盾。

所以，根据输入/输出数据进行缓冲、隔离、锁存的要求，外设经接口与总线相连，其连接方法必须遵循"输入要三态、输出要锁存"的原则。

2. 对信号的形式和数据格式进行交换与匹配

CPU 只能处理数字信号，信号的电平一般为 0 ~ 5V，而且提供的功率很小。而外部设备的信号形式多种多样，有数字量、模拟量（电压、电流、频率、相位）、开关量等。所以，在输入/输出时，必须将信号转变为适合对方需要的形式。例如，将电压信号变为电流信号，弱电信号变为强电信号，数字信号与模拟信号的相互转换，并行数据与串行数据的相互转换，配备校验位等。

3. 提供信息相互交换的应答联络信号

计算机执行指令时所完成的各种操作都是在规定的时钟信号下完成的，并有一定的时序。而外部设备也有自己的定时与逻辑控制，但通常与 CPU 的时序是不相同的。外设接口就需将外设的工作状态（如"忙""就绪""中断请求"）等信号及时通知 CPU，CPU 根据外设的工作状态经接口发出各种控制信号、命令及传递数据。接口不仅控制 CPU 送给外设的信息，也能缓存外设送给 CPU 的信息，以实现 CPU 与外设间信息符合时序的要求，协调工作。

4. 根据寻址信息选择相应的外设

一个计算机系统往往有多种外部设备，但 CPU 在某一段时间只能与一台外设交换信息，因此需要通过接口地址译码对外设进行寻址，以选定所需的外设，只有选中的设备才能与 CPU 交换信息；当同时有多个外设需要与 CPU 交换数据时，也需要通过外设接口来安排其优先顺序。

7.1.3 I/O 接口信号的分类

CPU 与 I/O 接口间通常需要下列接口信号。

1. 数据信息

数据通常为 8 位或 16 位，可分为 3 种基本形式：数字量、开关量和模拟量。由键盘、光电输入机等提供的二进制形式的信息为数字量。

只有两个状态的量，如电动机的启停、开关的开合等，只需用 1 位二进制数即可表示，称为开关量。

由传感器等提供的信号往往是模拟量（连续变化的信号），它需要先经过模 - 数（A - D）转换，才能输入到计算机中去，如温度、电压等。

2. 状态信息

指 I/O 接口反映 I/O 设备工作状态的信息，如表示输入装置是否已准备好的信息（READY 信号），表示输出装置是否忙的信息（BUSY 信号）等。

3. 控制信息

指 CPU 向接口内部控制寄存器发出的各种控制命令，用于改变接口的工作方式及功能，如选通信号、启停信号等。

这三类信息的性质是不同的，必须分别传送。通常是采用分配不同的端口地址的方法进行区别，所以一个外设往往要占几个端口地址。一般状态信息和控制信息往往只有一位或两位，故状态和控制信息常常共用一个端口地址。

7.1.4 I/O 端口的概念与编址方式

1. 端口地址的概念

CPU 既能够与内存交换数据，也能与外设交换数据，其工作原理是相似的。内存单元都进行了编址，每一个字节的存储单元占一个地址，CPU 通过在地址线上发送地址信号来通知存储器要与哪一个存储单元交换数据；同样，计算机对外设接口也进行了编址，叫作端口地址。在与 I/O 接口交换数据时，CPU 通过在地址线上发出要访问外设接口的端口地址来指出要与哪个 I/O 接口交换数据。

2. 两种编址方式

CPU 对外设的访问，实质上是对外设接口电路中相应的端口进行访问。I/O 端口的编址方式有两种：一种是 I/O 设备独立编址；另一种是 I/O 设备与存储器统一编址。

（1）I/O 设备独立编址 这种方式中存储器与 I/O 设备各有自己独立的地址空间，各自单独编址，互不相关。I/O 端口的读、写操作由 CPU 的引脚信号 $\overline{IQR}$ 和 $\overline{IQW}$ 来实现；访问 I/O 端口用专用的 IN 指令和 OUT 指令。此方式的优点是 I/O 设备不占存储器地址空间；缺点是需要专门的 I/O 指令。

（2）I/O 设备与存储器统一编址 这种方式中存储器和 I/O 端口共用统一的地址空间。在这种编址方式下，CPU 将 I/O 设备与存储器同样看待，因此不需要专门的 I/O 指令，CPU 对存储器的全部操作指令均可用于 I/O 操作，故指令多，系统编程比较灵活，I/O 端口的地址空间可大可小，从而使外设的数目几乎不受限制。统一编址的缺点是 I/O 设备占用了部分存储器地址空间，从而减少了存储器可用地址空间的大小，影响了系统内存的容量。例如，整个地址空间为 1MB，地址范围为 00000H ~ FFFFFH，如果 I/O 端口占 00000H ~ 0FFFFH 这 64KB，那么存储器的地址空间只有 10000H ~ FFFFFH 这 960KB。

计算机的 I/O 设备采用哪种编址方式，取决于 CPU 的硬件设计。IBM PC 系列机（Intel 系列 CPU）采用独立编址方式，存储器用 20 位二进制数编址，范围是 00000H ~ FFFFFH，共 1MB；I/O 设备用 16 位二进制数编址，范围是 0000H ~ FFFFH，共 64KB，但实际系统只用了 0 ~ 3FFH 这 1024B。

7.2 数据传送的控制方式

在计算机的操作过程中，最基本和使用最多的操作是数据传送。在微机系统中，数据主要在 CPU、存储器和 I/O 接口之间传送。在数据传送过程中，关键问题是数据传送的控制方式。微机系统中数据传送的控制方式主要有程序控制传送方式和 DMA（直接存储器存取）传送方式。

7.2.1　程序控制传送方式

程序控制的数据传送方式分为无条件传送方式、查询传送方式和中断传送方式。

1. 无条件传送方式

无条件传送方式又称为同步传送方式，主要用于外设的定时是固定的且已知的场合，外设必须在微处理器限定的指令时间内把数据准备就绪，并完成数据的接收或发送。通常采用的办法是：把 I/O 指令插入到程序中，当程序执行到该 I/O 指令时，外设必须已为传送的数据作好准备，在此指令时间内完成数据的传送任务。无条件传送是最简单的传送方式，它所需要的硬件和软件都较少。

作为无条件输入的例子，看一下图 7-2 所示的电路。在此例中，开关 S 的状态总是随时可读的。

CPU 可随时用如下指令读取：

```
MOV   DX, 0FFF7H
IN   AL, DX
AND   AL, 01H
JZ   L1
; 以下是 D_0 = 1，即 S 打开时的处理
……
; 以下是 D_0 = 0，即 S 闭合时的处理
L1：
……
```

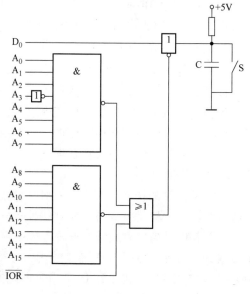

图 7-2　无条件传送方式

2. 查询传送方式

查询传送方式又称为异步传送方式。当 CPU 同外设工作不同步时，很难确保 CPU 在执行输入操作时，外设的数据一定是"准备好"的；而在执行输出操作时，外设寄存器一定是"空"的。为了确保数据传送的正确进行，便提出了查询传送方式。当采用这种传送方式时，CPU 必须先对外设进行状态测试。完成一次传送过程的步骤如下：

1）通过执行一条输入指令，读取所选外设当前的状态。

2）根据该设备的状态决定程序的去向，如果外设正处于"忙"或"未准备就绪"，则程序转回重复检测外设的状态；如果外设处于"空"或"准备就绪"，则发出一条输入/输出指令，进行一次数据传送。查询传送方式工作流程如图 7-3 所示。

查询传送方式的优点是：安全可靠；用于接口的硬件较省。其缺点是：CPU 必须循环等待外设准备就绪，导致效率不高。

【例 7-1】假设外设的 BUSY 信号为低电平表示外设忙，不能接收数据；BUSY 为高电平表示外设不忙，可以接收 1B 的数据。该外设与 8086 总线的接口如图 7-4 所示。图中74LS273 为锁存芯片，其内部包含 8 个上升沿触发的 D 触发器。下面的一段程序将 BL 的内

容输出到外设上去：

```
    MOV   DX，00FFH
    LOOP1：IN   AL，DX
    AND   AL，01H
    JZ   LOOP1
    MOV   AL，BL
    OUT   DX，AL
```

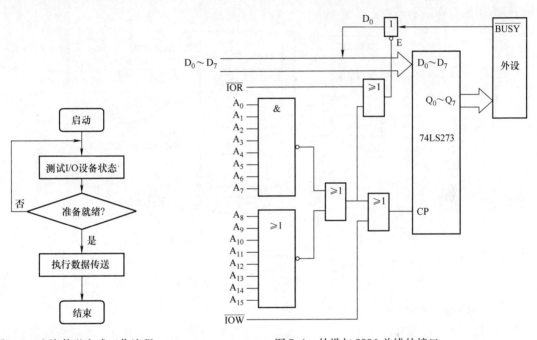

图 7-3　查询传送方式工作流程　　　　　图 7-4　外设与 8086 总线的接口

3. 中断传送方式

这种传送方式在第 6 章中已作详细介绍。

7.2.2　DMA 传送方式

以上三种方法可完成一般的数据交换问题，但当外设与内存间需要进行大批数据传输时（比如硬盘读写），以上任何一种方法的速度都不够理想。在上面的方法中，要从外设传送一个字节的数据到内存，必须先由 CPU 进行一次总线读操作，读取外设数据到其内部寄存器中，然后再由 CPU 进行一次总线写操作，将数据写入内存。这一过程至少需要 8 个时钟周期，当数据较多时，显然耗时太长。为了解决外设与内存之间大块数据交换时的速度问题，人们又提出了 DMA 方式。DMA 方式是一种让数据在外设和内存之间（或者内存到内存之间）直接传送的方式，其基本特点是 CPU 不参与数据传送。在 DMA 传送期间，CPU 自己挂起，把总线控制权让出来，在 DMA 控制器的管理下，提供给外设和内存使用。

DMA 传送的关键是 DMA 控制器，它可像 CPU 那样取得总线控制权。为了实现 DMA 传输，DMA 控制器必须将内存地址送到地址总线上，并且能够发送和接收联络信号。

DMA 传送的基本过程如下：

一个 DMA 控制器通常可以连接一个或几个输入/输出接口，每个接口通过一组连线和 DMA 控制器相连。习惯上，将 DMA 控制器中和某个接口有联系的部分称为一个通道。这就是说，一个 DMA 控制器一般由几个通道组成。

图 7-5 所示是一个单通道 DMA 控制器的编程结构和外部连线。外设与系统总线之间只进行数据总线的连接，它工作与否受到 DMA 控制器的控制。DMA 控制器的连接比较复杂，一方面它要与外设连接，接受 DMA 请求和控制外设动作，另一方面它还要与 CPU 联系，请求取得总线控制权，最后它还必须与系统总线上各种总线相接，进行总线的控制。下面说明一种典型的 DMA 操作过程。

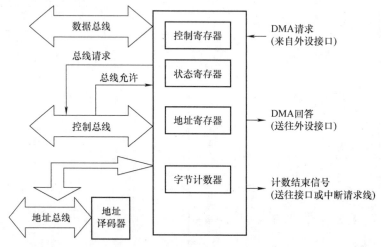

图 7-5　DMA 控制器编程结构和外部连线

1. 外设提出 DMA 传送请求

由外设或外设控制电路向 DMA 控制器发出 DMA 请求信号 DREQ，表示请求进行一次 DMA 传送。

2. DMA 控制器响应请求

DMA 控制器接收到请求后，经控制电路向 CPU 提出保持请求信号 HOLD，并等待 CPU 的回答。如果控制器接有多个 DMA 设备，它就要对各设备的请求进行排队，选择优先级别最高的请求并加以输出，作为向 CPU 发出的保持请求。

3. CPU 响应

CPU 在每个时钟上升沿都检测有无 HOLD 请求，若有此请求，且自身正处在总线空闲周期中，CPU 就立即响应保持请求。如果 CPU 正在执行某个总线周期，那么要到这个总线周期结束后再响应此保持请求。CPU 对保持请求有两个动作：第一个是从 HLDA 引脚端送出一个响应信号，告诉 DMA 控制器可以开始占用总线；第二个是将 CPU 与总线相连接的引脚置为高阻态，即释放总线。

4. DMA 控制器的动作

DMA 控制器在收到 HLDA 回答后，即开始对直接存储器存取的过程控制。它向外设送出 DACK 作为对 DMA 请求的响应，同时也作为外设的数据选通。还向系统总线送出控制信号和地址信号，以选择合适的存储单元。在一次 DMA 结束后，控制器撤除 HOLD 信号，CPU 也消除 HLDA，并重新开始对总线的使用。

7.3　8253 定时器/计数器

　　微机应用系统常常需要为处理机和外部设备提供实时时钟，以实现延时控制和定时，或对外部输入脉冲进行计数。实现这种功能的器件称为定时器/计数器。这种器件可用硬件电路实现计数/定时，但若改变计数或定时的要求，必须改变电路的参数，灵活性差。用软件实现计数和定时的方法通用性和灵活性好，但要占用 CPU 的时间。采用可编程定时器/计数器，其定时与计数功能由程序灵活地设定，设定后与 CPU 并行工作，不占用 CPU 的时间。Intel 公司生产的 Intel 8253 就是在微机系统中应用最广的定时器/计数器芯片，它是一种可编程芯片，工作方式、定时时间、输出信号形式等均可编程设置，使用十分方便。

7.3.1　8253 的功能与引脚

1. 8253 的基本功能

　　8253 的基本功能是对外部输入脉冲进行计数，若外部输入脉冲是连续而均匀的，则利用脉冲个数乘以脉冲周期可以计算出时间，从而实现了定时功能。8253 芯片内具有 3 个独立的 16 位减法计数器（或称为计数通道），每个计数器性能如下：

　　1）最高计数频率 2.6MHz。

　　2）可编程设定为按二进制计数或 BCD 码计数。有 6 种工作方式，可编程确定工作在哪一种方式。

2. 8253 的引脚

　　8253 的引脚排列如图 7-6 所示。

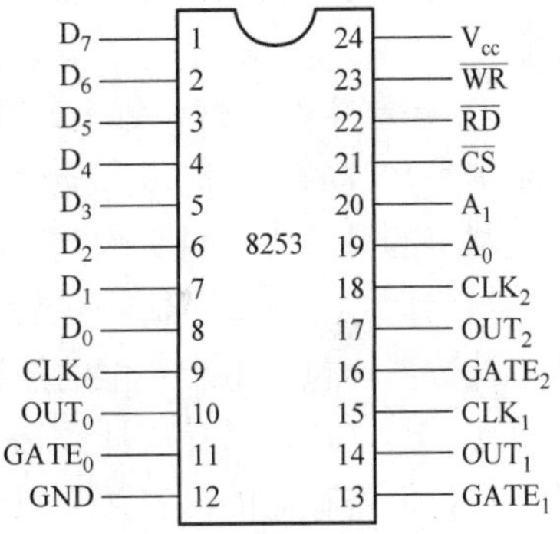

　　8253 为 24 引脚双列直插式封装结构，其引脚按功能分为与 CPU 接口引脚和与外设接口引脚：

　　（1）与 CPU 的接口引脚

　　$D_7 \sim D_0$：三态双向数据线，与 CPU 数据总线直接相连。

　　$\overline{WR}$：写控制信号，输入，低电平有效。

　　$\overline{RD}$：读控制信号，输入，低电平有效。

　　A_1、A_0：地址线，输入，用于端口选择。

　　8253 需要占用 4 个连续的端口地址，这 4 个端口地址分别对应 8253 内部的控制寄存器（接收并存放工作方式控制字）和 3 个计数通道的计数值寄存器（接收并存放计数初值）。具体如下：

　　$A_1 A_0 = 11$，选中控制寄存器端口，可以向 8253 送控制字；$A_1 A_0 = 00$、01、10，分别选择计数器 0、1、2，可以对它们读/写计数值。

　　$\overline{CS}$：片选信号，输入，低电平有效。当 $\overline{CS} = 0$ 时，8253 被选中，允许 CPU 对其进行读/写操作。

　　（2）与外设的接口引脚

　　$CLK_{0 \sim 2}$：计数器 0、1、2 的外部计数时钟输入端。

　　$GATE_0$、$GATE_1$、$GATE_2$：计数器 0、1、2 的门控信号输入端。门控信号用来禁止、允许或重新开始一个新计数过程，详见各工作方式的说明。

图 7-6　8253 引脚排列

```
        ┌────┬─┬────┐
  D₇ ──│1   └─┘  24│── V_cc
  D₆ ──│2        23│── WR
  D₅ ──│3        22│── RD
  D₄ ──│4        21│── CS
  D₃ ──│5        20│── A₁
  D₂ ──│6  8253  19│── A₀
  D₁ ──│7        18│── CLK₂
  D₀ ──│8        17│── OUT₂
CLK₀ ──│9        16│── GATE₂
OUT₀ ──│10       15│── CLK₁
GATE₀──│11       14│── OUT₁
 GND ──│12       13│── GATE₁
        └─────────┘
```

OUT_0、OUT_1、OUT_2：计数器0、1、2的计数输出端。当定时/计数时间到时，该端输出标志信号。

3. 8253 的内部结构

8253 的内部结构如图 7-7 所示，主要由以下几部分组成。

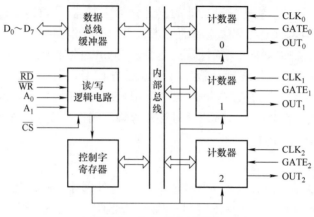

图 7-7 8253 的内部结构

1）数据总线缓冲器。该缓冲器为 8 位双向三态，是 CPU 与 8253 内部之间的数据传输通道。

2）读/写逻辑电路。接收 CPU 送来的读写、片选及地址信号，对 8253 内部各部件进行控制。

3）控制字寄存器。每个计数通道有一个控制字寄存器，用来接收 CPU 写入的控制字。控制字是 8 位的，只能写不能读。3 个计数通道的控制字寄存器共用 1 个控制端口，由写入的控制字的最高 2 位指明该控制字属于哪一个计数通道。

4）计数器 0～2。8253 包含 3 个相互独立的、内部结构完全相同的 16 位减法计数器。每个计数器均包含 1 个 8 位的控制字寄存器，1 个 16 位的计数初值寄存器 CR，以及计数执行单元 CE，CR 用来存放计数初值，可通过程序设定；CE 是一个 16 位的减 1 计数器，初值是计数初值寄存器的内容，它只对 CLK 脉冲计数，一旦计数器被启动后，每出现一个 CLK 脉冲，计数执行单元中的计数值减 1，当减为 0 时，通过 OUT 输出指示信号。当 CLK 是周期性的时钟信号时，计数器为定时功能；当 CLK 为非周期性事件计数信号时，呈现计数功能。一个 16 位的输出锁存器通常跟随计数执行单元内容的变化而变化，当接收到 CPU 发来的锁存命令时，就锁存当前的计数值而不跟随计数执行单元变化，直到 CPU 从中读取锁存值后，才恢复到跟随计数执行单元变化的状态，从而避免了 CPU 直接读取计数执行单元时干扰计数工作的可能。

7.3.2 8253 的工作方式

1. 方式 0 计数结束产生中断（interrupt on terminal count）

采用方式 0 时，当写入控制字 CW 后，OUT 信号变为低电平。当将计数初值写入计数初值寄存器 CR 后，利用下一个 CLK 脉冲的下降沿将 CR 的内容装入计数执行单元 CE 中，再从下一个 CLK 脉冲的下降沿开始，CE 执行减 1 计数过程。在计数期间，输出 OUT 一直保持低电平，直到 CE 中的数值减到 0 时，OUT 变为高电平，以向 CPU 发出中断申请，其工作波形如图 7-8 所示。当写入控制字后，计数器的输出 OUT 变成低电平；若门控信号 GATE 为高电平，计数器开始减 1 计数并且维持 OUT 为低电平；当计数器减到 0 时，输出端 OUT 变成高电平，并且一直保持到重新装入初值或复位时为止。

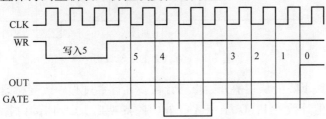

图 7-8　方式 0 的工作波形

门控信号 GATE 可以暂停计数，当 GATE = 0 时，计数停止；GATE 恢复为高电平后，继续计数。所以，如果在计数过程中，有一段时间 GATE 变为低电平，那么，输出端 OUT 的低电平持续时间会因此而延长相应的长度。

在计数过程中可以改变计数值，若是 8 位数，在写入新的计数值后立即按新值重新开始计数；若是 16 位数，写入第一个字节后计数停止，写入第二个字节后立即按新值重新计数（计数初值位数由控制字决定，见 7.3.3 节）。

2. 方式 1　可编程单稳态（hardware retriggerable one – shot）

方式 1 可以输出一个宽度可控的负脉冲。当 CPU 写入控制字后，OUT 即变为高电平，计数器并不开始计数，而是等到门控信号 GATE 上升沿到来后，并且在下一个时钟脉冲的下降沿才开始减 1 计数，并使输出 OUT 变为低电平，直到计数到 0，输出 OUT 再变为高电平。图 7-9 所示为方式 1 的工作波形。

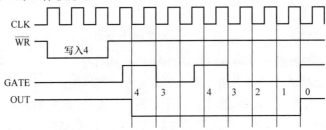

图 7-9　方式 1 的工作波形

如果在输出保持低电平期间，写入一个新的计数值，不会影响原计数过程；只有当门控信号 GATE 上出现一个新的上升沿后，才使用新的计数值重新计数。如果一次计数尚未结束 GATE 上又出现新的触发脉冲，则从新的触发脉冲之后的 CLK 下降沿开始重新计数。

3. 方式 2　分频器（rate generator）

使用方式 2 能对输入信号 CLK 进行 n（n 为计数值）分频。当 CPU 送出控制字后输出 OUT 将变为高电平。若门控信号 GATE 为高电平，当写入计数初值到 CR 后，在下一个 CLK 脉冲的下降沿，将 CR 装入 CE 并启动计数器工作。计数器对输入时钟 CLK 进行计数，直至计数器减至 1 时，输出 OUT 变为低电平。经过一个时钟周期后输出 OUT 又变为高电平，计数器自动从初值开始重新计数。图 7-10 所示为方式 2 的工作波形。

计数过程受门控信号 GATE 的控制，GATE 为低电平时暂停计数，由低电平恢复为高电

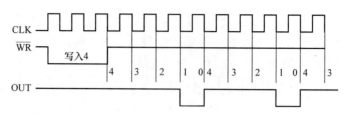

图 7-10   方式 2 的工作波形

平后，在第一个时钟下降沿从初值开始重新计数。在计数过程中改变初值，对正在进行的计数过程没有影响，但计数到 1，OUT 变低一个 CLK 周期后，CR 中的内容能自动地、重复地装入到 CE 中，只要 CLK 是周期性的脉冲序列，在 OUT 上就能连续地输出周期性的分频信号。

4. 方式 3   方波发生器（square ware mode）

采用方式 3 时，OUT 端输出连续方波。若计数值 N 为偶数，则输出对称方波，前 $N/2$ 个脉冲期间为高电平，后 $N/2$ 个脉冲期间为低电平；若 N 为奇数，则前 $(N+1)/2$ 个脉冲期间为高电平，后 $(N-1)/2$ 个脉冲期间为低电平。除输出波形不同外，方式 3 的其他情况均同方式 2。图 7-11 所示为方式 3 的工作波形。

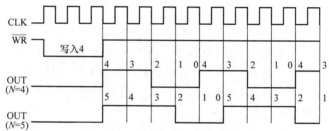

图 7-11   方式 3 的工作波形

5. 方式 4   软件触发选通脉冲（software triggered strobe）

当方式 4 写入控制字后，OUT 输出即变为高电平。若门控信号 GATE 为高电平，当写入计数初值到 CR 后，在下一个 CLK 脉冲的下降沿将 CR 装入 CE 并启动计数器工作，执行减 1 计数过程；当计数到 0 时输出一个时钟周期的负脉冲，计数器停止计数。这种计数方式是一次性的。只有输入新的计数值才重新开始新的计数。计数期间，如果写入新的计数值，立即按新值重新计数（具体情况同方式 0）。当门控信号 GATE 为低电平时，计数停止；GATE 为高电平时，从初值开始重新计数。图 7-12 所示为方式 4 的工作波形。

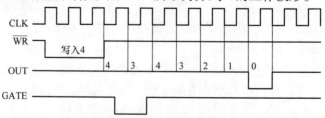

图 7-12   方式 4 的工作波形

此方式中，计数过程的启动是由输出指令对 CR 设置计数初值时被"触发"的，并且只有再次将初值写入 CR 操作时才会启动另一个计数过程。

6. 方式 5 硬件触发选通脉冲（hardware triggered strobe）

该方式在写入方式控制字后，输出 OUT 保持高电平；写入计数初值到 CR 后，OUT 仍然维持高电平，但并不开始计数，只有当门控信号 GATE 出现由低电平变高电平的上升沿后，下一个 CLK 脉冲的下降沿才将 CR 装入 CE，并启动计数器开始对 CLK 脉冲计数（相当于由硬件触发计数过程）。当计数到 0 时，OUT 上输出一个 CLK 周期的负脉冲，然后计数器停止。计数过程在未结束之前，GATE 上重新出现上升沿时，将使计数器从初值开始重新计数。图 7-13 所示为方式 5 的工作波形。方式 5 是由 GATE 的上升沿触发计数器开始计数操作的。

输出脉冲宽度在正常计数情况下，如果写入的计数初值为 N，输出端 OUT 维持 N 个时钟周期的高电平，1 个时钟周期的低电平。

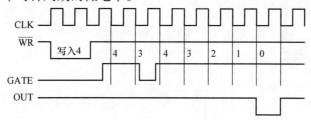

图 7-13　方式 5 的工作波形

8253 芯片的 6 种工作方式见表 7-1。

表 7-1　8253 芯片的 6 种工作方式

工作方式	开始方式	波形特征	是否自动循环	GATE 作用	中间改变计数值的有效性
0	立即（在 GATE =1 时）	计数期间为低电平，结束后为高电平	否	低电平期间暂停计数	立即
1	GATE 上升沿	计数期间为低电平，其余为高电平	自动重置初值，但需 GATE 上升沿才能重新开始	上升沿重新计数	GATE 上升沿
2	立即（在 GATE =1 时）	在最后一个计数期间为低电平，其余为高电平	是	恢复高电平重新计数	下一计数周期开始
3	立即（在 GATE =1 时）	占空比 1:1（或近似）的方波	是	恢复高电平重新计数	下一计数周期开始
4	立即（在 GATE =1 时）	计数结束后输出一个 CLK 周期的低电平，其余为高电平	否	恢复高电平重新计数	立即
5	GATE 上升沿	同方式 4	自动重置初值，但需 GATE 上升沿才能重新开始	上升沿重新计数	GATE 上升沿

说明（适用于所有工作方式）：

1）当控制字写入计数器后，所有控制逻辑电路立即处于复位状态，计数器输出端 OUT 进入规定的初始状态（高电平或低电平）。

2）计数初值写入计数初值寄存器后，要经过一个时钟周期，计数器才开始计数。

3）在时钟脉冲的上升沿对门控信号 GATE 进行采样。

4）计数器真正开始计数是在时钟脉冲的下降沿。

7.3.3 8253 的控制字与编程

1. 工作方式控制字

8253 的编程控制比较简单，只有一个 1 字节的控制字。该控制字用来设置各个计数通道的工作方式，以及计数值的锁存与读取（每个计数通道的计数值在计数过程中可随时读取，但控制字不能读取）。

8253 工作方式控制字的格式及含义如图 7-14 所示。

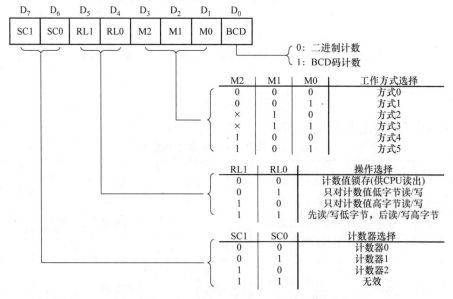

图 7-14　8253 工作方式控制字的格式及含义

2. 初始化编程

8253 使用前，必须首先对其进行初始化，初始化包括写入控制字和计数初值。

【例 7-2】 某系统中 8253 的端口地址为 2F80H～2F83H，要求通道 1 工作在方式 3，以 BCD 方式计数，计数初值为 1000。试写出初始化程序。

解： 此例中，在写入计数值时，可只写高 8 位，也可写 16 位。以写 16 位为例，控制字格式为：

```
: 01110111B =
77H
MOV   AL,
77H
MOV   DX,
```

```
2F83H
OUT  DX, AL
MOV  DX,
2F81H
MOV
AL, 0
OUT  DX, AL
MOV  AL, 10H
OUT  DX, AL
```

【例 7-3】 某系统中 8253 的端口地址为 40H～43H，要利用其通道 2 对 CLK$_2$ 上的外部输入脉冲进行计数，计满 100 个后向 CPU 发中断请求。试写出相应初始化程序。

解：本例中采用二进制计数，则初值 100 为 64H，写入时只写低 8 位即可。由于要向 CPU 发中断申请，我们设置通道 2 工作在方式 0，这样计数结束时的正跳变信号可作为中断请求信号。控制字的格式应为：

```
: 10010000B =
90H
MOV  AL,
90H
OUT
43H, AL
MOV
AL, 64H
OUT  42H, AL
```

7.4　并行接口芯片 8255A

CPU 与外设间的数据传送都是通过接口来实现的。CPU 与接口的数据传输总是并行的，即一次传输 8 位或者 16 位，而接口与外设间的数据传输则可分为两种情况：串行传送与并行传送。串行传送是数据在一根传输线上一位一位地传输，而并行传输是数据在多根传输线上一次以 8 位或 16 位为单位进行传输。与串行传输相比，并行传输需要较多的传输线，成本较高，但传输速度快，尤其适用于高速近距离的场合。

能实现并行传输的接口称为并行接口，并行接口分为不可编程并行接口与可编程并行接口。不可编程并行接口通常由三态缓冲器及数据锁存器等搭建而成，这种接口的控制比较简单，但要改变其功能必须改变硬件电路。可编程接口的最大特点是其功能可通过编程设置和改变，因而具有极大的灵活性。

7.4.1　8255A 概述

Intel－8255A（以下简称 8255A）是一种通用的可编程并行 I/O 接口芯片，又称为可编程外设接口芯片（Programmable Peripheral Interface，PPI），可通过软件编程的方法分别设置它的 3 个 8 位 I/O 端口的工作方式，通用性强，使用灵活。通过 8255A，CPU 可以和大多数并行传输的外设直接连接，是应用最广的典型可编程并行接口芯片。

1. 8255A 的主要特性

8255A 是通用的 8 位并行输入/输出接口芯片，使用灵活，功能强大，具有如下特点：

1）8255A 具有 3 个 8 位的数据口（A 口、B 口和 C 口），其中 C 口还可当作两个 4 位口来使用。3 个数据口均可用来输入或输出。

2）8255A 具有 3 种工作方式：方式 0、方式 1 和方式 2。可适应 CPU 与外设间的多种数据传输方式，如无条件传送方式、查询传送方式、中断方式等。

3）8255A 的 C 口还具有按位置 0 与置 1 功能。

2. 8255A 的内部结构

8255A 的内部结构如图 7-15 所示。它由如下几部分组成：

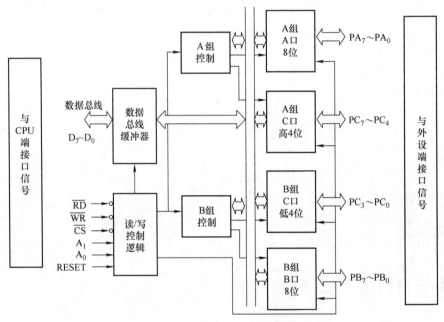

图 7-15 8255A 的内部结构

（1）数据总线缓冲器 该缓冲器为 8 位、双向、三态的缓冲器，直接与系统数据总线相连，是 CPU 与 8255A 间传送数据的必经之路。各种命令字的写入及状态字的读取，都是通过该数据总线缓冲器传送的。

（2）读/写控制逻辑 CPU 通过输入和输出指令，将地址信息和控制信息送至该部件，由该部件形成对端口的读/写控制，并通过 A 组控制和 B 组控制电路实现对数据、状态和控制信息的传输。

（3）A 组和 B 组控制 A 口及 C 口的高 4 位构成 A 组，B 口及 C 口的低四位构成 B 组。A 组控制和 B 组控制接收 CPU 写入的控制字，并据此决定 A 组端口及 B 组端口的工作方式。

（4）数据端口 A、B、C 8255A 有 3 个 8 位数据端口，分别具有如下特点：

1）A 口具有 1 个 8 位数据输入锁存器和 1 个 8 位数据输出锁存器/缓冲器。端口 A 无论用作输入口还是输出口，其数据均能被锁存。

2）B 口具有输出锁存器/缓冲器和输入缓冲器。作为输入口时，它不具备锁存能力，因此外设输入的数据必须维持到被微处理器读取为止。

3）C 口具有输出锁存器/缓冲器和输入缓冲器。C 口除用作输入和输出口外，在方式 1 及方式 2 下，其部分引脚要作为 A 口及 B 口的联络信号用，具体情况在工作方式中加以介绍。

3. 8255A 的外部引脚

8255A 芯片采用 NMOS 工艺制造，是一个 40 引脚双列直插式（DIP）封装组件，其引脚排列如图 7-16 所示。

（1）与微处理器连接的信号线

$D_7 \sim D_0$：数据线，三态双向 8 位，与系统的数据总线相连。

$\overline{CS}$：片选信号，低电平有效，即为低电平时，8255A 才能接受 CPU 的读/写。

$\overline{WR}$：写信号，低电平有效，即为低电平时，CPU 可以向 8255A 写入数据或控制字。

$\overline{RD}$：读信号，低电平有效，即为低电平时，允许 CPU 从 8255A 读取各端口的数据和状态。

A_1、A_0：端口地址选择信号。用于选择 8255A 的 3 个数据端口和 1 个控制端口。$A_1 A_0 = 00$ 选择 A 口，$A_1 A_0 = 01$ 选择 B 口，$A_1 A_0 = 10$ 选择 C 口，$A_1 A_0 = 11$ 选择控制口。

PA_3	1		40	PA_4
PA_2	2		39	PA_5
PA_1	3		38	PA_6
PA_0	4		37	PA_7
$\overline{RD}$	5		36	$\overline{WR}$
$\overline{CS}$	6		35	RESET
GND	7		34	D_0
A_0	8		33	D_1
A_1	9		32	D_2
PC_7	10	8255A	31	D_3
PC_6	11		30	D_4
PC_5	12		29	D_5
PC_4	13		28	D_6
PC_3	14		27	D_7
PC_2	15		26	V_{CC}
PC_1	16		25	PB_7
PC_0	17		24	PB_6
PB_0	18		23	PB_5
PB_1	19		22	PB_4
PB_2	20		21	PB_3

图 7-16　8255A 的引脚排列

RESET：复位信号，高电平有效，即为高电平时，8255A 所有的寄存器清 0，所有的输入/输出引脚均呈高阻态，3 个数据端口置为方式 0 下的输入端口。

（2）8255A 与外部设备连接的信号线

$PA_7 \sim PA_0$：A 口与外部设备连接的 8 位数据线，由 A 口的工作方式决定这些引脚用作输入/输出或双向。

$PB_7 \sim PB_0$：B 口与外部设备连接的 8 位数据线，由 B 口的工作方式决定这些引脚用作输入/输出。

$PC_7 \sim PC_0$：C 口 8 位输入/输出数据线，这些引脚的用途由 A 组、B 组的工作方式决定。

7.4.2　8255A 的控制字

控制字用来设置 8255A 的工作方式。8255A 有两个控制字：方式选择控制字和 C 口按位置位/复位控制字。这两个控制字写入同一端口地址（$A_1 A_0 = 11$），为了进行区分，控制字的 D_7 位作为标志位。$D_7 = 1$ 表示是工作方式控制字；$D_7 = 0$ 表示是按位置位/复位控制字。

1. 工作方式控制字

8255A 有 3 种工作方式：方式 0，基本输入/输出方式；方式 1，选通输入/输出方式（应答方式）；方式 2，双向传送方式。8255A 各数据端口的工作方式由方式选择控制字进行设置。对 8255A 进行初始化编程时，通过向控制寄存器写入方式选择控制字，可以让 3 个数据端口以需要的方式工作。其工作方式控制字的格式如图 7-17 所示。

【例 7-4】设 8255A 的端口地址为 60H ~ 63H，要求 A 组工作在方式 0，A 口输出，C 口高 4 位输入；B 组工作在方式 1，B 口输出，C 口低 4 位输入，则对应的工作控制方式字为：10001101B 或 8DH。

解：初始化程序如下：

```
MOV   AL, 8DH ; 设置方式字
OUT   63H, AL ; 送到8255A控制字寄存器中
```

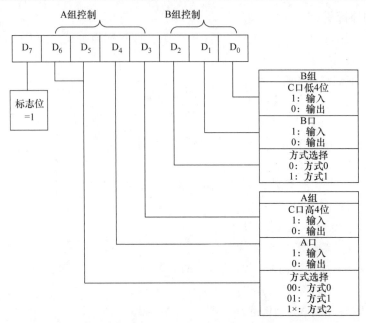

图 7-17 8255A 工作方式控制字的格式

2. C 口按位置位/复位控制字

按位置位/复位控制字的作用是使 C 口的某一引脚输出特定的电平状态（高电平或低电平），控制字的格式如图 7-18 所示。

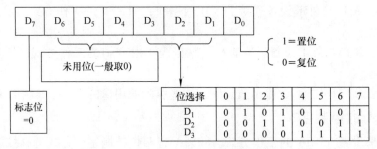

图 7-18 C 口按位置位/复位控制字的格式

说明：①仅 C 口可按位置位/复位，且只对 C 口的输出状态进行控制（对输入无作用）。

②一次只能设置 C 口 1 位的状态。

③这个控制字应写入控制口，而不是 C 口。

【例 7-5】要使 PC_7 置 1，PC_3 置 0，设 8255A 的地址为 320H～323H，则程序为：

```
MOV   AL, 0FH ; PC7 置 1 的控制字
MOV   DX, 323H
OUT   DX, AL
MOV   AL, 06H ; PC3 置 0 的控制字
OUT   DX, AL
```

7.4.3 8255A 的工作方式

8255A 芯片有 3 种工作方式：方式 0、方式 1 和方式 2。下面介绍这 3 种方式的特点。

1. 方式 0：基本输入/输出

在方式 0 下，A、B、C 三个端口均作为输入/输出端口。这种输入/输出只是简单的输入/输出，无联络信号，如图 7-19 所示。

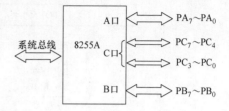

图 7-19 8255A 工作方式 0

8255A 工作于方式 0 时，它具有以下功能：

1）具有两个 8 位端口，即 A 口、B 口，两个 4 位端口，即 C 口的高 4 位、低 4 位。每个端口都可设定为输入或输出，共有 16 种组合，由方式控制字确定，但每个端口不能同时既输入又输出。

2）输出具有锁存能力，输入只有缓冲能力，而无锁存功能。

注意：在方式 0 下，C 口的高、低 4 位可分别设定为输入或输出，但 CPU 的 IN 或 OUT 指令必须至少以一个字节为单位进行读写，为此，必须采取适当的屏蔽措施，见表 7-2。

表 7-2 C 口读/写时的屏蔽措施

CPU 操作	高 4 位（A 组）	低 4 位（B 组）	数据处理
IN	输入	输出	屏蔽掉低 4 位
IN	输出	输入	屏蔽掉高 4 位
IN	输入	输入	读入的 8 位均有效
OUT	输入	输出	送出的数据只设在低 4 位上
OUT	输出	输入	送出的数据只设在高 4 位上
OUT	输出	输出	送出的数据 8 位均有效

2. 方式 1：带选通的输入/输出

方式 1 的特点是：仅 A 口、B 口可工作在这种方式下，A 口或 B 口可以作为输入，也可以作为输出，但不能既是输入又是输出。不论是作为输入还是输出，都要占用 C 口的某些引脚作为联络信号用，并且这种占用关系是固定的。C 口未被占用的位仍可用于输入或输出（控制字的 D_3 位决定）。

方式 1 下的数据输入/输出均具有锁存能力。

（1）方式 1 的输入 A 口和 B 口都设置为方式 1 输入时的情况，如图 7-20 所示。

A 口设定为方式 1 输入时，A 口所用 3 条联络信号线是 C 口的 PC_3、PC_4、PC_5，B 口则用 PC_0、PC_1、PC_2 作为联络信号。各联络线的定义如下：

STB：外设送来的输入选通信号，低电平有效。当低电平有效时，表示外设的数据已准备好，同时将外设送来的数据锁存到 8255A 端口的输入数据缓冲器中。

IBF：8255A 送外设的输入缓冲器满信号，高电平有效。有效时，说明外设数据已送到输入缓冲器中，但尚未被 CPU 取走。该信号一方面可供微处理器查询用，另一方面送给外设，阻止外设发送新的数据。IBF 由 STB 信号置位，由读信号的后沿将其复位。

INTR：8255A 送到 CPU 或系统总线的中断请求信号，高电平有效。当外设要向 CPU 传送数据或请求服务时，8255A 用 INTR 端的高电平向 CPU 提出中断请求。INTR 变为高电平的条件是：当输入缓冲器满信号变为高电平即 IBF = 1，并且中断请求被允许即 INTE = 1，才能使 INTR 变为高电平，向 CPU 发出中断请求。

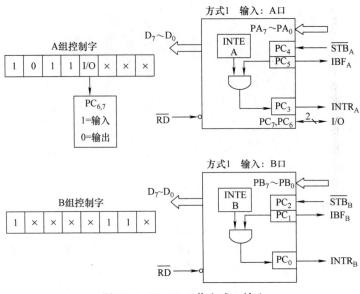

图 7-20 8255A 工作方式 1 输入

INTE：中断允许信号。A 口用 PC_4 的按位置位/复位控制，B 口用 PC_2 的按位置位/复位控制。只有当 PC_4 或 PC_2 置 1 时，才允许对应的端口送出中断请求。

下面以 A 口为例，对方式 1 的工作过程描述如下：

当外设准备好数据，并将数据送到数据线上后，送出一个 STB 选通信号。8255A 的 A 口数据锁存器在 STB 的下降沿将数据锁存。8255A 向外设送出高电平 IBF 信号，表示数据已锁存，暂时不要再送数据。如果 $PC_4 = 1$，这时就会使 INTR 变成高电平输出，向 CPU 发出中断请求。CPU 响应中断，执行 IN 命令时，RD 的下降沿清除中断请求，而 RD 结束时的上升沿则使 IBF 复位到零。外设在检测到 IBF 为零后，便开始发送下一数据。

（2）方式 1 的输出 A 口和 B 口都设置为方式 1 输出时的情况如图 7-21 所示。

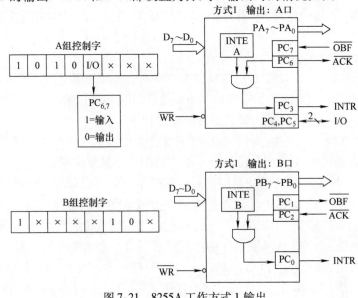

图 7-21 8255A 工作方式 1 输出

A 口与 B 口设为方式 1 输出时，也分别指定 C 口的 3 条线为联络信号，A 口所用 3 条联络信号线是 C 口的 PC_3、PC_6、PC_7，B 口则用了 PC_0、PC_1、PC_2 作为联络信号。各联络线的定义如下：

$\overline{OBF}$：该信号是 8255A 输出给外设的输出缓冲器满信号，低电平有效。当低电平有效时，表示 CPU 已将数据写到 8255A 的输出端口，等待外设取走数据。

$\overline{ACK}$：响应信号，低电平有效，由外设送来。当为低电平时，表示 8255A 的数据已被外设取走，是对 OBF 的回答信号。

INTR：中断请求信号，高电平有效。当外设取走数据后，8255A 用 INTR 端向 CPU 发出中断请求，请求 CPU 输出后面的数据。INTR 引脚上只有当 ACK、OBF 和 INTE 都为高电平时，才能发出中断请求，该请求信号由 CPU 写操作时的 WR 上升沿复位。

INTE：输出中断允许触发器，A 口由 PC_6 控制，B 口由 PC_2 控制。PC_4 和 PC_5 位可由控制字的 D_3 位设置为输入或输出数据用。

方式 1 输出的信号交接过程说明如下：

CPU 通过执行 OUT 指令，向 8255A 端口输出数据，此时将产生 $\overline{WR}$ 有效信号。写操作完成后，$\overline{WR}$ 的上升沿使 $\overline{OBF}$ 变低，表示输出缓冲器已满，通知外设取走数据，并且 $\overline{WR}$ 的上升沿使中断请求 INTR 变低，即使之无效。外设取走数据后，用一个有效的 $\overline{ACK}$ 信号回答 8255A，$\overline{ACK}$ 的下降沿使 $\overline{OBF}$ 变为高电平（无效）。如果 INTE = 1，则 ACK 负脉冲的下降沿再使 INTR 变为高电平（有效），产生中断请求。CPU 可在中断服务程序中向 8255A 输出下一个数据。

3. 方式 2：带选通的双向输入/输出

方式 2 是一种双向选通输入/输出方式，只适用于 A 口。所谓双向输入/输出，就是 A 口既可输入，又可输出。在方式 0 或方式 1 下，虽然 A 口、B 口也可以输入或输出，但一次只能设置为输入或输出一种状态，而不能既输入又输出，这是方式 2 与前两种方式的主要区别。方式 2 下 C 口的 5 条线（$PC_3 \sim PC_7$）作为 A 口的联络线，B 口只能工作在方式 0 或方式 1 下。若 B 口工作在方式 1 下，C 口的 3 位（$PC_0 \sim PC_2$）作为其联络线；若 B 口工作在方式 0 下，$PC_0 \sim PC_2$ 可作为输入/输出线。工作方式 2 下的控制字及引脚排列如图 7-22 所示。

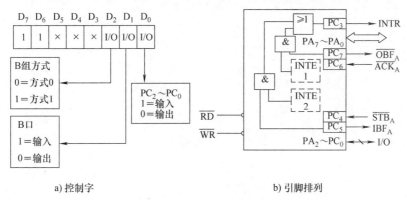

图 7-22　8255A 工作方式 2 下的控制字及引脚排列

在方式 2 下，各联络信号的含义如下：

INTR：中断请求信号，高电平有效。不管是输入还是输出，都由这个信号向 CPU 发出中断申请。

$\overline{OBF_A}$：输出缓冲器满，低电平有效。其作用等同于方式 1 输出时的$\overline{OBF}$。

$\overline{ACK_A}$：来自外设的响应信号，低电平有效。其作用等同于方式 1 输出时的$\overline{ACK}$。

INTE1：A 口输出中断允许，由 PC_6 置位/复位。当 INTE1 为 1 时，8255A 输出缓冲器空时通过 INTR 向微处理器发出输出中断请求信号；当 INTE1 为 0 时，屏蔽输出中断。

$\overline{STB_A}$：来自外设的选通输入，低电平有效。其作用等同于方式 1 输入时的$\overline{STB}$。

IBF_A：输入缓冲器满，高电平有效。其作用等同于方式 1 输入时的 IBF。

INTE2：A 口输入中断允许，由 PC_4 置位/复位。当 INTE2 为 1 时，8255A 输入缓冲器满时通过 INTR 向微处理器发出输入中断请求信号；当 INTE2 为 0 时，屏蔽输入中断。

以上介绍了 8255A 的三种工作方式，它们分别应用于不同的场合。方式 0 可用于无条件输入或输出的场合，如读取开关量、控制 LED 显示等；方式 1 提供了联络信号，可用于查询或中断方式输入或输出的场合；方式 2 是一种双向工作方式，如果一个外设既是输入设备，又是输出设备，并且输入和输出是分时进行的，那么将此设备与 8255A 的 A 口相连，并使 A 口工作在方式 2 就非常方便，如磁盘就是一种这样的双向设备。微处理器既能对磁盘读，又能对磁盘写，并且读和写在时间上是不重合的。

7.4.4 8255A 编程

8255A 工作时首先要初始化，即要写入控制字来指定其工作方式。如果需要中断，还要用 C 口按位置位/复位控制字将中断标志 INTE 置 1 或置 0。初始化完成后，就可对 3 个数据端口进行读/写。

【例 7-6】如图 7-23 所示，设 8255A 端口地址为 2F80 ~ 2F83H，编程设置 8255A，A 组、B 组均工作于方式 0，A 口输出，B 口输出；C 口高 4 位输入，低 4 位输出；然后，读入开关 S 的状态，若 S 打开，则使发光二极管熄灭；若 S 闭合，则使发光二极管点亮。

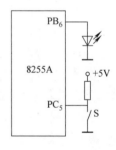

图 7-23 例 7-6 图

解：程序如下：

```
MOV   AL, 88H
MOV   DX, 2F83H
OUT   DX, AL
MOV   DX, 2F82H
IN    AL, DX
MOV   DX, 2F81H
AND   AL, 20H
JZ    L1；条件成立时 PC5 =0, S 闭合
MOV   AL, 0
OUT   DX, AL
JMP   END1
L1:
MOV   AL, 40H
OUT   DX, AL
END1:
HLT
```

【例 7-7】 计算机扬声器驱动系统如图 7-24 所示。扬声器的发声控制系统由 8255A PB 口的 D_0、D_1 位与 8253 计数器的计数通道 2 共同控制。8255A 的端口地址为 60H ~ 63H，8253 的端口地址为 40H ~ 43H。

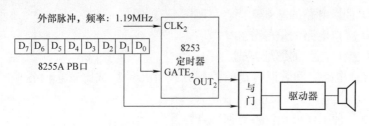

图 7-24　计算机扬声器驱动系统

扬声器有两种发声方式：

1）直接对 8255A 的 PB 口的 D_1 位交替输出 0 和 1，使扬声器交替地通与断，推动扬声器发声。这种方式发声频率不好控制，只能用于简单发声。

2）定时器控制发声：让 8255A PB 口的 D_1、D_0 位输出 1，对 8253 编程，使其在 OUT_2 上输出指定频率的方波，以驱动扬声器发声。这种方式好控制发声频率，可满足较复杂的发声要求（但 PC 中未提供控制音量的手段）。

由于扬声器总是随时可用的，故 CPU 可用直接 I/O 方式对其操作。

采用第一种方法时 PC 的发声程序如下：

```
CODE SEGMENT
ASSUME CS：CODE
START：
    MOV DX, 1000H      ; 开关次数
    IN AL, 61H         ; 取端口 61H 的内容
    PUSH AX            ; 入栈保存，以便退出时恢复
    AND AL, 11111100B  ; 将第 0、1 位置 0
SOUND：
    XOR AL, 2          ; D1 位取反
    OUT 61H, AL        ; 输出到端口 61H
    MOV CX, 2000H      ; 设置延时空循环的次数
DELAY：
    LOOP DELAY         ; 空循环，延时一小会儿
    DEC DX             ; 共 1000H 次
    JNZ SOUND
    POP AX             ; 从堆栈中弹出原 AX 内容
    OUT 61H, AL        ; 恢复原 61H 端口内容
    MOV AH, 4CH
    INT 21H            ; 返回 DOS
CODE ENDS
END START
```

复习思考题

1. 简述 I/O 接口电路的基本功能。

2. 简述 I/O 接口电路的信号分类。

3. 简述 I/O 接口电路的编址方式。

4. CPU 与接口电路之间数据传送的控制方式有几种？试比较它们各自的优缺点及适用场合。

5. 8253 有哪几种工作方式？各有何特点？

6. 说明 8253 在写入计数初值时，二进制计数和十进制计数有无区别？若有，有何区别？

7. 设 8253 的地址为 F0H ~ F3H，CLK_1 为 500kHz，欲让计数器 1 产生 50Hz 的方波输出，试对它进行初始化编程。

8. 用 8253 的通道 0 对外部事件进行计数，每计满 200 个脉冲时，产生一次中断请求信号。设 8253 的端口地址为 20H ~ 23H，试分析用何种工作方式较好，并写出初始化程序。

9. 某 PC 系统中，8253 的端口地址为 40H ~ 43H。当某一外部事件发生时（给出一高电平信号），2s 后向主机申请中断。若用 8253 实现此延时，试设计硬件连接图，并对 8253 进行初始化（注：当一个计数通道不能满足计数要求时可考虑二个计数通道级联）。

10. 8255A 有哪几种工作方式？每种工作方式有何特点？

11. 8255A 中，端口 C 有哪些独特的用法？

12. 假定 8255A 的地址为 60H ~ 63H，A 口工作在方式 2，B 口工作在方式 1 输入，请写出初始化程序。

第8章　串行通信接口及应用

要点提示：串行通信是指将数据在信号通路上一位一位地顺序传送，每一位数据占据一个固定的时间长度；而串行接口就是完成串行通信传输任务的接口。串行通信速度不如并行通信，但是串行通信具有抗干扰能力强、接口相对简单、成本低等诸多优点，所以在远程计算机通信系统中，采用串行通信方式特别适合。

基本要求：了解串行通信的基本知识和各种通信接口标准。重点掌握可编程串行通信接口芯片 8250 的结构、功能及编程应用。

8.1　串行通信基础

在并行通信中，所用的数据传输线较多，因此并行通信方式不适合长距离传输数据；而串行通信所需的传输线较少，所以采用串行通信方式可以节省传输线。在数据位数较多，传输距离较长的情况下，这个优点更为突出，可以降低成本。

8.1.1　串行通信数据传送方式

在串行通信中，按照数据在通信线路上的传输方向，可以分为单工通信、半双工通信和全双工通信。

1. 单工通信

单工通信是指数据信号仅允许沿一个方向传输，即由一方发送数据，另一方接收数据，如图 8-1 所示。无线电广播就是采用单工通信方式的。

2. 半双工通信

半双工通信是指通信双方都能接收或发送，但不能同时接收和发送的通信方式。在这种传送方式中，通信双方只能轮流地进行发送和接收，即 A 站发送，B 站接收，或 B 站发送，A 站接收，如图 8-2 所示。对讲机系统就是采用半双工通信方式的。

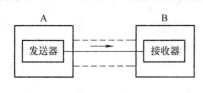

图 8-1　单工通信　　　　　图 8-2　半双工通信

3. 全双工通信

全双工通信是指通信双方在同一时刻可以同时进行发送和接收数据，如图 8-3 所示。双工需要两条传输线。目前，计算机网络通信系统就是采用全双工通信的。

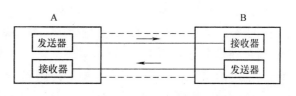

图 8-3　全双工通信

8.1.2 串行通信协议

在串行通信中，为了正确地传输每一个字符和字符中的每一位信息，必须要保证发送端和接收端同步工作。根据数据的收发方式，串行通信协议可分为异步通信协议和同步通信协议两种。

1. 异步通信协议

异步通信协议采用的数据格式是每个字符都按照一个独立的整体进行发送，字符的间隔时间可以任意变化，即每个字符作为独立的信息单位（帧），可以随机地出现在数据流中。所谓"异步"，就是指通信时两个字符之间的间隔事先不能确定，也没有严格的定时要求。

异步通信协议规定的传输格式由 1 位起始位、5~8 位数据位、1 位奇偶校验位、1~2 位停止位和若干个空闲位等组成，如图 8-4 所示。其中，起始位是表示字符的开始，通知接收方开始接收数据；停止位是表示字符传输的结束。

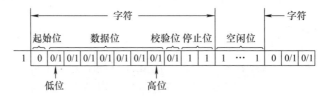

图 8-4 异步串行通信数据格式

在串行通信中，传输速率是指单位时间内传送的二进制数据的位数，也称为波特率，单位是位/秒（bit/s）。常用的波特率有 110bit/s、300bit/s、600bit/s、1200bit/s、2400bit/s、4800bit/s、9600bit/s、19200bit/s、38400bit/s 等。字符速率是指每秒钟传送的字符数，它与波特率是两个相关但表达的意义不相同的概念。例如，若异步通信的数据格式由 1 位起始位、8 位数据位、1 位奇偶校验位、2 位停止位组成，波特率为 2400bit/s，则每秒钟能够最多传送 $2400 \div (1+8+1+2) = 200$ 个字符。

采用异步通信格式的优点是，控制简单，不需收发双方时钟频率保持完全一致，可以有偏差，纠错方便。其缺点是一旦传输出错，则需要重发，传输效率低，信息冗余大。

2. 同步通信协议

在异步通信中，每传送一个字符，需要增加大约 20% 的附加信息位，即用起始位和停止位作为每个字符的开始和结束标志，占用了一些时间，降低了传输效率。因此在大批量数据传送时，为了提高速度，就要设法去掉这些标志，而采用同步传输。

在同步传输时，信息以数据块（由多个字符组成）为单位进行传送，不仅字符内部位与位之间是同步的，而且字符之间的传送也是同步的，因此，收发双方对时钟同步要求严格，所以设备也比较复杂，一般只用于需要高速大容量的通信场合。

同步通信协议主要分为两种：一种是面向字符的同步通信协议，它的特点是把每个帧看作由若干个字符组成的数据块，并规定了一些特殊字符作为同步字符以及传输过程的控制信息；另一种是面向比特的同步通信协议，它的特点是把数据及控制信息看作为比特流的组合，靠约定的比特组合模式来标志帧的开始和结束。常见的几种同步通信格式如图 8-5 所示，主要有单同步格式、双同步格式、SDLC 格式、HDLC 格式和外同步格式。

同步通信中需要注意的是，传输的数据都是成批连续的，两个字符之间不允许有空格，

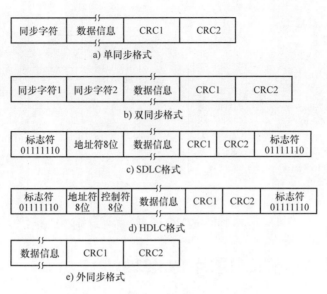

图 8-5　常见的几种同步通信格式

在没有字符要传输时要填上空字符，以此来保证数据传输的准确性。

采用同步通信协议的优点是传输效率高、传输速度快，适合要求快速、连续地传输大量数据的场合，但其技术比异步通信协议复杂、硬件投资大、成本高。因此，在一般应用中，采用异步通信的比较多。

8.1.3　RS-232 串行通信的接口标准

为了实现不同厂商生产的计算机和各种外部设备之间进行串行通信，国际上制定了一些串行接口标准，常见的有 RS-232C 接口、RS-422A 接口、RS-485 接口。目前最普遍使用的是美国电子工业协会颁布的 RS-232C 接口标准。RS-232C 接口标准规定了机械、电气、功能等方面的参数。

RS-232C 中采用负逻辑规定逻辑电平，逻辑"1"电平规定为 -3 ~ -15V，逻辑"0"电平规定为 +3 ~ +15V。在实际使用中，常采用 ±12V 或 ±15V。由此可见，RS-232C 标准中的信号电平标准与计算机中广泛采用的 TTL 电平标准不相容，在使用时，必须有电平转换电路。

RS-232C 既是一种协议标准，又是一种电气标准，它采用单端、双极性电源供电电路。RS-232C 规定的传输速率有：50bit/s、75bit/s、110bit/s、150bit/s、300bit/s、600bit/s、1200bit/s、2400bit/s、4800bit/s、9600bit/s、19.2Kbit/s、33.6Kbit/s、56Kbit/s 等，能够适应不同传输速率的设备。在距离较近（小于 15m）的情况下进行通信时，两个计算机的 RS-232C 接口可以直接互连，如图 8-6 所示。

图 8-6a 给出的是最简单的互连方式，只需 3 条线就可以实现相互之间的全双工通信，但是其许多功能（如流控）就没有了。图 8-6b 给出的是常用信号引脚的连接，为了交换信息，TXD 和 RXD 是交叉连接的，即一个发送数据，另一个接收数据；RTS 和 CTS 与 DCD 互接，即用请求发送 RTS 信号来产生清除发送 CTS 和载波检测 DCD 信号，以满足全双工通信的逻辑控制；用类似的方法可将 DTR、DSR 和 RI 互连，以满足 RS-232C 通信控制逻辑的要求。这种方法连线较多，但能够检测通信双方是否已准备就绪，故通信可靠性高。

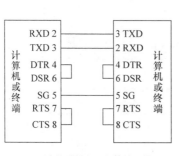

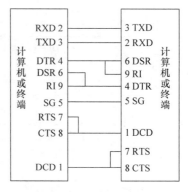

a) 两个终端设备的最简单连接   b) 两个终端设备的直接连接

图 8-6　两个 RS－232C（9 针）终端设备的连接

8.2　可编程串行通信接口芯片 INS 8250

能完成异步通信的硬件电路被称为 UART，典型的芯片有 INS8250、MC6850 – ACIA、MC6852 – SSDA 等；既可以完成异步通信又可以完成同步通信的硬件电路被称为 EUART，如 Intel 的 8251A、AMD9951 等。1981 年，在 IBM 计算机主板上用 8250 UART 与 MODEM 或串行打印机进行通信，由于 INS 8250 的应用包含对计算机中 BIOS 的支持，因而确定了它的结构和特性。这里，仅介绍 INS8250 的结构及应用。

8.2.1　概述

INS8250（以下简称 8250）是使用 + 5V 电源的具有 40 个引脚的芯片，其内部结构及引脚排列如图 8-7 所示。

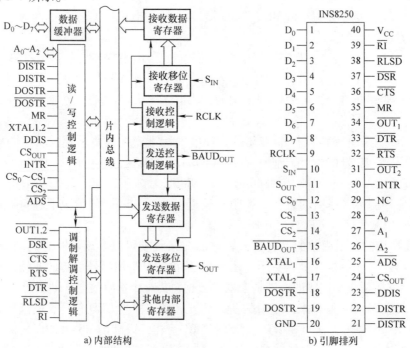

a) 内部结构   b) 引脚排列

图 8-7　INS8250 内部结构及引脚排列

8250 的主要功能特点是：传输速率可在 50 ~ 9600bit/s 范围内编程选择；具有完整的 MODEM 控制功能；具有线路隔离、故障模拟等内部诊断功能；具有中断控制和优先权判决能力；可以支持半双工或全双工等。

当发送数据时，8250 接收从 CPU 送来的并行数据，并保存在发送数据寄存器中。只要发送移位寄存器没有正在发送数据，8250 就把发送数据寄存器中的数据送到发送移位寄存器中，并按照程序中所规定的格式和波特率，加入起始位、奇偶校验位和停止位，然后从串行数据输出端 S_{OUT} 逐位输出。

当接收数据时，8250 的接收移位寄存器对输入端 S_{IN} 输入的串行数据进行移位接收，并按照规定格式和波特率，自动删除起始位、奇偶校验位和停止位；然后将这些数据并行地传送到接收数据寄存器中，CPU 从接收数据寄存器中就可读出收到的数据了。

由此可见，发送移位寄存器和接收移位寄存器是 8250 的核心部件。发送移位寄存器完成"并—串转换"功能，即把计算机输出的并行数据转换成异步通信所需的串行码输出；接收移位寄存器完成"串—并转换"功能，即将收到的串行输入码转换成计算机所需的并行数据。

8.2.2　8250 的寄存器

8250 内部有 9 种可访问的寄存器，分别为：发送数据寄存器 THR，接收数据寄存器 RBR，通信控制寄存器 LCR，通信状态寄存器 LSR，波特率设置寄存器 DLR（也称为除数锁存器），MODEM 控制寄存器 MCR，MODEM 状态寄存器 MSR，中断允许寄存器 IER 和中断标志寄存器 IIR。这些寄存器主要用来设置工作参数或者获得工作状态。

1. 通信控制寄存器

这是一个可读/写寄存器，主要用于指定串行异步通信的数据格式，如数据位数、奇偶校验的选择、停止位的多少。其各位意义如图 8-8 所示。

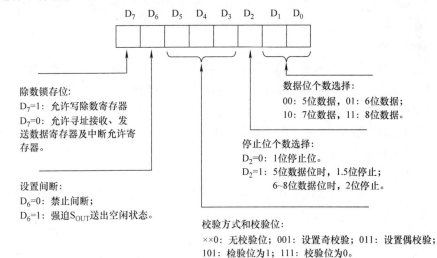

图 8-8　通信控制寄存器各位意义

值得注意的是，通信控制寄存器的 D_7，需要读/写除数锁存时，必须使 $D_7 = 1$；而在读/写其他寄存器时，要使 $D_7 = 0$。

2. 通信状态寄存器

通信状态寄存器是一个 8 位寄存器，用于为 CPU 提供 8250 芯片的内部状态信息，主要是说明在通信过程中 8250 接收和发送数据的情况。其各位的功能含义见表 8-1。

表 8-1　通信状态寄存器各位的功能含义

位状态	意义
$D_0 = 1$	表示 8250 已接收到一个有效字符，CPU 可以从 8250 接收数据寄存器中读取。一旦读取，此位立即变为 0
$D_1 = 1$	表示 CPU 未及时把接收数据寄存器中的输入字符取走，8250 又接收新的数据而将前一个数据破坏
$D_2 = 1$	表示在 8250 接收到一个完整的数据进行奇偶校验时，发现被接收的数据有奇偶错
$D_3 = 1$	表示接收到的数据停止位不正确，也称格式错或帧出错
$D_4 = 1$	表示线路信号间断，即在超过一个完整的字符传输时间内接收的均为空闲状态
$D_5 = 1$	表示发送数据寄存器为空
$D_6 = 1$	表示发送移位寄存器为空
$D_7 = 0$	恒为 0，不用

在 8250 串行发送数据时，一旦发送移位寄存器已将其数据的各位串行移出，则发送数据寄存器的数据会自动传送给发送移位寄存器，然后数据从发送移位寄存器串行输出，同时，发送数据寄存器变为空状态。当发现发送数据寄存器为空后，可立即向它写入下一个要传送的数据。

3. 发送数据寄存器

发送数据寄存器是一个 8 位寄存器。发送数据时，CPU 将数据写入该发送数据寄存器。若发送移位寄存器为空，则该发送数据寄存器中的数据便会由 8250 的硬件并行送入到发送移位寄存器中，以便串行输出。

4. 接收数据寄存器

接收数据寄存器是一个 8 位寄存器。当 8250 接收到一个完整的字符时，会将该字符由接收移位寄存器传送到接收数据寄存器，CPU 可以直接到接收数据寄存器中读取数据。

5. MODEM 控制寄存器

MODEM 控制寄存器是一个 8 位的寄存器，控制芯片的 4 个引脚的输出和芯片的环路检测，以控制 MODEM 或其他数字设备。

6. MODEM 状态寄存器

MODEM 状态寄存器检测 MODEM 或其他设备加到 8250 上的 4 个控制引脚的输入状态，以及这些控制线的状态变化。

7. 除数锁存器

除数锁存器即波特率设置寄存器。该寄存器为 16 位，外部基准时钟被除数锁存器中的除数相除，可以获得所需的波特率。如果外部基准时钟频率 f 已知，而 8250 所要求的波特率 F 也已确定，则就可以求出除数锁存器中应该锁存的除数为：$f/(16 \times F)$。

8. 中断允许寄存器

8250 共有 4 种中断源，分别是接收器线路状态中断、接收数据寄存器"满"中断、发送数据寄存器"空"中断和 MODEM 状态中断。中断允许寄存器的高 4 位不用，只使用低 4 位。当某位置"1"时，表示允许相应的中断请求；置"0"时，表示禁止相应的中断请求。

9. 中断标志寄存器

8250 芯片中多个中断源共同使用同一个中断输出，所以各个中断需要按照事件的紧迫性进行排序，即优先权排队。8250 共有 4 级中断，按优先权从高到低的中断源顺序是：接收线路状态中断、接收数据寄存器"满"中断、发送数据寄存器"空"中断、MODEM 状态中断。中断标志寄存器为 8 位，高 5 位不用，只使用低 3 位来实现 8250 的中断标志。中断标志寄存器可以指出有无待处理的中断发生及其类型，其中第 0 位是用来表示是否有中断发生，第 2 位和第 3 位用来表示发生中断的类型。当 $D_0 = 1$ 时，表示无中断发生；当 $D_0 = 0$ 时，表示有中断发生。中断标志寄存器是只读的。

8.2.3　8250 的编程及应用

8250 内部有许多与编程使用有关的寄存器，在片选信号 CS_0、CS_1 和 $\overline{CS_2}$ 有效的情况下，先选中 8250，再利用 A_2、A_1、A_0 来确定被访问的寄存器。另外还可以采用两种方法进行寻址。

1）利用通信控制寄存器的最高位（除数锁存位）置"1"，来选中除数锁存寄存器。将发送数据寄存器和接收数据寄存器共享一个地址号，由于发送数据寄存器是"只写"的，而接收数据寄存器是"只读"的，因此可以用"写入"访问发送数据寄存器，用"读出"访问接收数据寄存器。在计算机中，串行通信接口大都由 8250 来实现。如图 8-9 所示，在这种连接的情况下，8250 的地址由 10 条地址线来决定，其地址范围为 3F8H ~ 3FFH。

2）利用 8250 进行通信时，首先要对其初始化，即设置波特率、数据格式、是否中断、是否自测试操作等。初始化后，则可采用程序查询或中断方式进行串行通信。实现串行通信的程序随着具体要求的不同，可能很简单，也可能十分复杂。

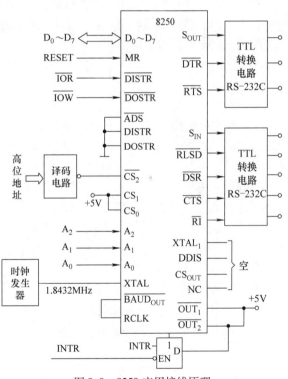

图 8-9　8250 应用接线原理

1. 8250 的初始化

对 8250 初始化时，通常要对部分内部寄存器进行设置，主要有通信控制寄存器、除数锁存器、MODEM 控制寄存器、中断允许寄存器等。8250 初始化流程如图 8-10 所示。

（1）设置波特率　假设设置波特率的值为 1200bit/s，由于加在 $XTAL_1$ 上的时钟频率为 1.8432MHz，所以除数为 0060H。为了写除数锁存器，应该先使通信控制寄存器的最高位

（除数锁存位）的值为1。该程序段如下：

```
MOV   AL, 10000000B ；置通信控制寄存器的除数锁存位的值为1
MOV   DX, 3FBH
OUT   DX, AL
MOV   AL, 60H      ；置 1200bit/s 的除数低位
MOV   DX, 3F8H
OUT   DX, AL
MOV   AL, 00       ；置 1200bit/s 的除数高位
MOV   DX, 3F9H
OUT   DX, AL
```

（2）设置字符数据格式　假设 7 个数据位，1 个停止位，设置奇校验，则该程序段如下：

```
MOV   AL, 00001010B  ；设置数据格式
MOV   DX, 3F8H
OUT   DX, AL          ；写入通信控制寄存器
```

（3）设置 MODEM 控制字　MODEM 控制字有不允许中断输出、允许中断输出和自测试共计三种工作方式。

① 不允许中断输出。该方式的程序段如下：

```
MOV   AL, 03H
MOV   DX, 3FCH
OUT   DX, AL
```

② 允许中断输出。该方式的程序段如下：

```
MOV   DX, 3FCH
MOV   AL, 0BH
OUT   DX, AL
```

③ 自测试工作方式。该方式的程序段如下：

```
MOVAL, 13H        ；自测试工作方式若允许中断则应该为 1BH
MOVDX, 3FCH
OUTDX, AL
```

（4）设置中断允许寄存器　分为禁止全部中断和允许中断两种情况。

① 允许中断。若允许中断或仅允许四种类型中的某几类中断，则应写入相应的控制字。如允许除 MODEM 状态中断外的其余三种中断，则写入中断允许寄存器值为 07H。该程序段如下：

```
MOV   AL, 07H
MOV   DX, 3F9H
OUT   DX, AL
```

② 禁止全部中断。如果禁止全部中断，则该程序段如下：

```
MOV   AL, 0
MOV   DX, 3F9H
OUT   DX, AL
```

右侧流程图：

- 通信控制寄存器的锁存位置1
- 设置除数锁存器低8位
- 设置除数锁存器高8位
- 通信控制寄存器的锁存位置0
- 设置MODEM控制寄存器
- 设置中断允许寄存器
- 设置中断服务程序入口

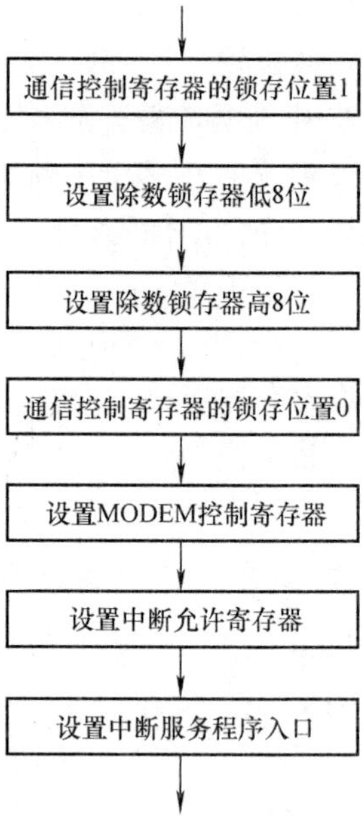

图 8-10　8250 初始化流程

2. 查询方式通信

在初始化程序之后，若采用查询方式发送数据，则 CPU 可以读取通信状态寄存器的内容来判断发送数据寄存器是否为空，并以此来发送数据。也可以采用查询方式接收数据，CPU 首先读取通信状态寄存器的内容来判断线路是否有错。若无错，再来判断是否已收到一个完整的数据，若是，则从接收数据寄存器中读取接收到的数据。

（1）查询方式发送数据　假设要发送的字符存放在 SBUF 为首地址的内存中，字符个数存放在 BX 中，则发送这组字符的子程序段如下：

```
SEND_ DATA：LEA  SI, SBUF
MOV  DX, 3FDH
TEST11：IN  AL, DX          ；读取通信状态寄存器的内容
TEST  AL, 20H              ；判断发送数据寄存器是否为空
JZ  TEST11
PUSH  DX
MOV  DX, 3F8H              ；发送一个字节到发送数据寄存器
MOV  AL, [SI]
OUT  DX, AL
POP  DX
INC  SI
DEC  BX
JNZ  TEST11
RET
```

（2）查询方式接收数据　下面是 8250 接收一个数据的子程序段：

```
REVDATA：MOVDX, 3FDH         ；读取通信状态寄存器的内容
TEST12：IN  AL, DX
TEST  AL, 1EH               ；判断线路状态是否有错
JNZ  ERROR
TEST  AL, 01H               ；判断是否接收到一个完整的数据
JZ  TEST12
MOV  DX, 3F8H
IN  AL, DX
RET
ERROR：
……
RET
```

本章主要介绍了串行通信的基本概念、协议、串行接口标准及可编程串行通信接口芯片 8250 的应用。

由于串行通信方式是计算机中一种非常重要的、广泛应用的通信方式，所以，通过本章的学习，读者应该了解串行通信的基本原理、通信协议、通信方式和各种接口标准，掌握可编程串行通信接口芯片 8250 的结构、功能及编程应用。

异步通信在传送一个字符时，由一位低电平的起始位开始，接着传送数据位，数据位的位数为 5~8 位。在传送时，按照低位在前、高位在后的顺序传送。奇偶校验位用于校验数

据传送的正确性，可以没有，也可以由程序来指定。最后传送的是高电平的停止位，停止位可以是 1 位、1.5 位或 2 位，两个字符之间的空闲位要由高电平来填充。

同步通信在传输信息时，信息是以数据块为单位进行传送，不仅字符内部位与位之间是同步的，而且字符之间的传送也是同步的，因此，收发双方对时钟同步要求严格，所以设备也比较复杂。同步通信主要有两种：一种是面向字符的，它的特点是把每个帧看作由若干个字符组成的数据块，并规定了一些特殊字符作为同步字符以及传输过程的控制信息；另一种是面向比特的，它的特点是把数据及控制信息看作比特流的组合，靠约定的比特组合模式来标志帧的开始和结束。

复习思考题

1. 简答题
1）什么是串行通信和串行接口？
2）串行异步通信的优、缺点是什么？
3）串行同步通信的优、缺点是什么？
4）8250 共有哪些中断源？
5）什么是 UART？典型的 UART 有哪些？

2. 设计题
1）使用 8250 编程。假设要发送的字符数量存放在 CX 中，要发送的字符顺序地存放在 0 DATA 开始的内存区中，请写出发送这组字符的程序段。
2）使用 8250 编程。用查询方式接收一个数据，写出该子程序段。

参 考 文 献

［1］李继灿．微机原理与接口技术［M］．北京：清华大学出版社，2011.

［2］程启明，赵永熹，黄云峰，等．微机原理及应用［M］．北京：中国电力出版社，2016.

［3］牟琦，聂建萍．微机原理与接口技术［M］．2版．北京：清华大学出版社，2013.

［4］陈光军，傅越千．微机原理与接口技术［M］．北京：北京大学出版社，2007.

［5］李峰．微机原理及应用［M］．成都：西南交通大学出版社，2015.

［6］田辉．微机原理与接口技术［M］．2版．北京：高等教育出版社，2011.